国家科学技术学术著作出版基金资助出版

中国地表臭氧污染及其生态环境效应

冯兆忠 李品 袁相洋 等著

高等教育出版社·北京

内容简介

地表臭氧是一种具有极强氧化毒性的二次污染物和温室气体。随着工业化和城市化进程的不断加快，我国地表臭氧污染问题日益突出，已经成为继 $PM_{2.5}$ 之后最主要的大气污染物。本书在系统梳理和总结国内外最新研究成果的基础上，重点介绍了我国地表臭氧的来源、形成条件、污染现状及趋势、影响机制、生态效应（土壤微生物、温室气体、农林生产力、区域风险等）、与其他环境因子的复合影响，并提出了相应的减缓对策建议。本书为判断和预测全球变化背景下陆地生态系统对地表臭氧污染持续升高的响应程度与趋势提供数据资料和科学依据，为国家制定大气污染防治政策和创新环境管理指导思想提供科学参考。

本书可作为生态学、环境科学、地理学、农学、林学、大气科学等相关专业师生和科研人员的参考书，也可为大气环境与生态保护、自然资源管理等相关领域的科研与管理人员提供理论基础和实践参考。

图书在版编目（C I P）数据

中国地表臭氧污染及其生态环境效应 / 冯兆忠等著
. -- 北京 ：高等教育出版社，2021.4
ISBN 978-7-04-055826-5

Ⅰ. ①中… Ⅱ. ①冯… Ⅲ. ①地表-臭氧-空气污染-环境效应-中国 Ⅳ. ①X511

中国版本图书馆 CIP 数据核字（2021）第 038244 号

策划编辑 柳丽丽　责任编辑 柳丽丽　封面设计 张 楠　版式设计 杜微言
插图绘制 于 博　责任校对 高 歌　责任印制 耿 轩

出版发行 高等教育出版社
社　　址 北京市西城区德外大街4号
邮政编码 100120
印　　刷 北京信彩瑞禾印刷厂
开　　本 787mm×1092mm 1/16
印　　张 13.5
字　　数 260 千字
插　　页 3
购书热线 010-58581118
咨询电话 400-810-0598
网　　址 http://www.hep.edu.cn
　　　　 http://www.hep.com.cn
网上订购 http://www.hepmall.com.cn
　　　　 http://www.hepmall.com
　　　　 http://www.hepmall.cn
版　　次 2021年4月第1版
印　　次 2021年4月第1次印刷
定　　价 129.00 元

物 料 号 55826-00
ZHONGGUO DIBIAO CHOUYANG WURAN JIQI SHENGTAI HUANJING XIAOYING

序　一

在距离地面10千米至50千米的高空，臭氧层是地球忠心耿耿的守卫，它能帮助地球吸收强烈的紫外线，从而保护地面上生物的健康。到了距离地面10米至100米的近地面，少量的臭氧亦可帮助杀死部分有害细菌及微生物，但浓度一旦过高，臭氧旋即变成有害物。2012年2月，中国颁布《环境空气质量标准》(GB 3095—2012)(自2016年1月1日起实施)，臭氧被列入环境空气污染物基本项目名单，与二氧化硫、二氧化氮、一氧化碳、PM_{10}、$PM_{2.5}$并列。与大众熟知的雾霾污染不同，看不见的臭氧污染更不易被察觉，危害亦不容小觑。近十几年来，地表臭氧浓度持续升高，引起农作物减产、森林生态服务功能破坏以及人体健康威胁等一系列生态环境问题，被越来越多的学者所关注。

在我国，开展地表臭氧浓度升高对陆地生态系统影响的研究仅有十余年历史，尚处起步阶段。冯兆忠博士先后在日本东京大学农学院、美国伊利诺伊大学厄巴纳-香槟分校作物系和瑞典哥德堡大学生物与环境科学系深造，归国后先后担任中国科学院生态环境研究中心研究员、南京信息工程大学教授，在地表臭氧的生态效应研究方面熟练掌握了该领域的关键研究方法和技术，积累了大量的资料和研究经验，取得了国际一流的研究成果。其撰写的《中国地表臭氧污染及其生态环境效应》一书汇集了有关研究成果，针对性和专业性强，该书的出版适应了当代中国生态环境建设发展的需要，对农林院校相关专业的教学、科研，具有一定的参考价值，也可作为相关管理者的参考用书，着实难得。

王会军

中国科学院院士

南京信息工程大学教授

序　二

由自然和人为因素造成的全球性环境变化,已导致生态系统改变,这些改变直接影响甚至威胁人类的生存发展。生态系统与全球变化科学是一个宏观与微观相互交叉、多学科相互渗透的生态学前沿研究领域,它以研究生态系统的结构、功能及其对全球变化的响应和适应为主要内容,其目标是为实现人类利用和保护生态系统提供理论及技术。

1943 年洛杉矶光化学烟雾事件爆发后,地表臭氧对生态系统的影响逐渐进入学者的视野。经过近百年的发展,地表臭氧对植物、土壤及生态系统的影响研究已经遍及世界上几十个国家,已发表 4 000 多篇期刊论文及十余本英文专著。然而迄今中国还没有这方面的专著出版。今天很高兴地看到,南京信息工程大学的冯兆忠教授根据十余年国内外科研经验和教学体会撰写的《中国地表臭氧污染及其生态环境效应》一书成稿并行将出版。这是国内首本系统概述地表臭氧生态效应的专著。该书对中国的地表臭氧形成过程、污染现状及趋势、臭氧对陆地生态系统主要过程的影响及其与全球变化因子的交互作用,以及臭氧污染的区域生态效应评估等,都进行了系统而深入的阐述。

臭氧污染的生态效应研究尽管在我国起步较晚,但近些年通过国际合作交流以及我国科学家的不懈努力,已经取得了重要进展。这部专著的出版,毫无疑问是对中国在臭氧污染生态效应研究方面成果的总结,特向国内这一领域的科研人员、研究生以及从业人员推荐这部系统而全面的学术专著。也希望该专著的出版能够推动该研究领域的发展。

于贵瑞

中国科学院院士

中国科学院地理科学与资源研究所研究员

前　言

臭氧(O_3),含有3个氧原子,是氧气(O_2)的同素异形体,是由大气中氧分子受太阳辐射分解成氧原子后,氧原子又与周围的氧分子结合形成的,在常温下是一种有着特殊气味的淡蓝色气体。大气中90%以上的O_3存在于大气层的上部或平流层,离地面约30 km,形成保护地球不受紫外线过度照射的臭氧层,给地球上的生命营造了一个舒适的生存空间。然而,近地层O_3却是一种具有极强氧化毒性作用的二次污染物和温室气体。随着经济和城市化的快速发展,过度排放的碳氢化合物、氮氧化物(NO_x)以及挥发性有机化合物(volatile organic compounds, VOCs)等一次污染物在阳光下发生光化学反应,产生近地层O_3,对地球上的生命包括人类、动物、植物和微生物等产生明显危害。当前北半球地表O_3浓度正以每年0.5%~2.0%的速率增长,O_3污染已成为全球性的环境问题。我国现处于经济快速增长时期,O_3前体物排放量的持续增加使得地表O_3已成为现今中国大部分区域夏季的首要空气污染物。

1943年,美国洛杉矶光化学烟雾事件,使得O_3污染第一次进入人们视野。当时正值第二次世界大战期间,大量烟雾笼罩了洛杉矶市中心,能见度降到只有3个街区,民众和政府都以为是日本军队用化学武器袭击了他们。笼罩在烟雾下的人们陆续出现双眼刺痛、头痛、呼吸困难等症状,并在数天内百余人丧命。当时美国环境学者还没有意识到是O_3在作祟。直到1952年,由美国加州理工学院的生物化学家A. J. Haagen-Smit博士研究并宣布其真正原因是工业革命以来的炼油厂和机动车排放的碳氢化合物与燃烧过程排放的NO_x在阳光下发生光化学反应,产生了这种致命的毒气——O_3。"清洁空气计划"颁布后,美国花费了30~40年的时间来治理空气污染,O_3浓度才真正下降并得到控制。在我国,20世纪80年代的兰州西固出现了O_3浓度高值,这标志着我国O_3研究的开始,也是我国首次关于O_3的调查研究。当时的兰州机动车保有量较少,主要是来源于石化企业和发电厂产生的挥发性有机化合物和NO_x,在高原强烈紫外线的作用下,产生了大量O_3。目前,从我国环境空气质量监测的6项污染物指标的逐年变化趋势来看,$PM_{2.5}$、PM_{10}、NO_x等污染物均呈现明显的下降趋势,但O_3浓度逐年上升。O_3污染的严重性、普遍性和不断发展的趋势及其对陆地生态系统造成的重大危害引起了社会各界和科学工作者的高度重视,成为一个亟需解决的重大难题。

欧美科学家在证实光化学烟雾中的 O_3 成分是当时空气中主要的污染物后，又进一步观察到 O_3 影响了田间植物的生长。为了证明田间植物受害症状与 O_3 影响的相关性，科学家开展了大量的控制实验，从早期的培养箱实验，到大型人工气候室、开顶式气室，再到近年来发展的开放式 O_3 浓度增加系统（O_3-FACE）实验。通过这些实验，国外科学家全面探讨了植物的形态、生理生化和生长等方面对 O_3 浓度升高的响应，建立了 O_3 浓度对生态系统影响的评价指标，并证明 O_3 浓度的大幅增加是欧美森林衰退的主要原因之一。这些研究为欧盟和美国政府制定保护森林的空气 O_3 污染控制标准提供了重要的科学依据。结合控制实验和模型模拟，科学家进一步发现 O_3 污染导致粮食减产率可达10%以上，森林生物量损失可达30%。地表 O_3 污染引起的农林作物减产、森林生态服务功能破坏等一系列生态环境效应备受研究人员关注。

我国开展地表 O_3 浓度升高对陆地生态系统影响的研究起步较晚，仅有十余年历史。近年来，我国科学家通过不懈努力以及积极开展国际交流与合作，取得了一系列重要的进展和突破，不但发表了针对我国特有植被和污染状况的一些高水平的原创性研究论文，还对已有的国内外控制实验结果进行整合分析。然而，我国目前除了郑有飞和吴荣军合著的《地表臭氧变化特征及其作物响应》（2012年，气象出版社），柴发合等编著的《空气污染和气候变化：同源与协同》（2015年，中国环境出版社）等书中有一些关于地表 O_3 的生态环境效应的研究介绍外，尚无系统全面介绍地表 O_3 对陆地生态系统影响方面的专业书籍。及时总结我国地表 O_3 污染的生态环境效应研究所取得的成果，学习国外先进技术和经验，探索符合我国实际发展需求的解决之道，将有可能用更短的时间去减缓和控制 O_3 污染带来的负面生态效应。

自2004年以来，我一直从事 O_3 污染的生态环境效应方面的研究工作。2007年后，先后在日本东京大学农学院和瑞典哥德堡大学生物与环境科学系从事博士后研究，其间以访问学者身份访问了美国伊利诺伊大学厄巴纳-香槟分校作物系和意大利研究理事会植物保护研究所，研究方向始终围绕 O_3 污染对农作物和木本植物的影响机制研究。

2013年，我入选中国科学院海外人才A类“百人计划”，接受中国科学院生态环境研究中心的邀请，回国组建环境变化的生态效应研究团队，并建立了专门用于空气污染和气候变化复合作用研究的野外控制实验基地。通过原位野外观测、开顶式气室和 O_3-FACE等研究手段，带领团队成员研究地表 O_3 浓度升高、大气氮沉降增加及干旱等全球性的环境问题对农林生态系统碳-氮-水循环的复合影响及其作用机制，并结合整合分析方法研究 O_3 的生态环境效应。

2014年，我作为召集人在北京举办了“第一届臭氧与植物国际会议”，来自世界各地17个国家的100余名科学家就全球O_3浓度变化动态及其对植物的影响进行了广泛研讨。2016年,我同样作为召集人在北京举办了“第二届亚洲空气污染研讨会”,来自日本、美国、英国、意大利、德国、法国、西班牙、芬兰等国家和国内各高校和研究院所的科学家就植物应对空气污染物响应机理,复杂多因子交互对生态系统功能的影响,空气复合污染物的监测、模式和评估,空气污染物与植物/生态系统的交互作用,以及削减空气污染物对环境影响的政策等议题进行了讨论。通过与各国学者的交流讨论,我深感我国需要学习和借鉴欧美国家对空气污染物治理和对生态系统研究的思路和方法,同时我国对O_3危害的减缓对策也需要各国学者的合作,进行联防联控。

同时,过去几年在中国科学院大学授课期间,我也深深感受到学生对环境变化及其生态效应的浓厚兴趣和我国目前这个领域专业参考书的匮乏,遂决定根据自己十多年的国内外研究、交流合作经验和教学体会撰写一本有关地表O_3污染的生态环境效应方面的专著,以期为我国正在和即将研究该领域的生态学、环境科学、大气科学的科研人员、研究生和从业人员提供一本相对系统和全面的专业参考书。

本书共分10章,包括绪论(第1章)、地表O_3的形成过程及其浓度变化特征(第2章)和地表O_3的生态效应评价方法(第3章);第4~8章分别系统介绍O_3对农林生态系统主要生态过程的影响,着重介绍了对植物叶片生理过程的影响(第4章)、对土壤微生物结构与功能的影响(第5章)、对土壤温室气体排放的影响(第6章)、对农林生产力的影响(第7章)、区域效应评估(第8章);第9章着重介绍地表O_3与其他环境因子的交互作用;最后一章是减缓O_3危害的对策与建议(第10章)。

本书撰写过程中,扬州大学的杨连新教授及中国科学院沈阳应用生态研究所的徐胜副研究员提出了许多建设性意见。在文字输入与校对、图件清绘、文献收集与检查以及章节撰写和书稿统稿等方面得到李品博士与袁相洋博士的协助,我的多位研究生——代碌碌、尚博、彭金龙、徐彦森等也参与了数据收集和章节的撰写,博士后李征珍参与了全文参考文献的核对和修改,中国科学院南京土壤研究所的冯有智研究员和河南科技大学的寇太记教授等参与编写第5章和第6章,在此一并致谢。特别感谢高等教育出版社柳丽丽编辑的倡议、鼓励与耐心,以及对书稿的细致修改和文字润色。本书的撰写与出版得到了国家科学技术学术著作出版基金、中国科学院“百人计划”项目、国家自然科学基金、南京信息工程大学人才启动基金等项目的资助。由于著者水平限制,书中难免有不足甚至错误之处,敬请读者和同行专家批评指正。

冯兆忠

2020年5月16日

目　录

第1章 绪　论

冯兆忠　袁相洋　李　品

不断升高的地表臭氧(O_3)浓度已成为全球性环境问题,我国也不例外。地表O_3指距离地球表面100 m范围内的近地层O_3,除少量来自平流层大气传输外,其余大部分是人为活动排放的氮氧化物(NO_x)、非甲烷类挥发性有机化合物(NMVOCs)、一氧化碳(CO)和甲烷(CH_4)等前体物在强烈光照下发生光化学反应而产生的二次污染物(冯兆忠等,2018)。地表O_3具有强氧化性,对人体健康、植被均有高度毒害作用。O_3污染对生态系统产生一连串级联损伤:降低气孔导度,破坏叶片膜脂过氧化和抗氧化系统,增大细胞膜透性,改变光合色素含量和组成,降低光合作用速率,诱导植物叶片出现可见损伤症状,加速植株衰老,改变碳氮分配,抑制植物生长,抑制根系活性及对养分的吸收能力,降低土壤微生物数量和多样性,影响温室气体(CH_4、CO_2和N_2O)排放,从而抑制生物量积累,影响作物品质和产量,降低生态系统碳汇能力,改变"植物-土壤-大气"生物地球化学循环和生态系统结构和功能(Ainsworth,2017;Li et al.,2017;余永昌等,2011;Andersen,2003;Bhatia et al.,2011;冯兆忠等,2018;Wang et al.,2019b)。本章简要介绍地表O_3生态效应研究的发展进程,并展望未来的优先研究领域。

1.1 地表臭氧研究发展史

1.1.1 早期认识阶段

地球大气中的O_3形成可以追溯到20亿年前。初始地球大气中没有氧气(O_2),整个地球具有较强的还原性,直到可以进行光合作用的绿藻出现,地球大气才慢慢被O_2所充斥。在强烈阳光照射下,一部分氧分子被短波辐射裂解为两个氧原子,然后氧原子与周围氧分子进一步反应从而形成O_3。经过亿万年的进化,大气圈各气体组分和比例走向平衡,O_3也在大气中慢慢累积,地球大气逐渐形成包括对流层、平流层、中间层、暖层和散逸层的独特圈层。基于不同的温度分布模式,超过对流层顶,温度随着高度而增加的区域是平流层,大气中90%的O_3分布在此层,也被称为"O_3层"(Ladd et al.,2011)。O_3层是地球的保护伞,可吸收和阻挡太阳辐射中的短波紫外线,保护地表生物免受紫外线辐射的伤害。

直到1943年"洛杉矶光化学烟雾"事件爆发,地表O_3的毒害作用才逐渐被学者所揭开(Rogers et al.,1956)。1945年,坐落于大西洋海岸美国加利福尼亚州的洛杉矶已经发展成连绵成片的城市群,拥有500多万常住居民。然而,常年笼罩在城市上空肉眼可见的淡蓝色烟雾时常困扰着当地居民。这种雾气刺激呼吸道，使人眼睛发红，引起口、鼻、咽喉疼痛，呼吸憋闷。最严重的时候，洛杉矶数千居民感到眼睛刺痛，喉咙如同被刮擦一般，并伴有咳嗽、流泪、打喷嚏、呼吸不适等症状。起初，身处烟雾中的洛杉矶人认为新出现的军备工程及炼油厂是罪魁祸首。但是随着调查的深入，研究者发现与欧洲英格兰地区出现过的酸性雾滴不同，笼罩洛杉矶上空的烟雾有着强烈的氧化性，酸性并不强烈，但拥有漂白剂的味道，而且被烟雾笼罩的城市周边地区的农作物叶片出现坏死斑点、松林枯死和柑橘减产等现象；曾经臭名昭著的“伦敦烟雾”并不能解释“洛杉矶烟雾”（Jeffrey et al.，2009）。经过长期的排查与测试，研究证实弥漫在洛杉矶上空的烟雾主要出现在大气富含碳氢化合物和 NO_x 的夏季，尤其是阳光照射非常强烈的晴天，其主要成分是以 O_3 为主的醛、酮、醇和过氧化氮等光化学氧化剂。

然而，有关洛杉矶光化学烟雾事件的准确认知直到 1961 年才由 Leighton 在《空气污染的光化学进程》（*Photochemistry of Air Pollution*）中确认（Leighton，1961）。在此之前，从气象学的观点来看，学者一直认为无论是污染严重的城市地区还是没有污染的农村地区，对流层 O_3 主要来自平流层传输。此外，通过分析同一时期欧洲和其他地区空气质量监测数据，学者发现“光化学烟雾”不只是洛杉矶地区的专属，在世界其他地区也被发现。欧洲地区有记录最早的“光化学烟雾”事件出现在 1969 年的荷兰和 1971 年的英格兰。这一时期，德国地面测量仪器也曾监测到地表高浓度的 O_3。然而，由于街边冠层尺度 O_3 污染测定项目的失败，地表 O_3 在欧洲被承认是一种新型空气污染物的概念并没有被立即接受。

1.1.2 启蒙阶段的研究

掌握了光化学烟雾的组成，洛杉矶政府随即出台严厉措施，控制油田、炼油厂和石油工厂的尾气排放。然而，与预期不同的是，即便减排效果非常显著，光化学烟雾依然大量存在，甚至呈愈演愈烈之势。1953 年洛杉矶空气污染调查委员会将研究重点转向汽车尾气排放等领域（1940—1964 年，洛杉矶汽车保有量从 120 万辆增长至 350 万辆）。随后，加利福尼亚州议会创立了机动车污染控制局，并赋予其“测试汽车尾气排放和核准排放控制装置”等多项权力。最终，历经几十年的努力，笼罩在洛杉矶城市上空的烟雾才有逐年下降的趋势。

1956 年，生态学家 Middleton 开始认识到地表 O_3 会威胁到植物的生长。1958 年，Richards 等（1958）首次公开报道高浓度 O_3 是引起美国加利福尼亚城市周边葡萄叶片出现坏死病斑的主因；并在当地多处森林中发现植物受到 O_3 危害（Miller and McBride，1999）。为了证明野外植物受害症状与 O_3 影响的相关性，探讨 O_3 对植物影响的机理过程，各国科学家开始了大量的控制实验，从早期的培养箱实验、大型人工气候室，到 1973 年美国学者 Mandle 建造的开顶式气室（open top chamber，OTC）（Mandle，1973），再到 1986 年 Hendrey 设计建立的开放式气体浓度增加系统（free air concentration enrichment，FACE）（Hendrey and Kimball，1994）。在我国，1997 年中国气象科学院在固城试验站建设了我国最早的 OTC（5 个）；2007 年中国科学院南京土壤研究所与日本合作在江苏江都建立的“小麦-水稻”轮作 O_3-FACE 是我国及亚洲第一个大型作物 FACE；2016 年中国科学院生态环境研究中心在北京延庆建立的杨树人工林 O_3-FACE 是我国及亚洲第一个大型树木 FACE（详见第 3 章）。得益于这些实验设施的不断改进和完善，各国科学家逐步探讨了植物地上形态与生长、叶片生理生化、作物产量和树木生物量等方面对 O_3 浓度升高的响应，建立了 O_3 浓度对植物影响的评价指标（详见第 8 章），为制定保护植物的空气 O_3 污染控制标准提供了科学判据。

1.1.3 近代的开拓性研究工作

21 世纪以来，人为源排放的 NO_x 和挥发性有机化合物（volatile organic compounds，VOCs）等 O_3 前体物数量剧增，导致北半球地表 O_3 浓度每年以 0.5% 的速率不断攀升（Vingarzan，2004）。目前北半球地表 O_3 浓度大约是工业革命之前的 2.5 倍，地表 O_3 浓度均值接近 50 ppb[①]（The Royal Society，2008；Mills et al.，2018）。中国国家环境监测网 2013—2017 年的数据表明，过去 5 年我国地表 O_3 浓度以每年 3 ppb 的速率增加（Wang et al.，2019a）。目前，全国地表 O_3 浓度每日 8 h 滑动平均最大值（MDA8）的年均值已达（41±6）ppb，尤其是华北平原、长江三角洲和珠江三角洲等地（MDA8 峰值年均值已处于 60～70 ppb）。中国地表 O_3 污染形势已十分严峻（详见第 2 章）。

为有效控制 O_3 污染，世界各地的相关组织与机构相继设立了一系列环境空气质量标准（表 1.1）（Nuvolone et al.，2018），如世界卫生组织（WHO）认定空气质量达标为每日最高 8 h O_3 浓度均值低于 50 ppb（WHO，2006）；而欧洲环境署根据《2008 年环境空气质量条例》指出环境空气质量达标的标准为每日最大 8 h O_3 浓度均值不超过 60 ppb，并指出某个区域所有地表 O_3 浓度监测站点连续 3 年每日最大 8 h O_3 浓度均值超过上述阈值的天数小于 25 天才算 O_3 污染情况达标（EEA，2016）。基于《国家环境空气质量标准》，美国环境保护署（EPA）自 2008 年公布 O_3 达标空气质量标准为每日最大 8 h O_3 浓度均值不超过 75 ppb，最近该阈值进一步修改为 70 ppb（McCarthy and Lattanzio，2015）。除此之外，日本、韩国、印度和中国等也出台了相应的评估标准和规则（表 1.1）。

① 1 ppb $=10^{-9}$。

表 1.1　有关 O_3 污染空气质量标准

国家、地区或组织	O_3 浓度 /ppb	O_3 浓度 /($\mu g \cdot m^{-3}$)	评估标准	生效年份
日本	60	118	1 h	1973 年
韩国	60	118	8 h	—
印度	50	110	8 h	—
美国	70	138	8 h	2015 年更新
欧盟	60	120	8 h	2010 年生效，连续 3 年每日最大 8 h O_3 浓度均值小于 25 天
WHO	50	100	8 h	2005 年
中国				
一级标准	50	100	8 h	2012 年
二级标准	80	160	8 h	2012 年生效，二级标准适用于城市地区

目前，全球有近 300 多个站点陆续从事地表 O_3 浓度持续监测工作。国际全球大气化学项目（IGAC）于 2014 年启动了对流层 O_3 评估报告（Tropospheric Ozone Assessment Report，TOAR）计划，旨在集成全球数据评估地表 O_3 的生态环境效应。我国自 2012 年开始实施新的《环境空气质量标准》，当前已建成发展中国家最大的环境空气质量监测网，覆盖 338 个地级市，有国控监测点 1 436 个，农村区域监测站 96 个，背景监测站 15 个，对包括 O_3 在内的 6 项监测指标（其余 5 项指标为 SO_2、NO_2、PM_{10}、$PM_{2.5}$和 CO）进行实时浓度监测。

目前，地表 O_3 的生态效应研究已经遍及世界上大多数国家，发表了 4 000 多篇期刊论文和 10 余本中英文专著；在 O_3 伤害植物叶片（伤害症状及鉴定、光合作用、气孔导度及抗氧化系统等）的机理探究（详见第 4 章）、对个体生物量和产量的影响（详见第 7 章）、对生态系统的区域 O_3 风险评估（详见第 8 章），以及 O_3 污染防治对策（前体物减排措施、化学防护剂的应用和作物栽培管理模式的筛选）的探讨（详见第 10 章）等领域，都进行了大量研究。

然而，对于地表 O_3 浓度升高对地下生态系统的变化过程，如土壤微生物活性及反馈（详见第 5 章）、土壤温室气体排放（详见第 6 章）等方面的研究仍然匮乏。目前，O_3 对地下生态过程影响的研究多集中在农田生态系统，仅有少部分研究涉及森林土壤（主要来自 Aspen FACE）或草地生态系统（ICP Vegetation，2013）。而且，由于凋落物种类、化学成分、分解者种群、土壤和大气环境条件的不同，O_3 对地下生态过程的影响还存在很大争议(Grulke and Heath,2019)。近些年国内科学家在地表 O_3 对温室气体变化规律、排放通量的影响等方面的研究都有所涉及(Zheng et al. ,2011;Kou et al. ,2015;Wang et al. ,2019b),但总体来看,相关研究数据仍然偏少,结果存在较大不确定性。

1.2 亟待开展的工作

虽然地表 O_3 污染及其生态效应的研究工作已在国内外开展多年,高浓度 O_3 对植物生长、光合气孔交换、固碳能力、生物量和作物产量影响等方面也取得诸多进展,但为科学评价地表 O_3 浓度升高对生态系统的综合影响,今后还需要在以下几个方面进行重点研究。

(1) 开展 O_3-FACE 研究

现有研究多为 OTC 系统下的实验,OTC 内微气候(温湿度、光照、风速等要素)与外界环境存在差异,因此,OTC 实验往往高估或者低估了 O_3 对植物的影响(Feng et al. ,2018),其结果并不能完全应用于实际 O_3 区域风险的评估。O_3-FACE 平台是未来研究实际环境中 O_3 浓度升高对农林生态系统影响的主要依托平台,为减少区域 O_3 风险评估的不确定性,未来应加大 O_3-FACE 平台的实验研究。

(2) 加强地表 O_3 污染对地下生态过程的影响研究

地下部分是生态系统水分供给、养分循环、碳分配的核心环节,探究地下生态系统对地表 O_3 浓度升高的响应对于准确理解地表 O_3 浓度升高对整个生态系统的影响至关重要。研究发现高浓度 O_3 对地下部分的干扰比地上部分更明显且更早出现。然而,目前有关 O_3 对地下生态过程的动态变化过程的研究还十分缺乏,其响应机制尚不明确。已有的研究多集中在地表 O_3 浓度升高对地下碳分配、根系生长和生物量的影响上,少部分涉及凋落物、根系分泌物、土壤呼吸、微生物活性和结构等(Agathokleous et al. ,2016),而地表 O_3 浓度升高对土壤食物网的影响及其反馈几乎都没有涉及,更无法将土壤微生物过程(如微生物活性、生物量、群落组成、多样性和功能)与土壤关键生物地球化学循环过程,以及与植物地上生态过程关联起来(Andersen,2003;冯兆忠等,2018;Grulke and Heath,2019)。未来的研究应加强 O_3 对地下生态过程的长期定位研究,特别是 O_3 对地下碳分配动态、土壤微生物动态及根际氮循环的研究,量化地下生态过程对 O_3 响应的程度及其对生态系统长期稳定的反馈。

(3) 开展 O_3 与其他环境因子的复合研究

全球气候变化、极端气候常态化和空气污染加重使两个或两个以上环境因子的交互作用大大增加,复合作用下的实验条件也更接近植物生长的自然环境。现

有的研究多集中在 O_3 与 CO_2 对植物或生态系统的共同影响，并发现 O_3 污染引起的负面作用经常被高浓度 CO_2 对植物叶片光合或个体生物量累积的"肥效"所削弱。然而，CO_2 浓度升高是否真正抵消了高浓度 O_3 对生态系统碳固定、水平衡的积极影响仍需更多实验验证，这种影响是否适合区域大尺度的评估也还不得而知。植物应对 O_3 胁迫的响应与土壤水分、氮有效性等因素密切相关（列淦文和薛立，2014；高峰，2018）。控制实验下的研究也发现，O_3 浓度的升高可能削弱植物对干旱或其他环境胁迫的抵抗力，使生态系统更易受到病虫害的侵袭（Grulke et al.，2009）。但是迄今为止，国内外大部分研究多集中在温带农作物和森林树种上，较少涉及亚热带地区乡土树种。由于生态系统类型差异，各级营养交互及种间竞争的复杂性，不同生态系统下 O_3 与生物及非生物因子之间的多重交互作用机制还需进一步探究，因此，在开展 O_3 单因子实验研究的同时，亟须考虑开展多个因子（如 O_3、CO_2、水分和氮沉降等）同时共存对整个生态系统结构和功能的复合影响研究。

（4）关注 O_3 对作物品质及食品安全的危害

世界上主要粮食作物小麦和大豆对 O_3 比较敏感，玉米、水稻和马铃薯对 O_3 适度敏感。到 2050 年，世界人口预计增加到 90 亿，粮食供应需增加至少 50% 才能满足人口增长的需求。如何保证粮食供应安全将成为全世界最重要的挑战之一（Tai et al.，2014）。截至目前，除作物产量之外，有关地表 O_3 浓度升高对作物品质的影响研究多集中在蔬菜作物或粮食作物可食部位糖分、蛋白质和淀粉含量等食用口感方面，很少涉及如微量元素吸收、分解转化效率等对人体健康的影响。随着生活水平的提高，人们更加关注食品的营养与安全（如健康风险等），而长期高浓度 O_3 暴露可改变粮食作物籽粒微量元素及营养物质含量（Booker et al.，2009；冯兆忠等，2018）。此外，O_3 暴露导致马铃薯的糖苷生物碱含量增加，这不仅导致味苦而且浓度较高时对人体具有毒性。因此，在全球环境变化大背景下，长期食用暴露在 O_3 污染下的粮食作物是否影响人体营养平衡甚至危及健康值得关注。

（5）开展联网研究，建立统一评价体系

目前，全球覆盖面最广的地表 O_3 监测网络 TOAR 已拥有大大小小近万个监测网点（Mills et al.，2018）。考虑到网点分布的不均（80% 的监测网点分布在北美和欧洲地区，亚洲地区的网点占 16%，主要集中在日本和韩国，中国只拥有 26 个监测网点）、观测频率、时长、年份及评价标准或评价体系的差异（如部分网点为长期研究，有些则为短期观测；一些研究采用 SUM06 或 W126 作为评估指标，另一些研究使用 AOTX 和 POD_Y）（Lefohn et al.，2018），不同地区、不同学者开展的实验研究结果波动较大，无法进行统一对比。亚洲地区的研究网点及加入全球的联网实验仍然稀少。因此，未来亟须扩展联网观测，建立统一评估方法为区域或全球 O_3

风险评估提供更具可比性的实测数据。

(6) 探究地表 O_3 污染的生态控制措施

欧洲和北美等发达国家治理大气污染的经验显示,严格落实 NO_x 和 VOCs 等 O_3 前体物的减排措施是降低地表 O_3 浓度的有效手段。然而,以牺牲经济发展为代价的环境保护措施对于正在快速发展的国家并不适用。寻求一条"发展经济"与"保护环境"两手抓两手都硬的可持续道路,是我国未来的发展之路。事实上,"控源措施"虽是首选,但"控汇措施"也同样重要。自然植被与地表 O_3 存在复杂的交互作用。一方面,植物释放的 VOCs 有助于地表 O_3 的形成;另一方面,植物在进行光合作用的同时也可以通过气孔、非气孔途径吸收或沉降大气 O_3(Paoletti,2009),达到净化空气的目的。考虑到植被 VOCs 释放和 O_3 移除能力都具有树种特异性,因此,选育和基因改良抗性树种成为减少大气 O_3 污染的另一条生态发展之路(Sicard et al.,2018)。另外,除植物自身遗传基因外,植物对 O_3 胁迫的响应还受土壤水分和养分可利用性的影响(列淦文和薛立,2014;高峰,2018)。例如,古巴农民通过提前 1~2 天灌溉的方式预防夏季高浓度 O_3 对莴苣和烟草叶面的损伤(ICP Vegetation,2011);马来西亚研究者通过氮肥管理,减轻 O_3 污染对热带油棕榈产量和质量的伤害(Hewitt et al.,2009)。因此,通过合理的田间水肥管理措施(如改变灌溉模式、施肥剂量和方式)调控植物生长,增强植物对 O_3 的抗性,进而减轻 O_3 污染的生态效应,也是未来大气 O_3 污染防治研究中值得探寻的路径。

参考文献

冯兆忠,李品,袁相洋,等. 2018. 我国地表臭氧的生态环境效应研究进展. 生态学报,38(5):1530-1541.

高峰. 2018. 臭氧污染和干旱胁迫对杨树幼苗生长的影响机制研究. 博士学位论文. 北京:中国科学院生态环境研究中心.

列淦文,薛立. 2014. 臭氧与其他环境因子对植物的交互作用. 生态学杂志,33:1678-1687.

余永昌,林先贵,冯有智,等. 2012. 近地层臭氧浓度升高对稻田土壤微生物群落功能多样性的影响. 土壤学报,6(48):1227-1234.

Agathokleous E, Saitanis C J, Wang X N, et al. 2016. A review study on past 40 years of research on effects of tropospheric O_3 on belowground structure, functioning, and processes of trees: A linkage with potential ecological implications. Water, Air, and Soil Pollution, 227:33.

Ainsworth E A. 2017. Understanding and improving global crop response to ozone pollution. The Plant Journal,90:886-897.

Andersen C. 2003. Source-sink balance and carbon allocation below ground in plants exposed to ozone. New Phytologist,157:213-228.

Bhatia A,Ghosh A,Kumar V,et al. 2011. Effect of elevated tropospheric ozone on methane and nitrous oxide emission from rice soil in north India. Agriculture,Ecosystems and Environment,144:21-28.

Booker F R.,Muntifering R,McGrath M,et al. 2009. The ozone component of global change:Potential effects on agricultural and horticultural plant yield,product quality and interactions with invasive species. Journal of Integrative Plant Biology,51:337-351.

EEA. 2016. Air Quality in Europe:2016 Report. European Environment Agency,3-83.

Feng Z Z,Uddling J,Tang H Y,et al. 2018. Comparison of crop yield sensitivity to ozone between open-top chamber and free-air experiments. Global Change Biology,24:2231-2238.

Grulke N,Heath R L. 2019. Ozone effects on plants in natural ecosystems. Plant Biology,22(1):12-37.

Grulke N E,Minnich R A,Paine T D,et al. 2009. Air pollution increases forest susceptibility to wildfires:A case study in the San Bernardino Mountains in southern California. Developments in Environmental Science,8:365-403.

Hendrey G R,Kimball B. 1994. The FACE program. Agricultural and Forest Meteorology,70:3-14.

Hewitt C N,MacKenzie A R,Di Carlo P,et al. 2009. Nitrogen management is essential to prevent tropical oil palm plantations from causing ground-level ozone pollution. Proceedings of the National Academy of Sciences of the United States of America,106:18447-18451.

ICP Vegetation. 2011. Ozone pollution:A hidden threat to food security. Programme Coordination Centre for the ICP Vegetation. In:Mills G,Harmens H eds. Programme Coordination Centre for the ICP Vegetation. Bangor:NERC/Centre for Ecology and Hydrology,116.

ICP Vegetation. 2013. Ozone pollution:Impacts on ecosystem services and biodiversity. Programme Coordination Centre for the ICP Vegetation. In:Mills G,Wagg S,Harmens H eds. Programme Coordination Centre for the ICP Vegetation. Bangor:NERC/Centre for Ecology and Hydrology,104.

Jeffrey S G,Nancy A M,John E F. 2009. Formation and Effects of Smog. Environmental and Ecological Chemistry II. Oxford:Eolss Publishers.

Kou T J,Cheng X H,Zhu J G,et al. 2015. The influence of ozone pollution on CO_2, CH_4, and N_2O emissions from a Chinese subtropical rice–wheat rotation system under free-air O_3 exposure. Agriculture Ecosystems and Environment,204:72–81.

Ladd I,Skelly J,Pippin M,et al. 2011. Ozone-Induced Foliar Injury,Filed Guideline. Washington:National Aeronautics and Space Administration,Langley Research Center.

Lefohn A S,Malley C S,Smith L,et al. 2018. Tropospheric ozone assessment report: Global ozone metrics for climate change,human health,and crop/ecosystem research. Elementa Science of the Anthropocene,6:28.

Leighton P A. 1961. Photochemistry of Air Pollution. New York:Academic Press.

Li P,Feng Z Z,Catalayud V,et al. 2017. A meta-analysis on growth,physiological,and biochemical responses of woody species to ground-level ozone highlights the role of plant functional types. Plant Cell and Environment,40(10):2369–2380.

Mandle R H. 1973. A cylindrical open-top chamber for the exposure of plants to air pollutants in the field. Journal of Environmental Quality,15(2):371–376.

McCarthy J E,Lattanzio R K. 2015. Ozone Air Quality Standards:EPA's 2015 Revision. Washington DC:Congressional Research Service.

Miller P R,McBride J R,eds. 1999. Oxidant Air Pollution Impacts in the Montane Forests of Southern California: A Case Study of the San Bernardino Mountains. New York:Springer–Verlag,424.

Mills G,Pleijel H,Malley C S,et al. 2018. Tropospheric ozone assessment report:Present-day tropospheric ozone distribution and trends relevant to vegetation. Elementa: Science of the Anthropocene,6(1):47.

Nuvolone N,Petri D,Voller F. 2018. The effects of ozone on human health. Environmental Science and Pollution Research,25(5):8074–8088.

Paoletti E. 2009. Ozone and urban forests in Italy. Environmental Pollution,157:1506–1512.

Richards B L,Middleton J T,Hewitt W B. 1958. Air Pollution with relation to agronomic crops: V. Oxidant stipple of grape. Agronomy Journal,50(9):559–560.

Rogers L H,Renzetti N A,Neiburger M. 1956. Smog effects and chemical analysis of the Los Angeles atmosphere. Journal of the Air Pollution Control Association,6:165–170.

Sicard P,Agathokleous E,Araminiene V,et al. 2018. Should we see urban trees as effective solutions to reduce increasing ozone levels in cities? Environmental Pollution, 243:163-176.

Tai A P K, Val Martin M, Heald C L. 2014. Threat to future global food security from climate change and ozone air pollution. Nature Climate Change, 4:817-821.

The Royal Society. 2008. Ground-level Ozone in the 21st Century: Future Trends, Impacts and Policy Implications. London: The Royal Society.

Vingarzan R. 2004. A review of surface ozone background levels and trends. Atmospheric Environment, 38(21):3431-3442.

Wang J Y, Hayes F, Chadwick D R, et al. 2019b. Short-term responses of greenhouse gas emissions and ecosystem carbon fluxes to elevated ozone and N fertilization in a temperate grassland. Atmospheric Environment, 211:204-213.

Wang N, Lyu X P, Deng X J, et al. 2019a. Aggravating O_3 pollution due to NO_x emission control in eastern China. Science of the Total Environment, 677:732-744.

WHO. 2006. Air Quality Guidelines Global Update 2005: Particulate Matter, Ozone, Nitrogen Dioxide and Sulfur Dioxide. Copenhagen: WHO Regional Office for Europe.

Zheng F, Wang X, Lu F, et al. 2011. Effects of elevated ozone concentration on methane emission from a rice paddy in Yangtze River Delta, China. Global Change Biology, 17:898-910.

第2章　地表臭氧的形成过程及其浓度变化特征

袁相洋　冯兆忠

臭氧(O_3)在不同大气层或高度出现的位置,决定了 O_3 是"好"还是"坏"。在平流层,O_3 是分子氧(O_2)光解后的产物,大气中90%的 O_3 分布在此层,也被称为"O_3 层"。"O_3 层"作为地球的"保护伞",可以过滤来自太阳辐射的紫外线,保护地表生物免受太阳紫外辐射的伤害,被称为"好"O_3。在对流层或者地球表面,O_3 主要是由氮氧化物(NO_x)和非甲烷挥发性有机化合物(non-methane volatile organic compounds,NMVOCs)等前体污染物在强烈阳光照射下发生光化学反应而产生的二次污染物,其强氧化性会伤害人体健康,影响植物生长,氧化建筑材料等,被称为"坏"O_3。此外,平流层 O_3 的垂直传输也是对流层 O_3 的另一个主要来源。从20世纪90年代起,O_3 引发的环境问题愈演愈烈,从 O_3 层空洞到近地面 O_3 污染,日趋引起人们的关注。O_3 只是大气中一种具有强氧化性的痕量气体,为何逐渐成为我国乃至全世界夏季空气污染的"罪魁祸首"?其又具有怎样的时空特征?我们将在本章中试图解答这些疑问。

2.1　地表臭氧形成机理及大气过程

O_3 是一种二次污染物,主要由 NO_x、CO、NMVOCs 和 CH_4 等气态前体物经光化学反应生成。这些前体物主要来自人为源排放(如交通运输、化学溶剂及化石原料燃烧等)和自然源排放(如森林、湿地、土壤、海洋、闪电和火山喷发等)。近年来,地表 O_3 浓度升高已成为世界范围内的重要空气质量问题。随着我国工业和城市化进程的不断加快,化石燃料的消耗快速增长,O_3 前体物的排放量急剧上升并已超过了北美和欧洲等地的排放量,大气 O_3 污染问题也呈加剧态势。目前,O_3 已成为继细颗粒物($PM_{2.5}$)后困扰城市空气质量改善和达标的另一重要污染物。我国政府已在酸雨、NO_x 和 $PM_{2.5}$ 污染控制方面取得了一定成效,但由于对 O_3 形成及其大气过程的认识还不够充分,目前针对大气 O_3 污染控制的有效措施仍很稀缺。因此,了解 O_3 的大气形成机制及其在不同气候环境下的主要决定因子,对我国地表 O_3 污染的治理具有深远意义。

2.1.1　臭氧前体物的排放

(1) 氮氧化物(NO_x)

大气中 NO_x 主要由 NO 和 NO_2 组成,并以 NO_2 为主。NO 微溶于水,化学性质活泼,很容易被氧化(O_2 或 O_3)生成 NO_2。大气中 NO_x 的主要贡献源有土壤、自然火灾、闪电、化石燃料燃烧和平流层的传输。自工业革命以来，全球 NO_x 排放已经增加了 3 ~6 倍，主要来自过量化石燃料消耗和生物质燃烧(Prather et al.,2001)。21 世纪初，全球 NO_x 排放总量约为 40.4 Tg N·a^{-1}，其中燃料(包括化石和生物燃料)燃烧是最大的贡献源，占总排放的 63.2%，其他依次为生物质燃烧(14.6%)、土壤(13.1%)、闪电(8.7%)、平温层与对流层交换(0.3%)和飞机尾气(0.1%)等(Jaeglé et al.,2005)。近年来，虽然全球 NO_x 各排放源贡献比例几乎没有较大变动，但 NO_x 全球排放总量已接近 130 Tg N·a^{-1}(Huang et al.,2017)。

自 20 世纪 80 年代以来，由于发电厂、交通运输和工业活动中化石燃料的大量燃烧，我国人为源 NO_x 排放呈现上升趋势，排放总量已由 1980 年的 1.3 Tg N 增加到 2010 年的 6.0 Tg N(Liu et al.,2013)。1995—2010 年，发电厂、交通运输和工业活动排放的 NO_x 占到 NO_x 排放总量的 81.4% ~87.9%，其中发电厂的贡献在 28.4% ~34.5%(Zhao et al.,2013)。Gu 等(2012)也发现我国工业和能源行业中化石燃料燃烧对全国 NO_x 排放总量贡献高达 96%，其中民用燃煤和交通运输的贡献约为 18%。自 20 世纪 70 年代起，欧洲和美国就颁布了一系列法规来控制人为源 NO_x 排放，从而使 NO_x 排放得到大幅度削减，大气湿沉降(硝态氮)在不同年代间的下降趋势证实减排措施成效显著(Du,2016)。欧美国家减排措施的成功实施为我国 NO_x 治理相关政策和技术的制定提供了借鉴。

在“十二五”规划期间(2011—2015 年)，我国制定了 2015 年全国 NO_x 排放总量相比 2010 年减少 10% 的目标。当前排放清单和卫星观测结果均表明，经过 5 年的治理，“十二五”减排措施对我国 NO_x 排放的控制已初见成效(Xia et al.,2016)。官方统计结果显示，全国 NO_x 排放总量已从 2011 年的 24.0 Tg N 降低至 2014 年的 20.8 Tg N(中华人民共和国环境保护部,2014)。自 2013 年进一步实施“清洁空气行动计划”以来，2017 年全国 NO_x 排放量较 2013 年降低近 21%(Zheng et al.,2018)。虽然，我国目前仍是世界上 NO_x 排放大国，但在不久的将来，NO_x 排放将会因严格的全国性空气质量标准而逐渐得到实质性控制。

(2) 一氧化碳(CO)

CO 是最典型的室内空气污染物，高浓度 CO 直接危害人体健康，大气中 CO 在地表 O_3 形成和分解过程中扮演着重要角色。全球 CO 排放量约为 2 500 Tg·a^{-1}，其人为源排放主要产生于含碳物质的不完全燃烧，如森林砍伐、草原火灾和农业废弃燃料燃烧等，其释放的 CO 占到全球人为源 CO 排放的一半，其余的排放则主要来自室内和道路交通中的燃料燃烧(Jaffe,1973)。

根据 CO 排放清单结果，2000—2012 年我国人为源 CO 排放总量呈现不断增长的趋势，年均增长率约为 3.6%，2012 年全国人为源 CO 排放总量约为 200 Tg(宁亚东和李宏亮,2015)。其中，固定燃烧源(如电力、工业、居民生活中煤炭、柴油、燃料油、液化石油气、煤气和天然气等燃料燃烧）、工业源（包括钢铁冶炼、炼焦和合成氨等工业过程）、移动源（如汽车等道路移动源及农业机械、建筑机械、铁路、船舶和飞机等非道路移动源）和生物质燃烧源（室内秸秆、薪柴及木炭等燃料燃烧和室外露天焚烧、森林火灾和草原火灾等开放燃烧）排放是 CO 最主要的来源。2007 年后工业过程成为第一大排放源，2012 年其排放量约占总排放量的 42%。

另外，我国 CO 排放量在地区间的分布极不平衡，排放量最高的 5 个省份依次是河北、山东、江苏、河南和辽宁；排放强度较大的地区主要集中在环渤海经济圈和长三角地区，其中又以上海、天津两个直辖市的排放强度最大。近年来，“十二五”减排措施和“清洁空气行动计划”在削减 NO_x 排放的同时，也对我国 CO 排放总量的控制有显著影响。最新数据表明，自减排措施在全国推进以来，我国 CO 排放总量已从 2010 年的 186.4 Tg 降至 2017 年的 136.2 Tg，削减幅度约为 27%（Zheng et al.，2018）。

（3）甲烷（CH_4）

CH_4 是大气中含量最丰富的有机痕量气体，是地表 O_3 的重要前体物和仅次于 CO_2 的温室气体，其排放量约占全球人为源温室气体排放量的 18%（Cicerone and Oremland，1988）。全球 50%～65% 的 CH_4 排放主要来自人为源，包括煤矿、煤和天然气工业、垃圾填埋场、反刍动物养殖以及水稻种植；生物质燃烧贡献少许 CH_4。自工业革命以来，全球 CH_4 总排放量约增加 17%。目前，其排放总量为 540～568 $Tg \cdot a^{-1}$（Van Dingenen et al.，2018）。

1970—2012 年，我国人为源 CH_4 排放量不断增加，目前已是世界上最大的 CH_4 排放国，人为源和自然源 CH_4 排放总量为 60～70 $Tg \cdot a^{-1}$（Van Dingenen et al.，2018）。从排放源来看，煤炭开采行业 CH_4 排放增加尤为迅速，并于 2004 年开始取代农业反刍动物养殖和水稻种植，成为我国最大的人为 CH_4 排放源。当前，我国各行业 CH_4 总排放的贡献比例依次为：煤炭开采（31.3%）、农业反刍动物养殖（20.7%）、水稻种植（19.7%）、废弃物处理（13.5%）、石油、天然气等开采（10.0%）、其他行业和自然源排放（4.8%）（Miller et al.，2019）。从空间来看，CH_4 排放量较高的区域集中在我国的东北、华北以及西南地区，而西北地区排放量较低（乐群等，2012）。此外，我国淡水湖因具有较高的养分富集、有机物输入及较浅的湖水深度，被认为是 CH_4 的重要排放源，其排放量要远高于美国和欧洲湖泊已报道的数值（Yang et al.，2011）。

（4）非甲烷挥发性有机化合物（NMVOCs）

NMVOCs 指除 CH_4 以外所有可挥发的碳氢化合物，主要包括烷烃、烯烃、芳香烃和含氧烃等组分。NMVOCs 排放源众多，不仅包括化石、生物质燃料燃烧，交通运输,工业生产过程中的废气排放和溶剂挥发,城市生活设施等人为源造成的有机污染物排放;还包括火山喷发、植被等自然源排放。从全球来看,人为源NMVOCs排放量远远低于自然源,仅占全球NMVOCs排放总量的10%(Guenther et al.,2012)。目前,全球人为源NMVOCs排放量约为169 $Tg \cdot a^{-1}$,其中亚洲排放量占全球排放总量的65%,北美和欧洲只占14%(Huang et al.,2017)。

自改革开放以来,我国人为源NMVOCs排放量伴随化石燃料消耗和机动车保有量的急剧上升而不断增加。最新统计清单表明,1990—2017年我国人为源NMVOCs排放总量从9.76 $Tg \cdot a^{-1}$增加到28.5 $Tg \cdot a^{-1}$(Li et al.,2019),排放贡献最高的主要为固定源燃烧(包括化石和生物质燃料)、交通源、溶剂应用、化工产储源和石油储运、精炼源等(范辞冬等,2012;周江等,2018)。其中,溶剂应用(42%)逐渐代替工业源(27%)成为我国NMVOCs主要排放源。2017年我国溶剂应用NMVOCs排放总量已从1990年的1.3 Tg增加到12.0 Tg。

然而,气体燃料的推广、燃煤及生物质燃料的限制,造成工业源和固定燃烧源呈现先增后降的趋势;“十二五”减排措施及各个城市交通限行措施的推行也在一定程度上降低了住宅生物质燃烧和交通源的贡献。从空间分布来看,我国各地区排放从高到低依次为:华东、中南、西南、华北、东北和西北。华东和中南地区工业经济发达,排放量居高不下,其中排放量最多的省份依次为江苏、广东、山东、浙江、河南和四川;甘肃、重庆、贵州、海南、宁夏、青海和西藏等地NMVOCs排放较少。此外,相比于人为源NMVOCs,自然源NMVOCs排放在我国获得的关注较少,但模型评估结果显示我国自然源NMVOCs排放总量为19.9~42.5 $Tg \cdot a^{-1}$(Li et al.,2013)。

2.1.2 臭氧的形成

地球大气中的O_3实际是三重态氧原子[$O(^3P)$]和O_2的结合(Chapman,1930)。在平流层中,部分O_2吸收短波紫外(UV)辐射($\lambda \leq 240$ nm)光解成$O(^3P)$(式2.1),这些$O(^3P)$与O_2结合生成O_3(式2.2),生成的O_3可以吸收太阳光被分解或与$O(^3P)$结合,再度变成O_2(式2.3);在对流层中,NO_2光解(波长≤424nm)成为$O(^3P)$的主要来源(式2.4),并促使O_3形成。新形成的O_3会被光解或很容易被NO氧化再生成NO_2和O_2(式2.5)。因此,在不考虑其他化学物质时,不管平流层还是对流层的反应(式2.1~式2.5)都会导致“无效循环”,即大气O_3含量不会改变。

$$O_2 + h\nu \longrightarrow 2O(^3P) \quad (2.1)$$

$$O(^3P) + O_2 + M \longrightarrow O_3 + M \quad (2.2)$$

$$O_3 + h\nu \longrightarrow O_2 + O(^3P) \quad (2.3)$$

$$NO_2 + h\nu \longrightarrow NO + O(^3P) \tag{2.4}$$

$$O_3 + NO \longrightarrow NO_2 + O_2 \tag{2.5}$$

然而，实际上，对流层含有多种活性自由基（如 HO_2 和 RO_2），这些自由基的加入可将 NO 转化为 NO_2（式 2.6 和式 2.7），破坏"NO_2-NO-O_3 的无效循环"导致 O_3 的累积。常见的反应过程主要包括两种，一种为"NO_x 循环"，即在不消耗 NO_x 情况下产生 O_3（式 2.4、式 2.6 和式 2.7）；另外一种为"RO_x（RO_x = OH+HO_2+RO_2）自由基循环"。"RO_x 自由基循环"通常从 OH 自由基引发的 VOCs 降解开始（式 2.8），该过程可以产生 RO_2 自由基，然后通过反应式 2.7 和式 2.9 转化为 HO_2，最后通过反应式 2.6 从 HO_2 中再生 OH。"RO_x 自由基循环"可以将两个 NO 分子氧化成 NO_2，然后通过"NO_x 循环"产生两个 O_3 分子，通常被认为是对流层 O_3 积累的关键过程。两种化学循环和 O_3 光化学形成的耦合如图 2.1 所示。

$$HO_2 + NO \longrightarrow OH + NO_2 \tag{2.6}$$

$$RO_2 + NO \longrightarrow RO + NO_2 \tag{2.7}$$

$$OH + RH + O_2 \longrightarrow RO_2 + H_2O \tag{2.8}$$

$$RO + O_2 \longrightarrow HO_2 + \text{羧基} \tag{2.9}$$

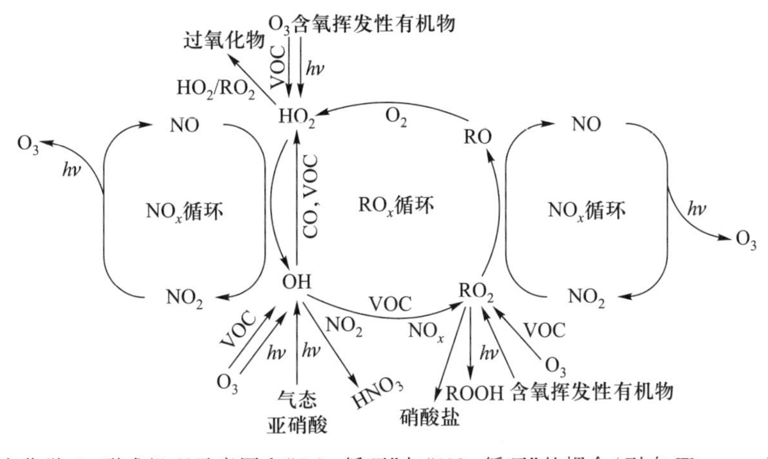

图 2.1　光化学 O_3 形成机理示意图和"RO_x 循环"与"NO_x 循环"的耦合（引自 Wang et al.，2017a）

大气中"NO_x 循环"和"RO_x 自由基循环"通常由 RO_x 或 NO_x 的交叉反应终止。在高 NO_x 条件下，终止过程由 NO_2 与 OH（式 2.10）或 RO_2（式 2.11）反应主导，反应形成硝酸和有机硝酸盐。在低 NO_x 条件下，终止过程主要来自 HO_2 的自身反应（式 2.12）和 HO_2 与 RO_2（式 2.13）的交叉反应，最终产物为过氧化氢（H_2O_2）和有机过氧化物。因此，NO_x 和过氧化物（例如，H_2O_2/HNO_3）的相对丰度可以反映环境大气条件，并且通常被用作推测 O_3 形成状态的指标（例如，"NO_x 限制”或者“VOCs 限制”)。

$$OH + NO_2 \longrightarrow HNO_3 \tag{2.10}$$

$$RO_2 + NO_2 \longrightarrow RO_2NO_2 \tag{2.11}$$

$$HO_2 + HO_2 \longrightarrow H_2O_2 + O_2 \tag{2.12}$$

$$HO_2 + RO_2 \longrightarrow RO_2H + O_2 \tag{2.13}$$

如图 2.1 所示,O_3 形成过程中的核心是 RO_x 自由基的生成。在污染大气中,RO_x 自由基主要来自 O_3、气态亚硝酸(HONO)和羰基的光解及不饱和 VOCs 和 O_3 的分解反应(Xue et al.,2016)。但是,也有研究揭示 HONO 的未知白天来源(Kleffmann,2007)和硝基氯($ClNO_2$)的夜间形成及氯原子和 VOCs 之间复杂的反应(Riedel et al.,2014)也是 RO_x 自由基或自由基前体物的重要来源。此外,无论大气 RO_x 自由基来自何处,O_3 生成的共同特征是 O_3 浓度与其前体有非线性依赖性,即 O_3 浓度高低并不完全依赖大气 NO_x 和 VOCs 等前体物浓度的高低。在低 NO_x/VOCs 比值的情况下,“NO_x 循环”强度弱于“RO_x 自由基循环”,因此 NO_x 是 O_3 生成的限制因素,被称为“NO_x 限制”下的 O_3 形成机制。相比之下,高 NO_x/VOCs 比值使得 O_3 生成受限于“RO_x 自由基循环”的强度,被称为“VOCs 限制”。另外,如果该区域 NO 含量处于较高水平,O_3 的生产还受到式 2.5 反应的抑制,被称为“NO_x 滴定反应”。因此,准确识别大气 O_3 形成机制是大气 O_3 污染科学调控中的前提基础,这已成为中国大气 O_3 污染研究的一个重要领域。

2.2 地表臭氧浓度变化特征

工业革命以来,随着城市化的高速发展、化石燃料的过度燃烧、汽车尾气等 O_3 前体物的大量排放,地表 O_3 浓度在全球范围内普遍升高,但受到前体物排放模式、地理条件、人口密度、经济发展及太阳辐射、气象环境等因素的影响,地表 O_3 浓度的分布呈现明显的时空变异特征。我国自改革开放以来,地表 O_3 浓度上升显著,但幅员辽阔,复杂多变的下垫面及不同的人口、经济、气候条件也造就了地表 O_3 浓度在我国独特的时空分布。

2.2.1 全球地表臭氧浓度时间变化特征

地表 O_3 浓度的监测始于 18 世纪末 19 世纪初,尽管当时世界上大部分地区并没有连续观测的数据,但少数资料显示当时地表 O_3 日均浓度在 20 ppb 左右(Varotsos and Cartalis,1991)。20 世纪中期,随着瑞士阿罗萨站点的建立,地表 O_3 浓度的长期监测研究才正式步入正轨。随着工业革命的快速发展,NO_x、CH_4 和 VOC_S 等 O_3 前体物的大量排放,地表 O_3 浓度在世界范围内不断升高。截止到 21 世纪初,北半球中纬度地区地表 O_3 浓度年平均值已从 10 ppb 左右升高到 20~45 ppb,

上升幅度达 2 倍之多，且仍以每年 0.5% ~2% 的速率增加（图 2.2；Vingarzan，2004；The Royal Society，2008）。目前，北半球中纬度地区 O_3 浓度均值已达到 35 ~40 ppb。随着全球变暖、温度升高和热浪等极端天气的加剧，全球近 1/4 的国家和地区夏季正面临近地表 O_3 浓度高于 60 ppb 的威胁（IPCC，2013；Cooper et al.，2014）。

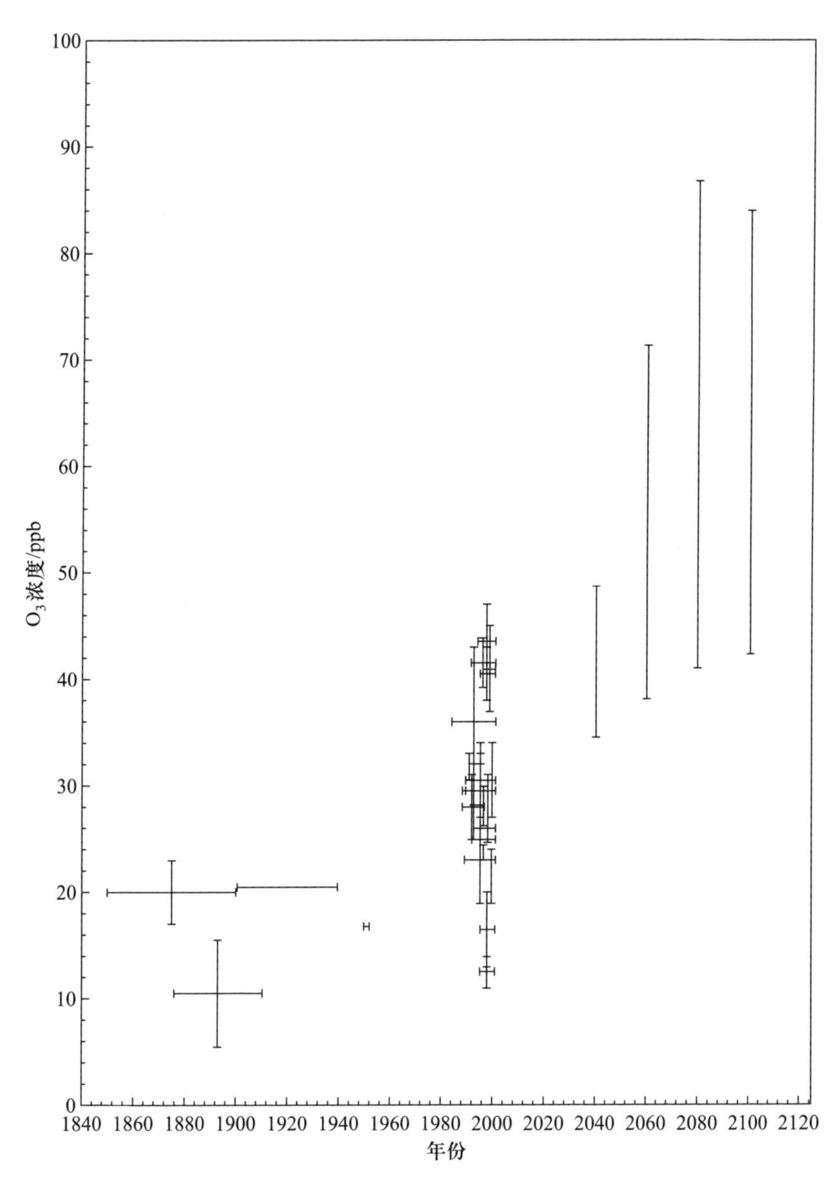

图 2.2　过去、现在及未来地表 O_3 浓度年平均值变化趋势（引自 Vingarzan，2004）

地表 O_3 是一种短寿命的痕量气体，其浓度与光照、O_3 前体物的排放息息相关。因此，地表 O_3 浓度有着明显的年、季节和日变化。在人为源 O_3 前体物排放较少的时期，O_3 浓度季节性峰值一般出现在春季或冬末，夏秋两季出现高浓度 O_3 的天气并不多见（Lisac and Grubisic，1991）。然而，随着工业革命以后 O_3 前体物的大量排放，地表 O_3 浓度季节性循环的模式开始遵循季节性温度和太阳辐射的变化，即 O_3 浓度峰值开始出现在春夏两季，秋冬季节 O_3 浓度相对较低（图 2.3；Ordóñez，2006；Wilson et al.，2012）。最近，研究表明随着欧洲和北美等地减排工作的大力推行以及大气传输模式和全球气候的改变，如全球变暖、自然源 O_3 前体物排放量的变化，地表 O_3 浓度峰值在最近几年（2005—2010 年）比早些年（1970—1990 年）出现得更早，80% 的站点夏季峰值已经提前进入春季后期，部分地区甚至出现冬季 O_3 浓度均值最高的情况（Parrish et al.，2013）。

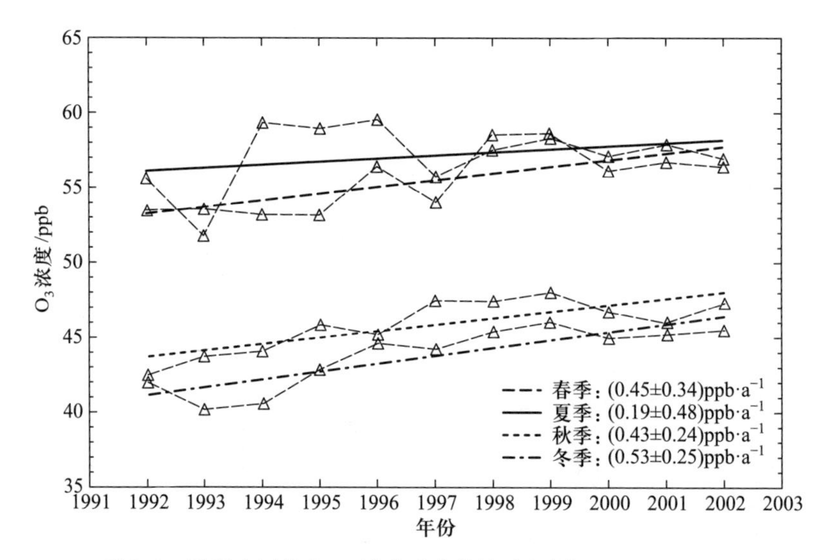

图 2.3　欧洲山区站点 O_3 浓度季节性波动（引自 Ordóñez，2006）

2.2.2　中国地表臭氧浓度时间变化特征

我国的地表 O_3 浓度监测起步较晚，直到 1980 年左右才有起色。初始只在一些大城市如北京、上海或一些省会城市建立空气质量监测站。拥有空气质量监测站的城市主要监测常规污染物，如 NO_x、SO_2 和颗粒物，只有小部分东部发达城市拥有 O_3 监测仪器，有记载的 O_3 浓度监测数据更是稀少（Wang et al.，2007）。随着时间的推移，1983 年 Su 等（1987）联合美国环境保护署大气科学研究实验室学者 Wilson 首次在北京、天津开展地表 O_3 浓度的监测。自此以后，地表 O_3 浓度的监测工作在我国迅速展开，但由于装备、资金及技术的不足，前期 O_3 浓度监测的数据大多是短期不连续的。进入20世纪90年代，由国家自然科学基金委支持的"区域尺度O_3浓度监测项目"在我国瓦里关、龙凤山、临安、青岛及香港设立长期监测点，我国地表O_3浓度监测工作才正式步入正轨（Wang et al.,2007）。

从综合模型和监测数据来看，20世纪中前期我国大部分地区地表O_3浓度明显低于美国和欧洲等发达国家。然而，自改革开放以来，随着我国工业化和城市化进程的加快，O_3前体物尤其NO_x排放量剧增，国内大部分地区地表O_3浓度显著升高（Wang et al.,2007；Wang et al.,2009）。如1983—1986年，北京、天津等地已有某些时段O_3小时浓度监测数据超过80 ppb，监测期间O_3小时平均浓度最高值已达170 ppb。Ding等通过MOZAIC（飞行器测量O_3与蒸汽压）项目对北京地区1995—2005年O_3浓度进行长期观测，结果显示北京地区夏季O_3平均浓度每年上升2%（Ding et al.,2008），全年白天O_3小时浓度月均值在25～55 ppb。同一时期，长江三角洲地区也显示约有10%的监测时间内O_3小时浓度均值高于60 ppb，小时浓度峰值高达196 ppb（周秀骥，2004）。上海地区的监测数据显示地表O_3浓度全年均值已达到45 ppb（陈仁杰等，2010）。整体来看，20世纪末到21世纪初我国地表O_3浓度监测数据的年均值在19～74 ppb（Wang et al.,2007），特别是在京津冀、长三角和珠三角等经济发展迅速和人口密集的地区，地表O_3小时浓度峰值甚至已经达到300 ppb以上（远远超过我国空气质量三级标准120 ppb），地表O_3污染形势非常严峻。

步入21世纪之后，地表O_3浓度在我国逐年升高的趋势并没有改变（Wang et al.,2017a）。上海地区长期观测数据表明，2015年O_3浓度月均值比2006年增加67%，年均增长约1.1 ppb（Gao et al.,2017）。北京市区观测站点的结果也显示，地表O_3浓度日最大8 h均值自2004到2015年明显升高，年均增长达1.0 ppb（图2.4）（Cheng et al.,2018）。地表O_3污染问题在我国日益凸显。2013年，环境保护部（现称中华人民共和国生态环境部）在全国70多个城市设计近500个国控监测点，2015年已经在300多个城市布设了1 497个国控监测点，为区域与全国尺度地表O_3连续监测提供大量基础数据。环境保护部发布的2014—2015年《中国环境公告》表明，2013—2015年全国74个城市的日最大8 h O_3浓度均值从69.5 ppb增加到75 ppb。2016年全国338个城市O_3年均浓度范围为23.7～59.9 ppb，全国地表O_3浓度均值已达（43.1±6.7）ppb，同比2015年上升1.8 ppb。2017年我国77个主要城市地表O_3浓度呈持续上升的趋势，第90分位的日最大8 h O_3浓度均值已升至76.0 ppb（Zeng et al.,2019）。从全国来看，日最大8 h O_3浓度均值（4—9月）超过70 ppb的天数已有（29.7±22.0）天（Lu et al.,2018）。高浓度地表O_3已经成为继$PM_{2.5}$之后影响我国环境空气质量改善和达标的首要空气污染物。

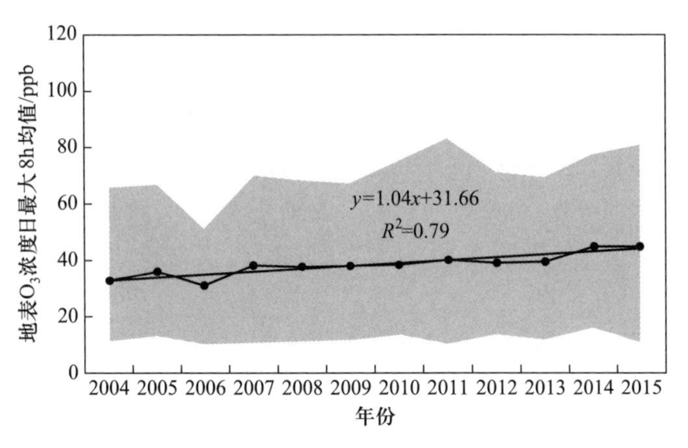

图 2.4　2004—2015 年北京市区观测站点地表 O_3 浓度日最大 8 h 均值变化示意图(引自 Cheng et al. ,2018)

与全球地表 O_3 浓度季节变化规律一致,我国地表 O_3 浓度也表现出明显的季节波动特征。2015—2017 年我国 338 个城市空气质量监测站 O_3 浓度实测数据也表明,全国地表 O_3 浓度月均值变化曲线呈"单峰状":1—5 月地表 O_3 浓度逐渐升高,5 月达到峰值,6—12 月逐渐降低;O_3 浓度季节性变化从高到低依次为夏季>春季>秋季>冬季(王鑫龙等,2020)。然而,地表 O_3 浓度季节性波动在不同地区存在差异。Wang 等(2011)利用实地观测数据与模型对比对珠江三角洲香港鹤咀、长江三角洲浙江临安和华北平原山区北京密云 3 个典型地区的研究发现,地表 O_3 浓度在三地对应的峰值 O_3 浓度分别出现在秋季(10 月)、春末(5 月)和初夏(6 月)。总体来看,在我国北部及中部地区,高浓度 O_3 一般出现在夏季。图 2.5 展示了 2015 年北京昌平地区环境 O_3 浓度季节变化趋势。从图中可以看出地表 O_3 浓度在不同月份差异显著,具体表现为 O_3 浓度从 5 月开始随着气温的上升而升高,在 6—8 月达到最大值,随后伴随气温的下降,进入秋冬季节后地表 O_3 浓度开始出现降低,在冬季达到最低值(图中未标出)。然而,在我国南部地区,其高值通常出现在秋季,夏季呈现略低的趋势(Feng et al. ,2015a)。基于月平均值的观测数据显示,长江三角洲和珠江三角洲地区的地表 O_3 浓度高值分别主要出现在 5 月和 10 月(Wang et al. ,2011)。最近,基于 2013—2017 年全国卫星观测数据的分析进一步表明,全国地表 O_3 总浓度在季节变化上虽逐月分布趋势稍有不同,但基本呈现"钟形"单峰分布,O_3 最高浓度出现的时间自南向北逐渐后延。其中,华南地区最高浓度出现在 5 月,纬度相似的华东和四川盆地最高值出现在 6 月,而华北地区 O_3 浓度最高值则出现在 7 月,O_3 浓度最低值则基本都出现在冬季的 12 月或次年 1 月(张倩倩和张兴赢,2019)。

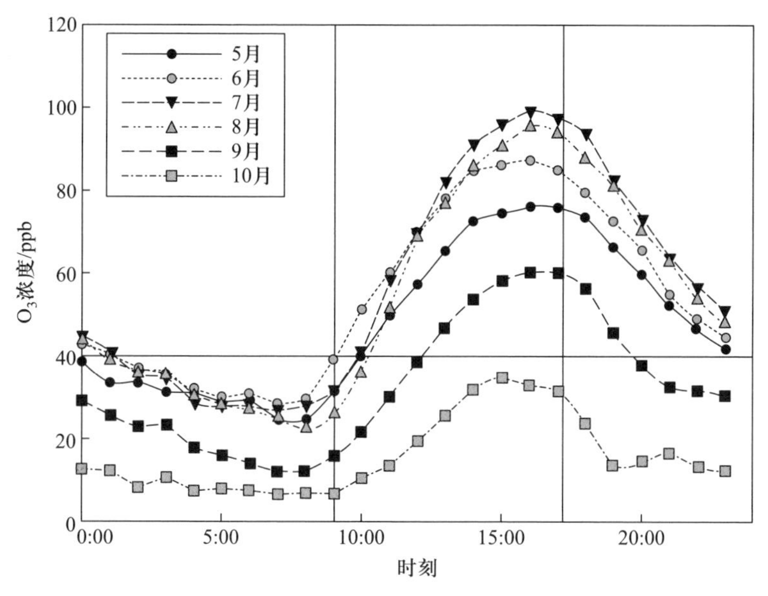

图 2.5　2015 年北京昌平地区环境 O_3 浓度季节变化(5—10 月)趋势图

地表 O_3 浓度还有明显的日变化特征(图 2.5)(陆克定等,2010)。白天地表 O_3 浓度一般呈单峰型分布,夜间维持较低水平,主要是由于夜间光化学反应较弱。总体来说,太阳辐射、温度与 O_3 小时平均浓度的日变化存在明显相关性。太阳辐射强度一般在 5:00—12:00 逐渐加强,而在 12:00 以后逐渐减弱;O_3 浓度一般也在 5:00—15:00 逐渐加强,而在 15:00 以后逐渐减弱。一般情况下,从早上 8:00 开始,随着太阳辐射的增强和温度的升高,生成 O_3 的光化学反应越加强烈,O_3 浓度开始积累并逐渐升高。太阳辐射的最大值出现在 12:00,而 O_3 浓度一天中的最大值出现在 14:00—16:00,这是由于地表 O_3 浓度在大气中积累,故 O_3 浓度比太阳辐射最大值出现时间滞后 2～3 h。之后随着光照强度的减弱,NO_2 的光解作用减弱,O_3 浓度开始下降。当太阳辐射完全消失时,NO_x 的光化学反应基本结束,到夜间20:00 以后,O_3 浓度基本会维持在较低水平,并在午夜和凌晨达到最低值。地表 O_3 浓度在我国的日变化特征与此一致,O_3 浓度值在夜间较低,1:00—7:00 处于浓度降低的阶段,在 7:00 后随着日出 O_3 浓度开始大幅上升,在午后的 14:00—15:00 出现一天的峰值,随着太阳辐射的减弱,O_3 浓度又逐渐降低,在 18:00 日落后达到谷底(图 2.6)(Wang et al. ,2017b)。2015—2017 年我国 338 个城市 O_3 浓度监测数据也显示,地表 O_3 日变化特征明显:夜间 O_3 的浓度较低,直到上午 8:00 后逐渐升高,在下午 16:00 达到波峰,然后逐渐减弱,在傍晚 20:00 之后处于较低状态(王鑫龙等,2020)。

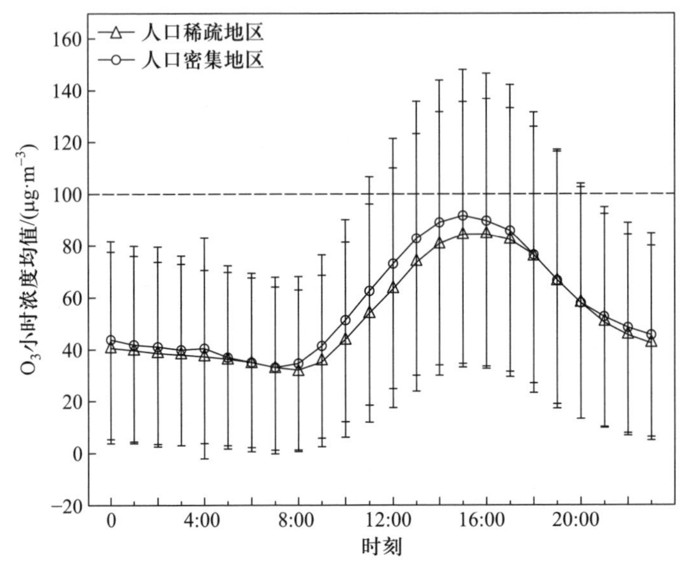

图 2.6　中国地表 O_3 浓度日变化趋势图(2015—2017 年 O_3 小时浓度均值,引自 Wang et al.,2017b)

另外,由于我国幅员辽阔、疆域跨度较大,在不同地区、不同季节地表 O_3 浓度日变化极值出现的时间可能与上述描述的一般规律有所不同。而且,伴随高污染地区白天 O_3 浓度高值记录不断刷新,个别 O_3 监测点会出现 O_3 浓度高值后移至 16:00—17:00 的现象(图 2.7),这可能是由于区域 O_3 浓度过高、区域地形及气候环境等因素导致因光化学反应产生的 O_3 无法及时消散而引起。另外,考虑到地形区域分布情况,我国超大城市(如北京、广州、上海等)的 O_3 浓度一般在 7:00 开始增加,日均峰值在午后 15:00;在中部内陆地区(如兰州、成都),地表 O_3 浓度在 8:00 开始积累,达到最大值的时间一般也往后推移 1 h;而在西部城市乌鲁木齐,地表 O_3 浓度开始增加的时间推迟到 9:00,峰值时间也推迟到 17:00。这可能是由于我国所有地区都采用同一时区,如果采用当地时间,地表 O_3 浓度日变化整体趋于遵循本地时间午后 15:00 左右达到高峰,下午日落 18:00 之后到达谷底,这与日变化的一般规律一致(Wang et al.,2017b)。

大气中的 O_3 通过“滴定”反应($O_3+NO \longrightarrow NO_2+O_2$)也能不断地被消耗。基于此,1974 年 Cleveland 等(1974)首次提出“周末效应”的概念,即周一至周五为工作日,汽车尾气等人为活动的增多导致大气中 O_3 前体物(尤其 NO_x)浓度水平较高,经常发生“滴定”反应;而周末人为活动减弱,NO_x 浓度较低,较少发生 O_3“滴定”反应,最终导致周末 O_3 浓度较工作日有明显升高的趋势。世界上各大城市的观测结果都验证了这一现象,如美国纽约、旧金山、巴尔的摩、洛杉矶、华盛顿及加

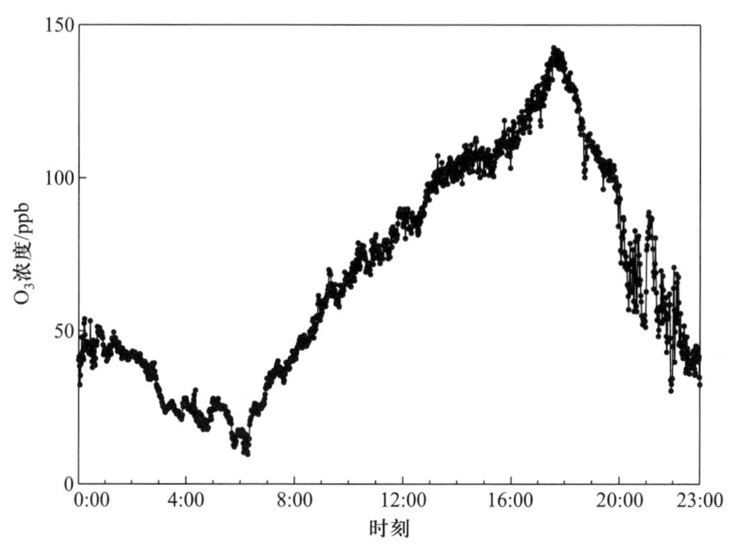

图 2.7　北京延庆地区地表 O_3 浓度日变化趋势图(2017 年 7 月 6 日)

拿大和欧洲多地(Diem,2000;Atkinson-Palombo et al.,2006)。国内学者也发现“周末效应”的存在。如殷永泉等(2006)报道济南市曾出现明显的 O_3“周末效应”。唐文苑等(2009)推断周末上午 NO_x 浓度明显低于工作日,是导致上海 O_3“周末效应”的主要原因。王占山等(2014)对周末 10:00—24:00 北京市 4 类不同功能区(城区、郊区、对照点和交通污染区)监测站点的数据分析均发现,周末 O_3 浓度均值比工作日略高,存在明显的 O_3“周末效应”。然而,最近基于卫星和地面观测 2013—2018 年数据对北京、上海、广州和成都 4 大城市的研究则发现,周末和工作日 O_3 浓度差异并不显著,这可能是因为伴随经济和社会的发展,工作日和非工作日人类活动的频繁程度已经没有明显区别,O_3 前体物排放差异逐渐变小所致,进而导致 O_3 浓度“周末效应”现象减弱(张倩倩和张兴赢,2019)。

2.2.3　全球地表臭氧浓度空间变化特征

从全球来看,O_3 浓度在不同地域如南、北半球,高、低纬度,海平面与陆地都存在明显波动(图 2.8)。高浓度 O_3 分布区域主要集中在北半球人口聚集的中低纬度地区。其中,欧洲中南部、美国东部和亚洲东部 O_3 污染最为严重(Cooper et al.,2014)。目前,数据显示北半球地表 O_3 浓度年均值在 35 ~ 40 ppb,欧洲地区 O_3 浓度年均值几乎都超过 30 ppb,亚洲及北美大多数地区超过 40 ppb,个别污染严重的城市或地区 O_3 浓度高达 50 ~ 60 ppb(IPCC,2013;Cooper et al.,2014)。近年来,得益于减排措施的大力推行,北美、欧洲等地有报道地表 O_3 浓度峰值出现下降趋势(The Royal Society,2008;Sicard et al.,2013)。然而,与之相反,世界上其他地区如北美西海岸、北太平洋、东亚、南亚和非洲等地 O_3 浓度依旧呈现持续升高的趋势（Oltmans et al. ,2013；Mills et al. ,2018）。

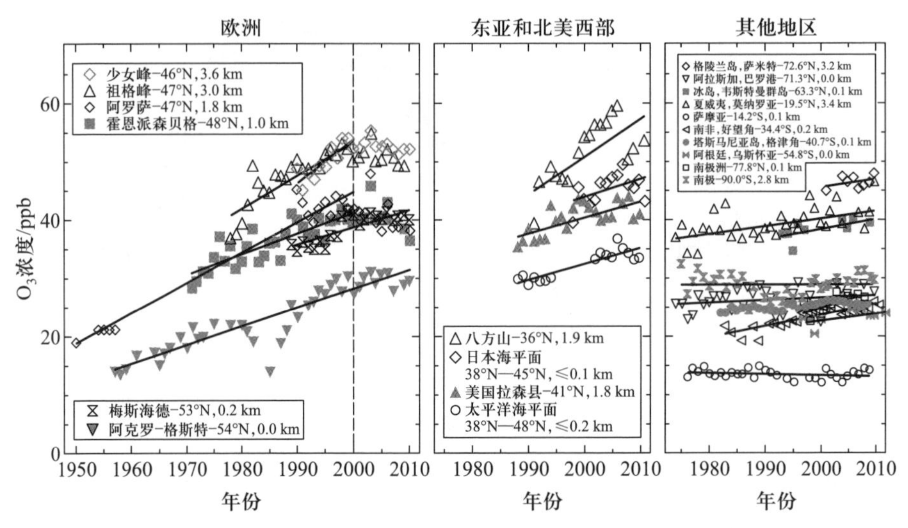

图 2.8　全球各背景监测点地表 O_3 浓度随时间变化趋势图

（引自 Cooper et al. ,2014）（参见书末彩插）

此外，北半球洲际大陆之间的传送，以及环大西洋地区长年的航运也对南、北半球地表 O_3 浓度差异有着显著贡献。整体来看，北半球中纬度人口聚集的区域较南半球 O_3 浓度上升趋势更加明显。1950—1979 年以及 2000—2010 年，所有位于北半球的监测站点都显示地表 O_3 浓度在增加，13 个站点中有 11 个显示每 10 年 O_3 浓度显著升高 1 ~ 5 ppb；而南半球所有 6 个站点中只有 3 个站点显示 O_3 浓度显著升高（Cooper et al. ,2014）。与北半球大量地表 O_3 浓度监测站站点相比，南半球长期 O_3 浓度监测站点较为稀少，并且人为源 O_3 前体物的排放并不显著。因此，大多数南半球 O_3 浓度监测站点表明地表 O_3 浓度在上述时间内变化并不明显。整体上看，南半球地表 O_3 浓度的区域差异比北半球小很多，但个别地区如非洲和南美在春季和冬季由于大量生物质的燃烧而影响南半球地表 O_3 浓度的变化，这也造就了南半球与北半球不同的季节性循环模式，如南半球 O_3 浓度峰值一般出现在春冬两季，低值出现在夏季（Oksanen et al. ,2013）。

在年季尺度上，唯一比较特殊的是来自南极的监测站点，有研究显示 1975—1995 年 O_3 浓度下降了 15% 左右（IPCC，2013）。然而，进入 21 世纪，南极 O_3 平均浓度降低的趋势得到缓解并逐步转为上升趋势，而其他位于南半球中纬度地区的监测站点如格津角和好望角，O_3 浓度自 1990 年一直呈上升趋势（Cooper et al. ,2014）。相比之下，自工业革命以来，低纬度地区海洋上空地表 O_3 浓度的变化趋势并不明显，即便在 O_3 浓度最高的夏季，O_3 浓度也一直维持在 10 ~ 30 ppb，这与南北两极高纬度地区夏季 O_3 浓度相似（The Royal Society，2008）。

O_3 浓度的差异不仅归因于大尺度空间分布和纬度差异，O_3 前体物排放量的区域差异也直接造成 O_3 浓度在局部地区的差异。1900—2010 年 O_3 浓度年际变化趋势表明，1990 年欧洲大部分地区 O_3 浓度升高明显，然而 2000 年后爱尔兰梅斯海德地表 O_3 浓度趋于平稳并已经开始下降（Parrish et al.，2012；Oltmans et al.，2013）。对于北美来说，地表 O_3 浓度在北美东部及加拿大极地区域一直保持升高趋势，但是加拿大中部及西部 O_3 浓度的变化并不明显（Oltmans et al.，2013）。美国东、西部对比也非常明显，数据显示美国西部海岸线及西部农村地区地表 O_3 浓度一直呈上升趋势（Parrish et al.，2012；Cooper et al.，2012），而美国东部夏季地表 O_3 浓度已经开始下降（Lefohn et al.，2010；Cooper et al.，2012）。与之相对应，20 世纪以来，东亚地区的地表 O_3 浓度一直呈普遍上升态势（Ding et al.，2008；Wang et al.，2009；Parrish et al.，2012；Oltmans et al.，2013），而从东亚下风向来看，美国莫纳罗地表 O_3 浓度一直处于上升趋势，但是日本八方山等地 O_3 浓度已出现下降趋势（Oltmans et al.，2013）。

此外，大气化学进程对地表 O_3 浓度的影响不仅局限于区域间，在城乡之间也有显著影响。城市中产生的 O_3 通过气流输送等方式在城市周边的郊区可以形成高浓度污染气体沉降的环境（Blande et al.，2010）。除水平空间上的差异外，地表 O_3 浓度在垂直空间上也有一定的变化规律。Cooper 和 Peterson（2000）在华盛顿西部的研究表明，地表 O_3 浓度每周均值在城市下风向的农村荒野地区具有较高值，且与海拔高度呈显著正相关，海拔高度每增加 100 m，地表 O_3 浓度增加 1.3 ppb。Lee（1997）在美国加利福尼亚州内华达山脉利用 O_3 被动采样装置及空间插值法的结果也表明，不同海拔地区（100 ~ 2 500 m）O_3 浓度季节性均值与海拔高度存在明显相关性，在一定海拔范围内 O_3 浓度随着海拔高度的增加而增加，但当海拔达到一定高度时（如 1 500 m），O_3 浓度增加的趋势趋于平缓。

2.2.4 中国地表臭氧浓度空间变化特征

我国地处亚洲东部，太平洋西岸，背陆面海，地势西高东低，复杂多变。由于下垫面、气候因素和太阳辐射等因素的影响，与全球的分布相似，地表 O_3 浓度在我国也有着明显的空间分布特征。整体上看，地表 O_3 浓度从北到南具有明显上升梯度，且东部地区 O_3 平均浓度显著高于中部地区，西部地区 O_3 浓度最低（Feng et al.，2015b）。基于观测和 3D 化学运输模型预测我国地表 O_3 背景浓度，由于地形地貌及 O_3 在大气中的寿命影响，地表 O_3 背景浓度年均值从西北到东南地区呈现一个从 55 ppb 到 20 ppb 显著递减的梯度，高值区域主要位于 25°N—40°N，也就是我国中东部至青藏高原地区，部分地区夏季地表 O_3 浓度均值更是高达 60 ppb 以上（Wang et al.，2011）。近年来，随着我国城市空气质量监测数据的公开，地表 O_3 浓度的空间分布特征被解析得更为精准。从 2015 年全国 1 497 个空气质量监测站点数据分析结果来看，我国地表 O_3 浓度年均值从南到北的地域差异依旧明显，4—9 月白天 12 h（8:00—20:00）O_3 浓度平均值超过 50 ppb 的区域主要集中在东北平原南部、华北平原、长江三角洲地区及中南部分地区，西南及西北等低纬度地区的 O_3 浓度相对较低（冯兆忠等，2018）。2016 年统计结果表明，O_3 日最大 8h 平均浓度超标率（国家环境空气质量二级标准为 80 ppb）最为严重的区域主要集中在华中地区中北部和华东地区；其次为东北地区中南部、华北地区大部、华中地区中北部、华东地区中北部、华南地区东南部的珠三角地区和西北地区的中东部；西南地区 O_3 浓度超标率较低（李霄阳等，2018）。此外，2013—2017 年 1 300 个空气质量监测站点数据也显示，O_3 浓度在全国多个地区存在上升趋势，其中安徽、山西、天津、重庆、福建、河南和河北增速最为明显，分别为 51.3%、39.3%、36.6%、28.4%、24.0%、22.9% 和 21.3%。京津冀、山西、山东、上海、江苏、安徽、河南、陕西和重庆等地 O_3 浓度年均值均超过国家环境空气质量二级标准（图 2.9），全国 O_3 日均最大 8 h 浓度最低和最高的地区分别是西藏（39 ppb）和河北（110 ppb），相差 71 ppb（Feng et al.，2019）。

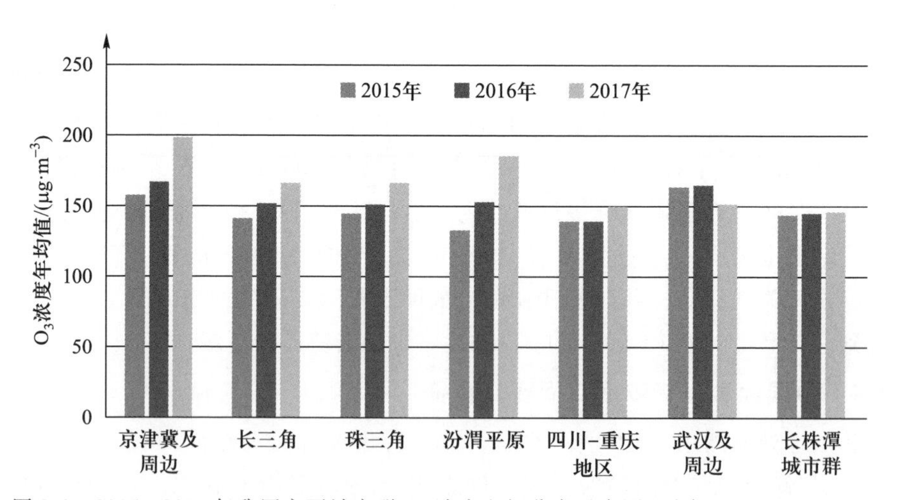

图 2.9　2015—2017 年我国主要城市群 O_3 浓度空间分布示意图（引自 Feng et al.，2019）

聚焦于我国东部及北方地区（37.74° N—40.97° N，113.39° E—119.57° E）22 个空气质量监测点，2009 年和 2010 年地表 O_3 浓度观测数据的研究也发现，地表 O_3 浓度在区域尺度范围内也存在显著差异（Tang et al.，2012）。总体来看，北方地区地表 O_3 浓度年均值可达 33.6 ppb，主要出现在大同、灵山、兴隆及张家口等地。O_3 浓度年均值较低的区域一般出现在华北平原地区，此区域 O_3 浓度年均值普遍低于 25 ppb，整体均值只有 21.9 ppb。考虑到华北平原尤其是一些城市地区高排放 NO_x，夜间地表上空 O_3 与 NO_x 的"滴定"反应可能有助于拉低地表 O_3 浓度的全天均值。

由于较高的温度、短波辐射，较低的层云覆盖及较低的相对湿度等气象条件，加之大量 NO_x 及 VOCs 物质的排放，地表 O_3 浓度日均小时浓度及日均 8 h 浓度最大值一般出现在北京及环北京的京津冀地区，最低值则出现在西北山区等地。受风向的影响，在京津冀地区的上风向 O_3 浓度小时最大值超标的比例一般较小，只有 3.3% ~11.1%；但在北京的下风向如兴隆等地，地表 O_3 浓度小时最大值超标比例为 45.3%(Tang et al.，2012)。最近，根据 2015—2017 年我国 338 个城市空气质量监测站 O_3 浓度数据分析发现，华北地区 O_3 污染最为严重的地区为北京市，其 O_3 浓度均值连续 3 年超标，O_3 日均最大 8 h 浓度 3 年均值高达 98.5 ppb；河北省唐山市、保定市和衡水市 O_3 污染也非常严重，内蒙古自治区中部污染程度较低，但 O_3 浓度最高的鄂尔多斯市 3 年均值也高达 78.1 ppb。

相比华北地区，华中地区 O_3 污染较为严重的地区主要分布在河南省，其中焦作市的污染最严重，O_3 日均最大 8h 浓度 3 年均值为 90.1 ppb。华东地区 O_3 浓度呈逐年上升趋势，污染最为严重的地区为上海市、山东省和江苏省，山东省超标城市高达 13 个，O_3 浓度最高的德州市为 98.8 ppb，而江苏省超标城市有 10 个，其中南京市污染最为严重，连续 3 年 O_3 浓度均值为 95.0 ppb。相比来看，华南地区 O_3 污染整体较轻，但广东地区 O_3 浓度偏高。西南地区只有四川省的部分城市存在超标情况，其中成都市污染情况最严重，O_3 浓度 3 年均值为 86.8 ppb。O_3 浓度在西北地区虽呈上升趋势但整体浓度较低，没有城市存在超标现象。东北地区辽宁省 O_3 污染也非常明显，O_3 浓度均值最高的营口市 O_3 浓度均值高达 91.6 ppb(王鑫龙等，2020)。

经济发展、人口密度及人为源 O_3 前体物排放的不同也可能间接反映地表 O_3 浓度在我国空间分布的差异。研究表明，O_3 污染严重的区域一般经济发达、人口稠密，O_3 前体物排放量巨大，如 Wu 等(2017)报道华北平原如河北、河南等地及长三角地区 O_3 浓度的升高与该地工业生产和溶剂使用过程中 VOCs 排放量的大幅增加有关。伴随全国 NO_x 减排措施的有效实施，O_3 污染将进一步受区域 VOCs 排放的影响，如上海、江苏南通及广州清远等地。基于 2013—2015 年国家环境空气质量监测站 717 个站点的数据，全国 O_3 日最大 8 h 浓度连续 3 年的均值为 40.1 ppb，其中人口稠密地区(617 个站点)O_3 浓度均值为 40.6 ppb，人口稀疏地区(100 个站点)O_3 浓度均值为 37.2 ppb(图 2.10)(Wang et al.，2017b)。相比于 2013 年，2015 年 O_3 浓度 8 h 最大日均值在北京、成都、兰州和上海的增速分别为

12%、25%、34%和22%。以WHO的O_3浓度标准来看,相比于西部城市兰州、乌鲁木齐,2015年北京、成都、广州和上海日最大8 h O_3浓度超标天数比2013年增加了30%(Wang et al.,2017b)。尽管由于人口稀疏地区站点较少,可能影响数据的准确性,但也能反映地表O_3浓度在不同区域的一些差异。

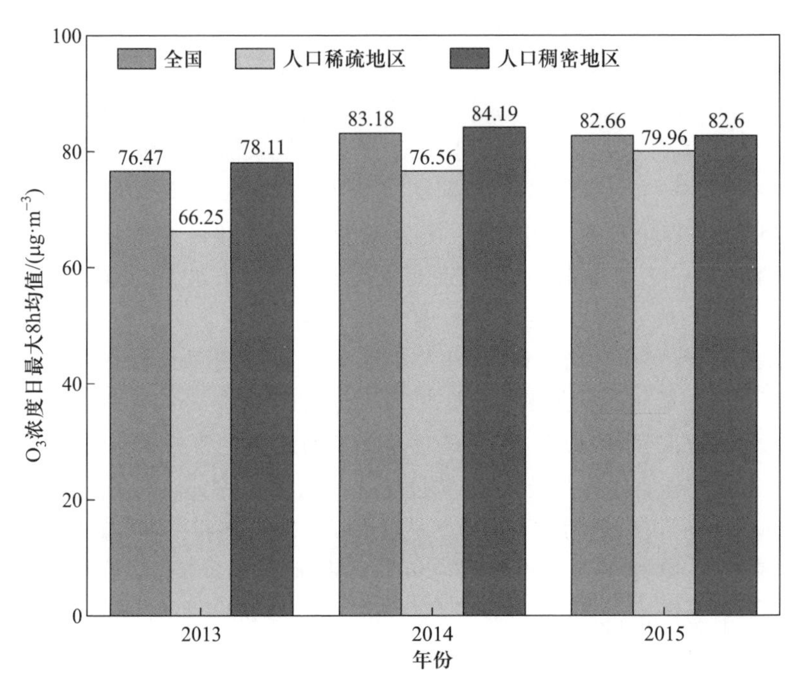

图2.10　2013—2015年我国人口稀疏和稠密地区O_3浓度空间分布示意图

(引自Wang et al.,2017b)

此外,由于城市风、山谷风的影响,污染也可扩散到非城市地区,进而使得郊区地区O_3浓度高于城市地区,尤其是处于下风向的城郊、农村等地(Blande et al.,2010)。与城市地区相比,农村地区O_3浓度的日变化波动较小,最低浓度一般出现在黎明前的几个小时,这可能是由于农村地区容易存在逆温层并且缺少NO来源,城市地区相比较低的浓度可能归功于夜间中层大气没有O_3来源,但浅层大气O_3与城市中还存在的NO发生"滴定"反应逐渐消耗,导致O_3浓度降低。因此,城市与农村地区一般有着不同的季节性O_3循环,冬季、春秋季城市地表O_3浓度比农村地区显著偏低,但到夏季时二者之间差异减小。

Wang等(2006)总结了1983—2003年我国25个地区监测的数据,显示地表O_3浓度最高的区域并不是在城市,而是在郊区或农村地区。以广东地区为例,地表O_3浓度从低到高的排序为城区<郊区<农村。峨眉山及天山的监测站点也显示

O_3 浓度较城市地区高。受到大气传输过程的影响,处于下风向地区的 O_3 浓度往往偏高,比如 2010 年北京地区夏季白天小时平均 O_3 浓度,处于下风向的郊区[(67 ± 27)ppb]比城区高近 20 ppb(Wan et al.,2013)。最近,关于北京城区与西北远郊地表 O_3 浓度梯度移动监测的研究表明,北京西北山区森林区域 O_3 浓度显著高于城区,约为城区的 2 倍(图 2.11)(张红星等,2019)。此外,O_3 浓度在城区和郊区的差异分布可能主要来自城市 NO_x 和 VOCs 比值的差异。在 NO_x 一定的情况下,有着大量人为源 VOCs 排放的地区,更容易在城区出现高浓度 O_3 污染的天气;反之,人为源 VOCs 排放较低的地区,O_3 浓度高值更容易出现在郊区(杭一纤,2012)。

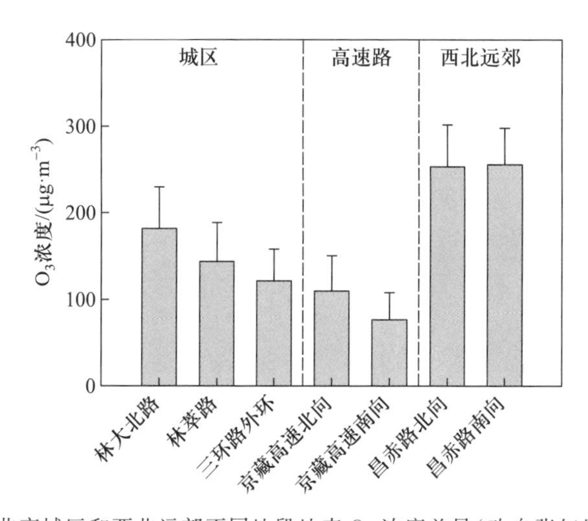

图 2.11　北京城区和西北远郊不同地段地表 O_3 浓度差异(改自张红星等,2019)

参考文献

陈仁杰,陈秉衡,阚海东.2010.上海市近地面臭氧污染的健康影响评价.中国环境科学,30(5):603-608.

范辞冬,王幸锐,王玉瑶,等.2012.中国人类活动源非甲烷挥发性有机物(NMVOC)排放总量及分布.四川环境,31(1):82-87.

冯兆忠,李品,袁相洋,等.2018.我国地表臭氧的生态环境效应研究进展.生态学报,38(5):1530-1541.

杭一纤.2012.南京地区臭氧及其前体物浓度特征及城郊对比分析.硕士学位论文.南京:南京信息工程大学.

李霄阳,李思杰,刘鹏飞,等.2018.2016 年中国城市臭氧浓度的时空变化规律.环境科学学报,38(4):1263-1274.

乐群,张国君,王铮.2012.中国各省甲烷排放量初步估算及空间分布.地理研究,31(9):1561-1570.

陆克定,张远航,苏杭,等.2010.珠江三角洲夏季臭氧区域污染及其控制因素分析.中国科学(B辑):化学,40(4):407-420.

宁亚东,李宏亮.2015.我国人为源CO排放量的估算研究.环境科学与技术,38(S2):397-403.

唐文苑,赵春生,耿福海,等.2009.上海地区臭氧周末效应研究.中国科学(D辑):地球化学,39(1):99-105.

王鑫龙,赵文吉,李令军,等.2020.中国臭氧时空分布特征及与社会经济因素影响分析.地球与环境,1-10.

王占山,李云婷,陈添,等.2014.北京市臭氧的时空分布特征.环境科学,35:4446-4453.

殷永泉,单文坡,纪霞,等.2006.济南市区近地面臭氧浓度变化特征.环境科学与技术,29(10):49-51.

张倩倩,张兴赢.2019.基于卫星和地面观测的2013年以来我国臭氧时空分布及变化特征.环境科学,40(3):1132-1142.

中华人民共和国环境保护部.2014.中国环境和数据中心.

张红星,韩立建,任玉芬,等.2019.北京城市与西北远郊地表臭氧浓度梯度移动监测研究.生态学报,39(18):6803-6815.

周江,练川,李星和,等.2018.我国挥发性有机物(VOCs)排放清单研究进展.绿色科技,16:15-17.

周秀骥.2004.长江三角洲低层大气与生态系统相互作用研究.北京:气象出版社,75-81.

Atkinson-Palombo C M, Miller J A, Balling Jr R C. 2006. Quantifying the ozone "week-end effect" at various locations in Phoenix, Arizona. Atmospheric Environment, 40(39):7644-7658.

Blande J D, Holopainen J K, Li T. 2010. Air pollution impedes plant-to-plant communication by volatiles. Ecollogy Letters, 13(9):1172-1181.

ChapmanS. 1930. A theory of upper-atmospheric ozone. Quarterly Journal of The Royal Meteorological Society, 3:103-125.

Cheng N L, Chen Z Y, Sun F, et al. 2018. Ground ozone concentrations over Beijing from 2004 to 2015: Variation patterns, indicative precursors and effects of emission reduction. Environmental Pollution, 237:262-274.

Cicerone R J, Oremland R S. 1988. Biogeochemical aspects of atmospheric methane. Global Biogeochemical Cycles,2(4):299-300.

Cleveland W S, Graedel T E, Kleiner B, et al. 1974. Sunday and workday variations in photochemical air pollutants in New Jersey and New York. Science, 186(4168): 1037-1038.

Cooper O R, Gao R-S, Tarasick D, et al. 2012. Long-term ozone trends at rural ozone monitoring site across the United States, 1990—2010. Journal of Geophysical Research, 117: D22307.

Cooper O R, Parrish D D, Ziemke J, et al. 2014. Global distributon and trends of tropospheric ozone: An observation-based review. Elementa—Science of the Anthropocene, 2(29):1-28.

Cooper S M, Peterson D L. 2000. Spatial distribution of tropospheric ozone in western Washington, USA. Environmental Pollution, 107(3):339-347.

Diem J E. 2000. Comparisons of weekday-weekend ozone: Importance of biogenic volatile organic compound emissions in the semi-arid southwest USA. Atmospheric Environment, 34(20):3445-3451.

Ding A J, Wang T, Thouret V, et al. 2008. Tropospheric ozone climatology over Beijing: Analysis of aircraft data from the MOZAIC program. Atmospheric Chemistry and Physics, 8(1):1-13.

Du E Z. 2016. Rise and fall of nitrogen deposition in the United States. Proceedings of the National Academy of Sciences of the United States of America, 113(26): E3594.

Feng Z Z, Hu E Z, Wang X K, et al. 2015a. Ground-level O_3 pollution and its impacts on food crops in China: A review. Environmental Pollution, 199:42-48.

Feng Z Z, Liu X J, Zhang F S. 2015b. Air pollution affects food security in China: Taking ozone as an example. Frontiers of Agricultural Science and Engineering, 2(2): 152-158.

Feng Y Y, Ning M, Lei Y, et al. 2019. Defending blue sky in China: Effectiveness of the "Air Pollution Prevention and Control Action Plan" on air quality improvements from 2013 to 2017. Journal of Environmental Management, 252:109603.

Gao W, Tie X X, Xu J M, et al. 2017. Long-term trend of O_3 in a mega City (Shanghai), China: Characteristics, causes, and interactions with precursors. Science of the Total Environment, 603:425-433.

Gu B J, Ge Y, Ren Y, et al. 2012. Atmospheric reactive nitrogen in China: Sources, recent trends, And damage costs. Environmental Science and Technology, 46(17):

9240-9247.
Guenther A B, Jiang X, Heald C L, et al. 2012. The model of emissions of gases and aerosols from nature version 2.1(MEGAN2.1):An extended and updated framework for modeling biogenic emissions. Geoscientific Model Development,5:1471-1492.
Huang G L, Brook R, Crippa M, et al. 2017. Speciation of anthropogenic emissions of non-methane volatile organic compounds:A global gridded data set for 1970—2012. Atmospheric Chemistry and Physics,17:7683-7701.
IPCC(Intergovernmental Panel on Climate Change). 2013. The physical science basis. In:Stocker T F, Qin D, Plattner G-K, et al, eds. Contribution of Working Group I to the Fifth Assessment Report of the Intergovernmental Panel on Climate Change. Cambridge:Cambridge University Press,1535.
Jaeglé L, Steinberger L, Martin R V, et al. 2005. Global partitioning of NO_x sources using satellite observations:Relative roles of fossil fuel combustion, biomass burning and soil emissions. Faraday Discuss,130:407-423.
Jaffe L. 1973. Carbon monoxide in the biosphere:Sources, distribution, and concentrations. Journal of Geophysical Research,78(24):5293-5305.
Kleffmann J. 2007. Daytime sources of nitrous acid(HONO) in the atmospheric boundary layer. Atmospheric Chemistry and Physics,8(8):1137-1144.
Lee H E. 1997. Use of auxiliary data for spatial interpolation of surface ozone patterns. Development in Environmental Science,2:165-194.
Lefohn A S, Shadwick D, Oltmans S J. 2010. Characterizing changes in surface ozone levels in metropolitan and rural areas in the United States for 1980—2008 and 1994—2008. Atmospheric Environment,44(39):5199-5210.
Li L, Chen Y, Xie S D. 2013. Spatio-temporal variation of biogenic volatile organic compounds emissions in China. Environmental Pollution,182:157-168.
Li M, Zhang Q, Zheng B, et al. 2019. Persistent growth of anthropogenic non-methane volatile organic compound(NMVOC) emissions in China during 1990—2017:Drivers, speciation and ozone formation potential. Atmospheric Chemistry and Physics,19(13):8897-8913.
Lisac I, Grubisic V. 1991. An analysis of surface ozone data measured at the end of the 19th century in Zagreb, Yugoslavia. Atmospheric Environment,25(2):481-486.
Liu X J, Zhang Y, Han W X, et al. 2013. Enhanced nitrogen deposition over China. Nature,494:459-462.
Lu X, Hong J Y, Zhang L, et al. 2018. Severe surface ozone pollution in china:A global

perspective. Environmental Science and Technology,5:487-494.

Miller S M,Michalak A M,Detmers R G,et al. 2019. China's coal mine methane regulations have not curbed growing emissions. Nature Communications,10:303.

Mills G,Pleijel H,Malley C S,et al. 2018. Tropospheric ozone assessment report:Present-day tropospheric ozone distribution and trends relevant to vegetation. Elementa—Science of the Anthropocene,6(1):47.

Oksanen E,Pandey V,Pandey A K. 2013. Impacts of increasing ozone on Indian plants. Environmental Pollution,177:189-200.

Oltmans S J,Lefohn A S,Shadwick D,et al. 2013. Recent tropospheric ozone changes—A pattern dominated by slow or no growth. Atmospheric Environment,67:331-351.

Ordóñez C. 2006. Trend analysis of ozone and evaluation of nitrogen dioxide satellite data in the troposphere over Europe. Doctoral thesis. Swiss:Swiss Federal Institute of Technology.

Parrish D D,Law K S,Staehelin J,et al. 2012. Long-term changes in lower tropospheric baseline ozone concentrations at northern mid-latitudes. Atmospheric Chemistry and Physics,12(23):11485-11504.

Parrish D D,Law K S,Staehelin J,et al. 2013. Lower tropospheric ozone at northern mid-latitudes:Changing seasonal cycle. Geophysical Research Letters,40:1631-1636.

Prather M,Ehhalt D,Dentener F,et al. 2001. Atmospheric chemistry and greenhouse gases. In:Related Information:Climate Change:Working Group I:the Scientific Basis.

Riedel T P,Wolfe G M,Danas K T,et al. 2014. An MCM modeling study of nitryl chloride($ClNO_2$) impacts on oxidation,ozone production and nitrogen oxide partitioning in polluted continental outflow. Atmospheric Chemistry and Physics, 14(8): 3789-3800.

Sicard P,De Marco A,Troussier F,et al. 2013. Decrease in surface ozone concentrations at Mediterranean remote sites and increase in the cities. Atmospheric Environment, 79:705-715.

Su W H,Song W Z,Luo C,et al. 1987. Ozone pollution in Beijing-Tianjin region. Acta Scientiae Circumstantiae,7:503-507.

Tang G Y,Wang Y,Li X,et al. 2012. Spatial-temporal variations in surface ozone in Northern China as observed during 2009—2010 and possible implications for future air quality control strategies. Atmospheric Chemistry and Physics,12(5):2757-2776.

The Royal Society. 2008. Ground-level Ozone in the 21st Century:Future Trends, Impacts and Policy Implications. London:The Royal Society.

Van Dingenen R,Crippa M,Maenhout G,et al. 2018. Global Trends of Methane Emissions and Their Impacts on Ozone Concentrations. EUR 29394 EN. Luxembourg:Publications Office of the European Union.

Varotsos C,Cartalis C. 1991. Re-evaluation of surface ozone over Athens,Greece,for the period 1901—1940. Atmospheric Research,26(4):303-310.

Vingarzan R. 2004. A review of surface ozone background levels and trends. Atmospheric Environment,38(21):3431-3442.

Wan W X,Xia Y J,Zhang H X,et al. 2013. The ambient ozone pollution and foliar injury of the sensitive woody plants in Beijing exurban region. Acta Ecological Sinica,33(4):1098-1105.

Wang H X,Zhou L J,Tang X Y. 2006. Ozone concentrations in rural regions of the Yangtze Delta in China. Journal of Atmospheric Chemistry,54(3):255-265.

Wang T,Wei X L,Ding A J,et al. 2009. Increasing surface ozone concentrations in the background atmosphere of Southern China,1994—2007. Atmospheric Chemistry and Physics,9(16):6217-6227.

Wang T,Xue L K,Brimblecombe P,et al. 2017a. Ozone pollution in China:A review of concentrations,meteorological influences,chemical precursors,and effects. Science of the Total Environment,575:1582-1596.

Wang W N,Cheng T H,Gu X F,et al. 2017b. Assessing spatial and temporal patterns of observed ground-level ozone in China. Scientific Reports,7(1):3651.

Wang X K,Manning W,Feng Z W,et al. 2007. Ground-level ozone in China:Distribution and effects on crop yields. Environmental Pollution,147(2):394-400.

Wang Y,Zhang Y,Hao J,et al. 2011. Seasonal and spatial variability of surface ozone over China: Contributions from background and domestic pollution. Atmospheric Chemistry and Physics,11(7):3511-3525.

Wilson R C, Fleming Z L, Monks P S, et al. 2012. Have primary emission reduction measures reduced ozone across Europe? An analysis of European rural background ozone trends 1996—2005. Atmospheric Chemistry and Physics,12(1):437-454.

Wu W J,Zhao B,Wang S X,et al. 2017. Ozone and secondary organic aerosol formation potential from anthropogenic volatile organic compounds emissions in China. Journal of Environmental Science-China,53(3):224-237.

Xia Y M,Zhao Y,Nielsen C P. 2016. Benefits of China's efforts in gaseous pollutant control indicated by the bottom-up emissions and satellite observations 2000—2014. Atmospheric Environment,136:43-51.

Xue L, Gu R, Wang T, et al. 2016. Oxidative capacity and radical chemistry in the polluted atmosphere of Hong Kong and Pearl River Delta region: Analysis of a severe photochemical smog episode. Atmospheric Chemistry and Physics, 16:9891-9903.

Yang H, Xie P, Ni L Y, et al. 2011. Underestimation of CH_4 emission from freshwater lakes in China. Environmental Science and Technology, 45(10):4203.

Zeng Y Y, Cao Y F, Qiao X, et al. 2019. Air pollution reduction in China: Recent success but great challenge for the future. Science of the Total Environment, 663:329-337.

Zhao B, Wang S X, Liu H, et al. 2013. NO_x emissions in China: Historical trends and future perspectives. Atmospheric Chemistry and Physics, 13(6):9869-9897.

Zheng B, Tong D, Li M, et al. 2018. Trends in China's anthropogenic emissions since 2010 as the consequence of clean air actions. Atmospheric Chemistry and Physics, 18:14095-14111.

第3章　地表臭氧的生态效应评价方法

尚　博　李　品　冯兆忠

随着人们对 O_3 污染危害认识的逐渐加深,其相应的研究手段和方法也得到同步发展并被不断改进和优化。科研人员往往会综合运用多种研究手段,以期全面了解 O_3 污染对生态系统的影响。本章主要介绍 O_3 污染生态效应的 4 种评价方法:控制实验、原位调查、化学防护、模型模拟。

3.1　控制实验

纵观 O_3 对植物影响的研究历程,以实验设备与手段的改进和更新为标志的控制实验大致可分为 3 个发展阶段(王春乙,1995):第一阶段,1970 年之前,主要利用封闭式静态或动态气室以及室内生长箱;第二阶段,从 1973 年开始,美国学者利用开顶式气室(open top chamber,OTC)研究 O_3 对植物的影响和伤害;第三阶段,直到 1986 年,设计了开放式 O_3 浓度增加系统(free air ozone concentration enrichment,O_3-FACE)研究方法。这些方法各有利弊,具体见表 3.1,每种方法详细的工作原理以及应用范围介绍如下。

表 3.1　不同研究方法的优缺点

研究方法	优点	缺点
室内生长箱	技术简单,操作容易,费用低,可控温湿度、光照	空间小,短期实验为主,与真实环境不符
开顶式气室(OTC)	技术简单,操作容易,费用低,高精度,多因子,可过滤 O_3 并进行田间实验	空间小,短期幼苗实验,盆栽为主,微气候效应
开放式 O_3 浓度增加系统(O_3-FACE)	自然环境,多因子,长期实验,大田研究,研究尺度囊括叶片、个体、群落和生态系统水平	技术要求高,费用昂贵,普适性差

3.1.1　室内生长箱

室内生长箱是最早研究 O_3 对植物影响的方法,其原理是将密闭气箱布置于内部环境相对均一的生长室、实验室或者温室内,人为控制气箱内部 O_3 浓度。技术相对简单，可以根据气室的特点分为4类：可调节温室(Menser,1996)、可调节生长室(Wood et al.,1973)、矩形实验气室(Heagle et al.,1979)和圆柱形气室(Heck et al.,1978)。通过设定不同O_3暴露浓度，研究气室内植物的生长状况。气室的特点是实验设备小、操作方便、控制精度高、重复性好和成本较低。由于气室内部O_3浓度可控性高，密闭气箱在研究低浓度O_3对植物影响方面具有重要的意义(Dochinger et al.,1970)。1978年，Heck等(1978)对早期的密闭气箱进行了改进，设计了连续搅拌箱式反应器，解决了气箱内布气不均匀的问题，随后该类气箱在O_3对植物叶片伤害评价及生理生化响应机制等研究中被广泛采用，其设计理念为后来OTC的发明提供了重要基础。但由于气室内的小环境和自然环境差别较大，不能客观反映植物生长对O_3污染的真实响应，应用范围受到限制，并且设备通常较小，仅适合于少数植物的短期实验，所以目前此类方法已基本被淘汰。

3.1.2 开顶式气室

OTC技术自从1973年推出以来(Heagle et al.,1973;Mandle,1973)，就在世界各地广泛用于O_3对农作物的影响研究中。20世纪80年代，因修订大气O_3污染控制指标所需，美国农业部和环境保护局创建了全美农作物损失评价网(NC-LAN)，率先在全美范围内利用OTC研究O_3对农作物生长和产量的影响，供试作物主要包括小麦、玉米、大豆和马铃薯等(Heck and Adams,1983)。随后，1986—1991年，欧洲OTC研究项目(EOTC)针对扁豆、牧草、小麦、大麦等本地区主要作物也迅速开展研究。自90年代起，日本、印度、中国、巴基斯坦等亚洲国家也先后开展了OTC模拟O_3浓度升高对作物的影响研究(Kobayashi et al.,1995;Feng et al.,2003)。同一时期，在全球范围内大规模利用OTC研究了O_3对树木的影响，研究树种包括黑樱桃(*Prunus serotina*)、北美鹅掌楸(*Liriodendron tulipifera*)、北美红栎(*Quercus rubra*)、美国红枫(*Acer rubrum*)、黑杨(*Populus nigra*)、欧洲山毛榉(*Fagus sylvatica*)、欧洲赤松(*Pinus sylvestris*)、欧洲云杉(*Picea abies*)、银杏(*Ginkgo biloba*)和蒙古栎(*Quercus mongolica*)等。我国于1998年开始运用OTC研究O_3浓度升高对小麦和水稻生长及产量的影响(Feng et al.,2003)。

随着OTC实验的开展，OTC结构也在不断改进和优化，气室壁外形从开始的直筒圆柱形改为正八面的柱体结构；由于柱体结构的气室外界空气很容易从顶部侵入，后来又在顶部增加了收缩口，以减少外界空气从顶部侵入对气室内部气体的影响；气室框架采用更为轻便、耐用的合金和塑钢等材料；气室壁膜的光照透性不断优化，气室壁主要用聚氯乙烯、聚乙烯、聚四氟乙烯和透明玻璃等材质。OTC技术革新的关键是保证目标气体能在OTC内均匀分布，因此通气方式在不断地被优化，按照优化的顺序将不同通气方式的特点、优点以及缺点总结如下(表3.2)。

表 3.2　开顶式气室通气方式优化历程

发明者	优化特点	优点	缺点
Heagle et al. ,1973	气室壁分为上下两层,下层的壁为内外双层膜,内膜上均匀分布着通气孔,气流绕气室四周的孔径而进入气室	通气的装置固定,操作相对方便	气室壁的结构相对复杂,靠近气室壁的植物先接触到目标气体,导致气室内气体分布不均匀
Mandle, 1973	气室底部布设了通风的塑料管道,管道内侧有均匀分布的通气孔	通气方式较灵活,可以根据实验植物的生长状况来调整通气管的位置	靠近气室中心区域的目标气体浓度低于其他区域,气室内气体分布不均匀
王春乙, 1996	设置上下两个气室,上面是暴露室,下面是混合气室,中间用均匀布满了小孔的栅板进行隔开,气体在混合气室内充分混合后经栅板小孔进入暴露室	能够使气室内目标气体浓度均匀	只适合进行盆栽作物的实验,对植物生长(尤其是根部)有很强的限制
陈法军等, 2005	在王春乙(1996)方法的基础上,在混合气室上安装换气扇以进行通气	使气室内目标气体浓度较均匀稳定	只适合进行盆栽实验
郑启伟等, 2007	运用喷气的作用力与反作用力原理,设计了一套旋转布气装置,布气系统由两段等长且一端密封的有机玻璃管、一根垂直气管以及一个连接有机玻璃管和垂直气管的轴承组成,结构如图 3.1	气体浓度在气室内无论水平和垂直分布都比较均匀;气室内外温差小,无明显的温室效应,能够满足气室内换气的需要;垂直布气管高度可随作物株高调整;是目前较理想的通气方式	—

经过不断优化,目前 OTC 技术已经相当成熟,以中国科学院生态环境研究中心城市与区域国家重点实验室延庆实验示范基地为例(图 3.2),对 OTC 的结构和运行原理做一详细介绍。该 OTC 搭建于 2016 年,主要由过滤系统、鼓气系统、O_3

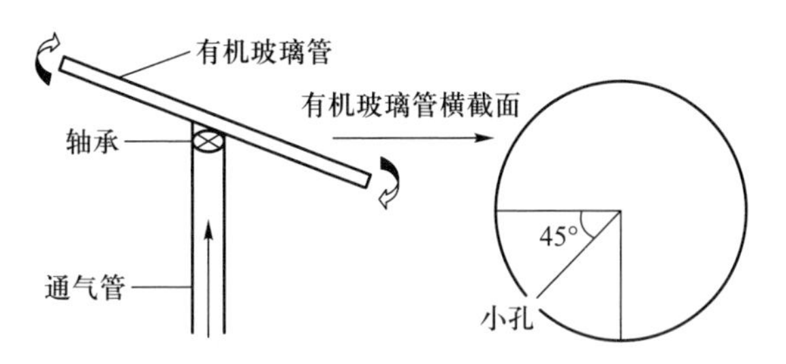

图 3.1　旋转布气系统示意图(引自郑启伟等,2007)

发生和投加系统、布气系统、暴露室、O_3 浓度控制系统和自动采集测量系统组成。主体高 2.0 m,横截面为正八边形(边长为 1.0 m)。为减少外部气体对室内气体的影响,正八面柱体顶端增加 45°收缩口,收缩口高 1.0 m,整个气室的体积约为 18 m^3。气室框架由塑钢构成,室壁材质为透明钢化玻璃,如图 3.2 所示。过滤系统是用于对照实验处理的 OTC,加活性炭过滤自然大气中的 O_3;鼓气系统是用 1 100 W 风机以满足气室内气体每分钟交换 1 次以上,使得气室内温度、湿度与 CO_2 浓度等环境因素与外界基本保持一致;O_3 发生主要以洁净的压缩氧气(O_2)作为气源,用 O_3 发生器产生 O_3,通过鼓气系统的风机混合空气进入气室;布气系统运用旋转顶吹布气,使气室内 O_3 分布更加均匀。O_3 浓度控制系统和自动采集测量系统由可编程逻辑控制器、电磁阀系统、多通路布气控制器、质量流量计、数

图 3.2　O_3 开顶式气室(北京延庆,2016)(参见书末彩插)

据采集器、O_3 分析仪和计算机等构成。使用 49i O_3 分析仪对 OTC 内 O_3 浓度进行实时监测与记录,然后根据 OTC 内 O_3 浓度与设定目标 O_3 浓度的差异,用质量流量计控制供应的压缩 O_2 的流量来控制气室内 O_3 的浓度。利用比例-积分-微分控制器对气室内的 O_3 浓度进行动态控制。

该方法可在田间条件下研究 O_3 对植物的影响,气室内气体浓度控制精确度较高,结果相对可靠,并可设置过滤空气和不过滤空气两种对照实验,特别是可进行几种气体(如 CO_2 和 O_3)或者 O_3 和其他环境胁迫因子的复合实验。几十年来,OTC 一直是植物 O_3 胁迫研究的主要手段,基于 OTC 的实验在定性阐明植物 O_3 胁迫机理(Iglesias et al.,2006)和定量评价 O_3 浓度升高导致的地表植被生长、生物量损失等方面运用广泛(Mills et al.,2007)。

尽管 OTC 经历了上述的改进和优化,但设施本身仍存在一些不足:① 气室效应在一定程度上制约着实验结果向自然生境的外推,气室内光照强度、增温效应及内部气流变化模式等皆与自然生境存在较大差异(Olszyk et al.,1980);② 利用 OTC 开展 O_3 对树木的影响无法开展对成年大树的研究,只限于以幼苗作为研究对象,其生长及生理应答特点等均有别于成年树种;③ 气室内树种相对单一,大多为盆栽植物,不存在激烈的种间及种内竞争;④ 气室内实验空间狭小,人为设置的隔离设施等都可能对植物周围气候产生较大的扰动,再加上气室实验的边际效应,从而会改变植物对 O_3 响应的大小。

3.1.3 开放式气体浓度增加系统

尽管目前 OTC 技术已经相当成熟,气室内 O_3 浓度控制也较精确,但 OTC 室内温度、水分、光照、风力等生态因素与自然状态下仍存在明显差异。这些生态因子可能与 O_3 存在互作效应,从而与自然中的真实效应存在较大差异。因此,自 20 世纪 90 年代,国际上开始开展在完全开放式大气环境下对某个特定气体组分(主要有 CO_2 和 O_3)浓度升高的开放式气体浓度增加系统(free air concentration enrichment,FACE)平台研究,创造了一个开放式大气中 O_3 浓度升高的环境,有效地避免气室研究的局限性。同时平台具有实验空间大(可支持树木长期生长)、实验代表性强、持续时间长等优点,从硬件上保证了实验内容的拓展性,同时也有利于形态、生理、遗传、生化等多学科的协同研究,以便从细胞、器官、个体、群落及生态系统等多个水平上揭示 O_3 浓度升高对植物影响的深层机理(列淦文等,2014)。

目前,全球已经或正在开展的 FACE 研究项目有 30 多项,但大多是 CO_2-FACE,绝大部分分布在北美、欧洲、日本等发达国家和地区,且以对经济作物的研究为主,国外的 O_3-FACE 信息概况见表 3.3。研究作物的 O_3-FACE 只有美国伊利诺伊大学厄巴纳-香槟分校在厄巴纳附近建设的大豆和玉米平台(Morgan et al.,2006)。涉及森林树种的 O_3-FACE 相对多一些,详见表 3.3。

表 3.3 国外 O_3-FACE 概况

名称	植物	控制因子	地点	开始运行时间	运行状态	文献
Soy-FACE	大豆和玉米	CO_2 和 O_3	美国伊利诺伊州	2001 年	停止运行	https://soyface.illinois.edu
Aspen-FACE	美洲山杨	CO_2 和 O_3	美国威斯康星州	2001 年	停止运行	Dickson et al.,2000
Kranzberg Ozone Fumigation Experiment (KROFEX)	欧洲云杉和欧洲山毛榉	O_3	德国弗赖辛	2000 年	停止运行	Werner and Fabian,2002
Kuopio FACE	垂枝桦	O_3	芬兰库奥皮奥	1993 年	停止运行	Oksanen et al.,2007
Sapporo Forest	山毛榉和橡树幼苗	O_3	日本北海道	2011 年	仍在运行	Watanabe et al.,2013
3D ozone FACE	杨树	O_3	意大利佛罗伦萨	2015 年	仍在运行	Paoletti et al.,2017

我国建设的 O_3-FACE 平台主要有两个:一个是扬州水稻-小麦轮作 O_3-FACE 平台(图 3.3),位于江苏省扬州市江都区小纪镇马凌村,于 2007 年由中国科学院南京土壤研究所与日本东京大学联合组建,该平台已经取得了一系列意义重大的研究成果(Feng et al.,2011),也是我国第一个大型 O_3-FACE 平台;另一个是延庆杨树 O_3-FACE 平台(图 3.4),位于北京市延庆区唐家堡村,由中国科学院生态环境研究中心组建,已在 2017 年投入运行,是目前亚洲第一个大型树木 O_3-FACE 平台。

以位于扬州的水稻-小麦轮作 O_3-FACE 为例,介绍 FACE 平台的组成结构及性能。该 FACE 平台的每个圈为直径 14 m 的正八边形,有效实验面积 120 m^2(图 3.3)。为了避免处理圈增加的 O_3 浓度对其他圈的影响,每个处理圈相互之间

图 3.3 水稻-小麦轮作 O_3-FACE 平台(江苏扬州)(参见书末彩插)

图 3.4 杨树 O_3-FACE 平台(北京延庆)(参见书末彩插)

以及处理圈与对照圈之间的间隔都大于 70 m。由于 O_3 浓度波动很大，没有采用固定升高 O_3 浓度值而是采用依据环境 O_3 浓度的日变化规律成比例地升高 O_3 浓度进行熏气。FACE 圈内目标 O_3 浓度设定值为高于对照圈 O_3 浓度的 50%。与 CO_2 不同，O_3 易分解，不能被贮存，因此在 O_3-FACE 平台的设计上，采取即时发生-控制混气-输送-自由释放的方式。

整个平台主要由 O_3 供应系统、O_3 释放系统以及平台监控系统 3 大部分组成（图 3.5）（唐昊冶等，2010）。O_3 供应系统：提供升高目标区域内作物冠层 O_3 浓度所需的 O_3，该系统主要由 O_3 发生单元、压缩空气单元以及混气单元组成。O_3 发生单元和压缩空气单元为所有 FACE 圈提供 O_3 以及压缩载气，而每个 FACE 圈都有各自独立的混气单元，系统自动根据各 FACE 圈实际的 O_3 流量要求，通过质量流量控制器调节输送到各 FACE 圈混气单元中的 O_3 流量。O_3 释放系统：经过加压混合后的 O_3 由送气管道输送到田间的 O_3 释放系统，主要由八边形布气管、风速风向传感器、数据采集控制器和 O_3 分析仪等组成。平台监控系统：由主控制计算机和分布在田间的数据采集控制器（Campbell，CR1000）组成。数据采集控制器分别连接各系统单元对应的仪器设备和电磁阀门，采集并储存田间监测到的数据信息并传送到主控制计算机，同时接收主控制计算机发出的控制指令并转化为电信号，从而控制各仪器设备和电磁阀门的工作状态。

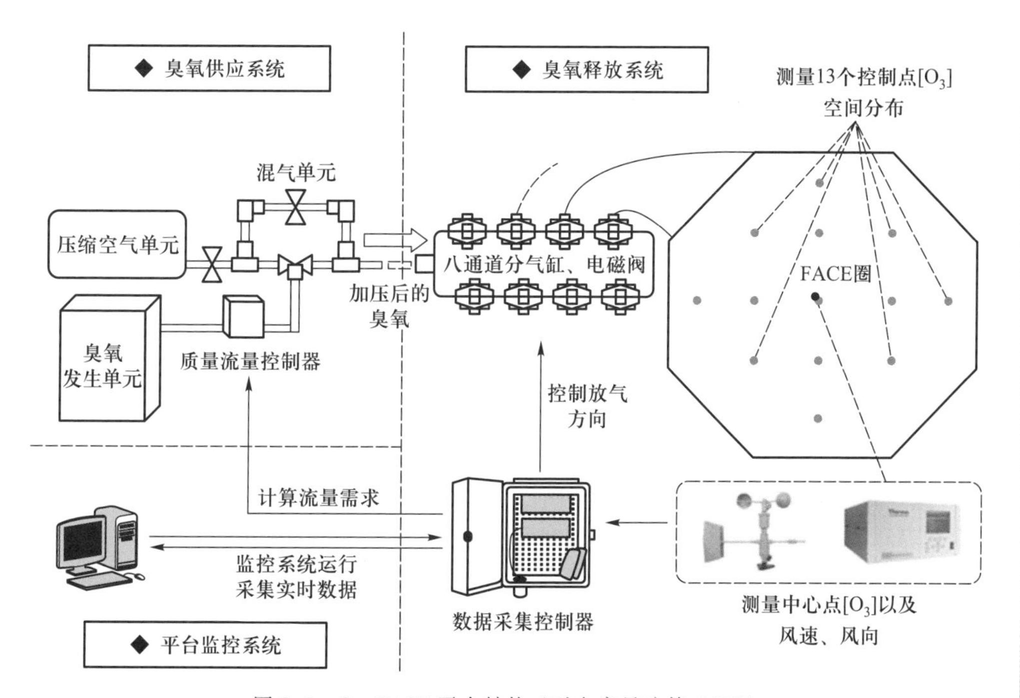

图 3.5 O_3-FACE 平台结构（引自唐昊冶等，2010）

O_3-FACE 平台没有隔离设施，气体在田间自由流通，系统内部的通风、光照和温湿度等条件处在自然生态环境中，实现了在自然环境下对不同类型植被生态系统如农田、森林、草地、沼泽等的定量观测研究，实验结果可靠性高，得到各国学者的一致认同。但由于 O_3-FACE 平台对仪器设备要求高、运行维护等技术要求高，费用昂贵，普适性相对较差。

3.2 原位调查

上述 O_3 控制实验方法，以控制 O_3 作为唯一变化因子，来研究未来 O_3 浓度升高下植物、土壤等各生态过程的响应过程和机理。对于目前 O_3 污染的现状，可以通过原位调查的手段来判断。原位调查可以通过野外观察叶片形态、伤害症状、表观生长特性和群落结构功能等，来判断 O_3 污染现状，并且可以通过敏感物种对 O_3 污染的响应进行预警；也可以借助于 O_3 梯度分布进行区域尺度上的差异比较。基于自然生境的原位调查一直是近地层 O_3 污染胁迫研究的重要手段（Bytnerowicz et al. ,2008），并且最早研究 O_3 对植物的毒性效应也是通过这种手段。早在 1956 年，美国就有学者认为空气 O_3 会影响植物生长。1983 年，Skelly 等对美国弗吉尼亚州雪兰多国家公园中的植物进行研究时发现，当时大气中的 O_3 浓度已经威胁到该地区森林植物的生长，部分植物叶片已经表现出 O_3 伤害症状（Skeug et al. ,1987）。美国加利福尼亚州也有多处森林植物受到 O_3 危害（Rundel,2000）。

近年来，我国学者也开展了很多关于 O_3 对野外植物叶片伤害的调查，确认了一些在自然条件下对 O_3 伤害敏感的树种，并对其表现症状进行了描述。2013 年 7—8 月，Feng 等(2014)在北京市主要公园、森林和农业地区进行 O_3 可见伤害调查，发现有 28 种不同物种叶片出现 O_3 损伤，且位于郊区的作物（北京市区下风向）出现损伤症状比城市公园频繁。作物的 O_3 损伤较普遍，不同类型的豆科植物、西瓜、葡萄和葫芦等均发现可见叶片 O_3 损伤症状。

O_3 诱发的损伤在物种间具有特异性，也取决于其他环境生物和气候因素，因此诊断植物的 O_3 伤害症状是非常复杂的，只有经过专业的训练才能诊断出是由 O_3 导致的伤害症状。目前确定 O_3 伤害症状比较完善的方法是 2010 年“ICP 林业工作组”发布的 O_3 伤害评价手册中阐述的方法。我国学者张红星等(2014)提出森林专家咨询系统（图 3.6），根据观察到的症状是在叶脉上还是叶脉间，是在上表面还是下表面，是在生长季早期还是晚期，是新叶失绿还是老叶失绿等逐步排除进而判断植物叶片的损伤是否为 O_3 所致。

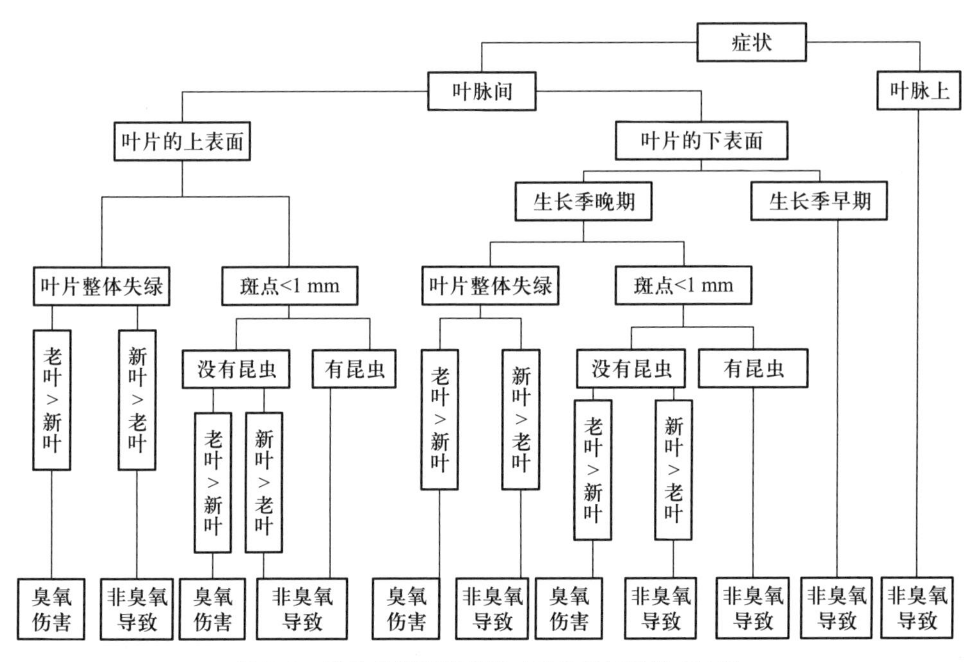

图 3.6　森林专家咨询系统（引自张红星等，2014）

3.3　化学防护

除了通过原位调查评估目前 O_3 污染的现状外，还可以运用施用 O_3 化学防护剂的方法来量化目前 O_3 污染对植物造成的损失。研究者通过选育抗性品种、调节土壤矿质营养、施用化学药剂等方法来应对 O_3 对植物的损伤。比如，施用抗氧化剂（如抗坏血酸）、衰老剂（如多胺）、惰性抑制剂、生长调节剂（如激动素）、杀菌剂（如苯菌清）、杀虫剂（如二嗪农）和除草剂（如异乐灵）等，对 O_3 的短期防治都有一定效果（Manning，2000）。这些物质不仅能够改善植物生理机能，增强植物的抗逆能力，还对植物生长有促进作用，但这些化学防护剂都不能专一并且长期地对植物形成 O_3 伤害防护。

直到 1978 年，Carnahan 等人发现一种新型化学合成物质——N-［-2-（2 氧-1-咪唑啉膦酰胺）乙基-］-N-苯基脲（Ethylenediurea，简称 EDU）（图 3.7），可有效减缓植物 O_3 损伤，O_3 化学防治工作才得以迅速开展（Carnahan et al.，1978）。目前，经过几十年的发展，EDU 已成为 O_3 对植物损伤防治领域研究的主要物质。EDU 的结构式中没有烯族双键，但包含至少两个 N 原

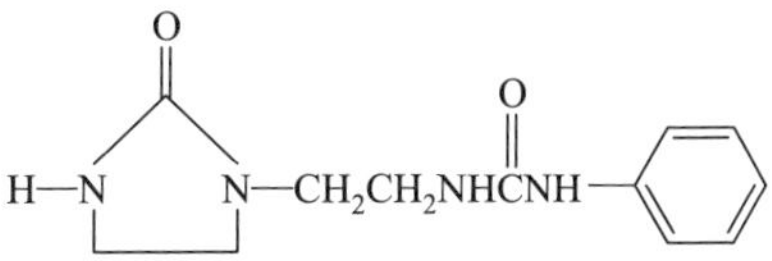

图 3.7　EDU 分子结构式

子。EDU 的主要物理学、毒理学特性见表 3.4 和表 3.5。表 3.4 描述了 EDU 的相对分子质量、熔点、溶解度、分子消光系数等特征,表 3.5 描述了 EDU 毒性暴露实验各项数据(袁相洋,2015)。目前,EDU 仅用于实验研究而尚未得到大规模商业推广运用。研究发现,喷施到植物体表面的 EDU 可被根、茎、叶吸收,但是并未观察到 EDU 从已施叶向未施叶或者新长出来的叶片转移的现象。这说明随着植物的生长和新叶的不断萌发,必须持续喷施 EDU。目前 EDU 是 O_3 胁迫的植物专一防护剂,对大气中其他污染物的防治不起作用,在没有 O_3 暴露的条件下其本身对植物或作物的生长是否有影响尚待进一步研究。

表 3.4　EDU 的主要物理学特性

特性	大小/含量
相对分子质量	256
尿素	60
苯脲	136.15
N	21.09%
尿素中 N 含量	10.15%
苯脲中 N 含量	10.94%
238 nm 下水中分子消光系数	14 760
熔点	167 ~ 170℃
25℃时水中溶解度	0.75%
25 ℃时乙醇中溶解度	1.9%
25 ℃时甲醇中溶解度	6.4%
25 ℃时二氯甲烷中溶解度	0.3%

表 3.5　EDU 毒性暴露实验数据

毒性	大小/状态
急性毒性	—
LD_{50}(小白鼠,口试)	14 000 mg · kg^{-1}
皮肤(豚鼠)	无刺激性
眼睛(兔子)	无损伤
慢性毒性	未测定

近年来,已有大量的研究探究喷施 EDU 对植物的保护作用。EDU 对植物叶片有一定的保护作用,可减缓叶片衰退,促进植物生长,并最终增加产量(Feng et al.,2010)。EDU 可通过根施或叶面喷施而被植物吸收,并能在植物体内传输到

各个组织(Roberts et al.,1987;Weidensaul,1980)。喷施浓度对植物影响很大,高浓度EDU喷施效果并不一定理想,当浓度高于500 ppm① 还可能出现一定的副作用。因此,使用该物质保护植物之前,进行剂量响应实验是必需的。EDU防治O_3伤害的研究,最开始主要在室外OTCs环境下进行。鉴于OTCs效应的影响,尽管研究显示EDU喷施可以减轻叶片可见伤害症状促进生长,但OTCs非自然的微气候环境对正确评估O_3和EDU效果总会有或多或少的影响。近年来,随着环境O_3浓度的升高,利用自然环境中天然O_3的浓度梯度,对作物或树木进行EDU喷施的研究日趋增多。在当前环境O_3下取得的实验结果更加可靠,更能反映田间植物对O_3的实际响应。Feng等(2010)对作物、草类和树木的整合分析发现,尽管EDU防护的具体效果因物种而异,但对于绝大多数对O_3敏感的农作物和树木施用EDU后均可有效缓解O_3损伤,表现为植株光合速率、地上生物量和产量增加。

尽管大量研究已证实EDU可缓解O_3对植物的伤害,但是EDU防治O_3的内在机理目前尚有争议。O_3对植物的损伤程度主要取决于O_3通过气孔进入植物体内被吸收的量以及叶肉细胞内部本身具有的解毒能力。因此,关于EDU防治O_3伤害的机理,争论的焦点主要表现在两方面:一是EDU可以影响植物气孔导度,进一步影响植物光合作用和生理生长等;二是EDU可以增强植物体内抗氧化防护机制(Feng et al.,2010;Manning et al.,2011)。虽然对EDU的作用机理尚无定论,但目前已经发现EDU可在叶片非原生质中浓缩并可维持10天以上,但并不进入细胞内部,这表明EDU在保护植物免受O_3伤害过程中起到了直接作用(Gatta et al.,1997)。EDU对O_3的防护效果可能也与实验对象和环境因素等有关,因此,需要进行更多的研究做进一步探索。

3.4 模型模拟

尽管目前已经有大量实验研究数据和资料,但是这些数据多集中于样地尺度探究O_3对植物的影响机理。想要进行区域或者更大尺度上O_3生态效应的研究,必须借助于模型,可以利用模型对农业经济损失的区域O_3生态风险进行评价,同时也可以通过模型预测未来O_3升高对生态系统的影响。依据模型与植物生长关系的紧密程度,目前O_3模型主要划分为统计模型和机理模型两大类(姚芳芳,2007)。

3.4.1 统计模型

自20世纪80年代以来,有大量研究用统计模型定量评估O_3对陆地生态系统

① 1 ppm = 10^{-6}。

(农作物和森林)的影响。O_3 对植物影响的统计模型研究主要经历了 3 个阶段,依次分别为浓度响应(concentration-based)关系模型、剂量响应(dose-based)关系模型和通量响应(flux-based)关系模型(Musselman et al.,2006)。关于这 3 种统计模型对应的 O_3 浓度指标、累积剂量指标以及气孔通量指标在第 8 章中有详细介绍,本章中不再介绍。

3.4.2 机理模型

机理模型是近年的研究热点,目前主要的机理模型有与作物生长相结合的作物损失评价 CLASS 模型(Kobayashi,1992)、基于叶片内氧化反应机理的 ECOpHYS-O_3 模型(Martin et al.,2000)和结合作物生长的 AFRCWHEAT2-O_3 模型(Ewert and Porte,2000)。

(1) CLASS 模型

CLASS (crop loss assessment system)模型(Kobayashi,1992)将 O_3 浓度与作物生长过程相联系(图 3.8)。模型中,干物质累积是太阳辐射有效利用率与辐射吸收量的乘积。O_3 暴露影响到冠层辐射利用率,进而减慢作物生长率,减少作物产量。

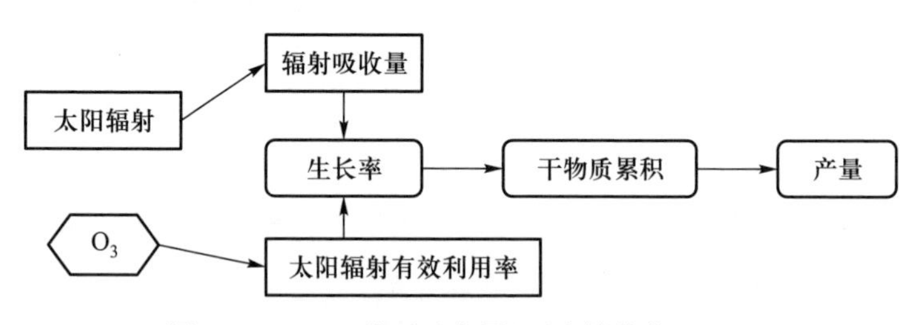

图 3.8 CLASS 模型示意图(引自姚芳芳,2007)

CLASS 模型从 O_3 影响植物光合作用角度,研究 O_3 浓度与作物生长过程的关系,反映了 O_3 暴露在作物生长过程中的动态影响。但是该模型只是将产量下降简单归因于辐射利用率的变化,并没有将 O_3 与羧化过程联系起来,进而不能充分阐述 O_3 暴露对作物生理机理过程的影响。

(2) ECOpHYS-O_3 模型

Martin 等(2000)基于叶片内氧化反应机理,结合光合作用模型与气孔导度模型,研究短期 O_3 暴露对小麦叶片光合作用的影响,并分析进入作物体内的有效 O_3 量与羧化率下降的关系(图 3.9)。

Martin 等 (2000)认为,当进入叶片的 O_3 量超出植物体的抗氧化能力,就会在一定程度上抑制作物光合作用,对作物造成伤害。有效 O_3 量是最关键因子,它诱导气孔关闭,减少进入叶片的 CO_2 量,导致胞间 CO_2 浓度下降,并影响到最大羧化率。

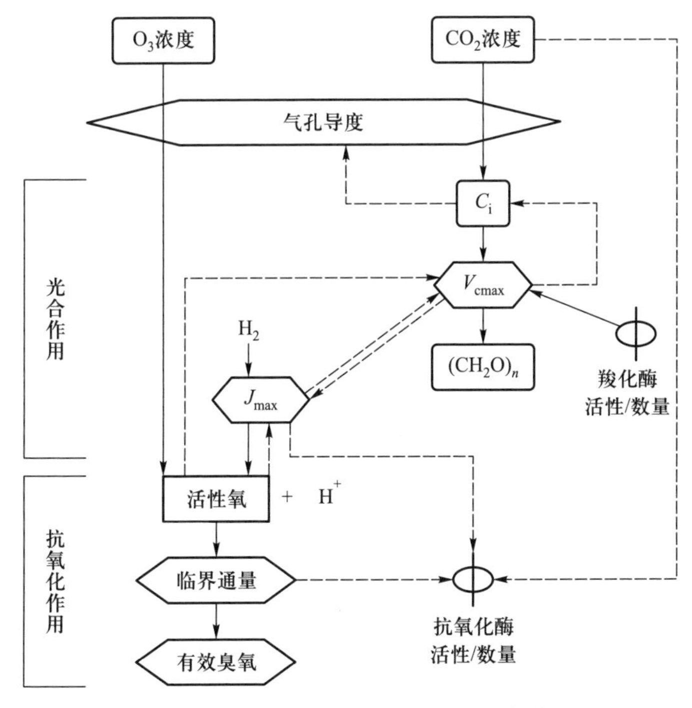

图 3.9 ECOpHYS-O_3 模型示意图(引自姚芳芳,2007)

该模型从氧化机理角度,在叶片尺度上模拟短期 O_3 暴露对光合作用羧化速率的影响。与 CLASS 模型相比,该模型考虑的作物生理响应过程更复杂,并突出了作物本身的抗氧化能力,确定了伤害临界值。但仍存在不足点:时间上该模型只适用于短期作用,不能体现出 O_3 影响的累积效应;空间上只适用于单个叶片,还未能在大尺度上进行验证。因此,今后还需要作深入研究,以便将 ECOpHYS-O_3 模型从小时尺度上推到整个生育期,并从叶片尺度上推到整株作物乃至更大区域范围。

(3) AFRCWHEAT2-O_3 模型

Ewert 和 Porter(2000)在作物生长模型 AFRCWHEAT2 的基础上,加入 O_3 因子(图 3.10),研究 O_3 对作物(小麦)短期和长期的影响。该模型从两个方面进行数值模拟:一方面是 O_3 抑制光合作用;另一方面是 O_3 加速叶片衰老,减少叶面积。

AFRCWHEAT2-O_3 模型从 O_3 降低羧化速率角度出发,在作物生长过程模型的基础上进行研究,反映了 O_3 对作物生长过程中的动态影响。同时模型考虑到植物自身的抗氧化能力,提出适合该模型的伤害临界值,并将 O_3 加速叶片衰老过程与叶面积子模型相关联,实现了 O_3 对作物慢性效应的模拟。此外,该模型还表达了作物的自我修复功能。AFRCWHEAT2-O_3 模型结合作物生长过程模型和气

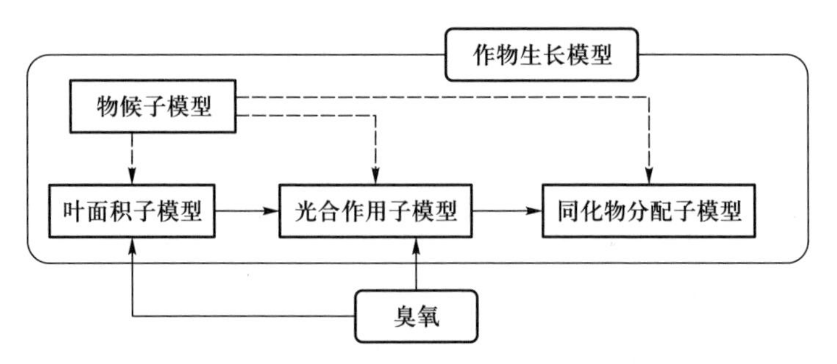

图 3.10 AFRCWHEAT2-O_3 模型示意图(引自姚芳芳,2007)

孔导度模型,将 O_3 导致的羧化率下降归为有效 O_3 量作用和加速叶片衰老作用的协同效应,实现了在植株水平上对 O_3 胁迫效应的长期模拟。AFRCWHEAT2-O_3 模型考虑因素比较全面,其他作物可以参考这种方法进行研究;但是由于生理机制的复杂性和生理过程的不确定性,也导致该模型在通用性上存在一定缺陷。

综上,O_3 对植物影响的模型在不断优化,模型从简单到复杂,从经验统计方法向机理理论发展。基于外部 O_3 浓度和植物反应之间关系的风险评估不足以应对新的挑战;将气孔通量、解毒和修复过程与碳同化和分配联系起来的新模型为未来的风险评估提供了一个更加机理化的基础。未来的发展是将大尺度区域生态系统动态模型与基于过程的 O_3 通量机理模型结合以进行区域模拟评估,从而预测大尺度生态系统生产力和碳氮平衡过程对 O_3 浓度升高的短期响应与长期适应及其反馈机制。

参考文献

陈法军,戈峰,苏建伟.2005.用于研究大气二氧化碳浓度升高对农田有害生物的田间实验装置——改良的开顶式气室.生态学杂志,24(5):585-590.

列淦文,叶龙华,薛立.2014.臭氧胁迫对植物主要生理功能的影响.生态学报,34(2):294-306.

唐昊冶,刘钢,韩勇,等.2010.农田开放体系中调控臭氧浓度装置平台(O_3-FACE)研究.土壤,42(5):833-841.

王春乙.1995.臭氧对农作物的影响研究.应用气象学报,6(3):343-349.

王春乙.1996.OTC-1型开顶式气室的结构和性能与国内外同类气室的比较.环境科学进展,4(1):50-57.

姚芳芳.2007.臭氧浓度升高对农作物的影响研究——田间原位开顶式气室、抗氧化剂及机理模型.硕士学位论文.北京:中国科学院研究生院.

袁相洋.2015.当前环境臭氧浓度对矮菜豆生长的影响及防治.硕士学位论文.北

京:北京工商大学.

张红星,孙旭,姚余辉,等.2014.北京夏季地表臭氧污染分布特征及其对植物的伤害效应.生态学报,(16):4756-4765.

郑启伟,王效科,冯兆忠,等.2007.用旋转布气法开顶式气室研究臭氧对水稻生物量和产量的影响.环境科学,1(1):170-175.

Bytnerowicz A, Arbaugh M, Schilling S, et al. 2008. Ozone distribution andphytotoxic potential in mixed conifer forests of the San Bernardino Mountains, southern California. Environmental Pollution, 155:398-408.

Carnahan J E, Jenner E L, Wat E K W. 1978. Prevention of ozone injury to plants by a new protectant chemical. Phytopathology, 68:1225-1229.

Dickson R E, Lewin K F, Isebrands J G, et al. 2000. Forest atmosphere carbon transfer storage-II(FACTS II)-the aspen free-air CO_2 and O_3 enrichment(FACE) project: An overview. General Technical Report NC-214, USDA Forest Service, North Central Research Station, Rhinelander, WI.

Dochinger L S, Bender F W, Fox F L, et al. 1970. Chlorotic dwarf of eastern white pine caused by an ozone and sulphur dioxide interaction. Nature, 225:476.

Ewert F, Porter J R. 2000. Ozone effects on wheat in relation to CO_2: Modelling short-term and long-term responses of leaf photosynthesis and leaf duration. Global Change Biology, 6:735-750.

Feng Z W, Jin M H, Zhang F Z, et al. 2003. Effects of ground-level ozone(O_3) pollution onthe yields of rice and winter wheat in the Yangtze River delta. Journal of Environmental Sciences, 15:360-362.

Feng Z Z, Wang S, Szantoi Z, et al. 2010. Protection of plants from ambient ozone by applications of ethylenediurea(EDU): A meta-analytic review. Environmental Pollution, 158:3236-3242.

Feng Z Z, Pang J, Kobayashi K, et al. 2011. Differential responses in two varieties of winter wheat to elevated ozone concentration under fully open-air field conditions. Global Change Biology, 17:580-591.

Feng Z Z, Sun J J, Wan W X, et al. 2014. Evidence of widespread ozone-induced visible injury on plants in Beijing, China. Environmental Pollution, 193:296-301.

Gatta L, Mancino L, Frederico R. 1997. Translocation and persistence of EDU(ehtlenediurea) in plants: The relationship of its role in ozone damage. Environmental Pollution, 96:445-448.

Heagle A S, Body D E, Heck W W. 1973. An open-top field chamber to assess the impact of air pollution on plants. Journal of Environmental Quality,2:365–368.

Heagle A S,Philbeck R B,Rogers H H,et al. 1979. Dispensing and monitoring ozone in open-top field chambers for plant-effects studies. Phytopathology,69:15–20.

Heck W W,Philbeck R B,Dunning J A. 1978. A Continuous Tank Reactor System for Exposing Plants to Gaseous Air Contaminants:Principles,Specifications,Construction and Operation. New York:U. S. Department of Agriculture,173–249.

Heck W C,Adams R M. 1983. A reassessment of crop loss from ozone. Environmental Science and Technology,17:572–581.

Iglesias D J,Calatayud A,Barreno B,et al. 2006. Responses of citrus plants to ozone: Leaf biochemistry, antioxidant mechanisms and lipid peroxidation. Plant Physiology and Biochemistry,44:125–131.

Karnosky D F,Werner H,Holopainen T,et al. 2007. Free-air exposure systems to scale up ozone research to mature trees. Plant Biology,9:181–190.

Kobayashi K. 1992. Modeling and assessing the impact of ozone on rice growth and yield. In:Berglund R L, eds. Tropospheric Ozone and the Environment. Pittsburgh: Air and Waste Management Association,537–551.

Kobayashi K,Okadab M,Nouchi I. 1995. Effects of ozone on dry matter partitioning and yield of Japanese cultivars of rice(*Oryza sativa* L.). Agriculture Ecosystems and Environment,53:109–122.

Mandle R H A. 1973. Cylindrical open top chamber for the exposure of plants to air pollutants in the field. Journal of Environmental Quality,2:371–376.

Manning W J. 2000. Use of protective chemicals to assess the effects of ambient ozone on plants. In:Agrawal S B,Agrawal M,Eds. Environmental Pollution and Plant Responses. Florida:Lewis Publishers,247–258.

Manning W J,Paoletti E,Sandermann J. 2011. Ethylenediurea(EDU):A research tool for assessment and verification of the effects of ground level ozone on plants under natural conditions. Environmental Pollution,159:3283–3293.

Martin M J,Peter F K,Steve H W,et al. 2000. Can the stomatal changes caused by acute ozone exposure be predicted by changes occurring in the mesophyll? A simplification for models of vegetation response to the global increase in tropospheric elevated ozone episodes. Australian Journal of Plant Physiology,27:211–219.

Menser H A. 1996. Carbon filter prevents ozone fleck and premature senescence of tobacco leaves. Phytopathology. 56:466–467.

Mills G,Buse A,Gimeno B,et al. 2007. A synthesis of AOT40-based response functions and critical levels of ozone for agricultural and horticultural crops. Atmospheric Environment,41:2630-2643.

Morgan P B, Mies T A, Bollero G A, et al. 2006. Season-long elevation of ozone concentration to projected 2050 levels under fully open-air conditions substantially decreases the growth and production of soybean. New Phytologist,170:333-343.

Musselmana R C, Lefohnb A S, Massmana W J, et al. 2006. A critical review and analysis of the use of exposure- and flux-based ozone indices for predicting vegetation effects. Atmospheric Environment,40:1869-1888.

Oksanen E, Kontunen-Soppela S, Riikonen J, et al. 2007. Northern environment predisposes birches to ozone damage. Plant Biology,9:191-196.

Olszyk D M, Tibbitts T W, Hertzberg W M. 1980. Environment in open-top field chambers utilized for air pollution studies. Journal of Environmental Quality,9:610-615.

Paoletti E, Materassi A, Fasano G, et al. 2017. A new-generation 3D ozone FACE (free air controlled exposure). Science of the Total Environment,575:1407-1414.

Roberts B R, Wilson L R, Cascino J J. 1987. Autoradiographic studies of ethylenediurea distributionin woody plants. Environmental Pollution,45:81-86.

Rundel P W. 2000. Oxidant air pollution impacts in the montane forests of southern California. Mountain Research and Development,20:289-290.

Skelly, J M, Davis D D, W. Merrill W, et al. 1987. Diagnosing injury to eastern forest trees. USDA-Forest Service, Vegetation Survey Research Cooperative and The Pennsylvania State University, University Park, PA 122 pp.

Watanabe M, Hoshika Y, Inada N, et al. 2013. Photosynthetic traits of Siebold's beech and oak saplings grown under free air ozone exposure in northern Japan. Environmental Pollution, 174, 50-56.

Weidensaul T C. 1980. N-[2-(2-oxo-1-imidizolidinyl) ethyl-]-N-phenylurea as a protectant againstozone injury to laboratory fumigated pinto bean plants. Phytopathology, 70:42-45.

Werner H, Fabian P. 2002. Free-air fumigation of mature trees. Environmental Science and Pollution Research,9:117-121.

Wood F A, Drummond D B, Wilhour R G, et al. 1973. Exposure chamber for studying the effects of air pollutants on plants. Pennsylvania Agricultural Experiment Station Report,335.

第4章　地表臭氧对植物叶片生理过程的影响

代碌碌　徐彦森　李征珍　冯兆忠

高浓度的 O_3 暴露会对叶片组织结构、光合和呼吸过程、抗氧化系统、初级和次级代谢物及叶片形态等过程产生危害，最终导致叶片出现不同程度的 O_3 损伤症状，抑制植物生长，导致减产。叶片的 O_3 敏感性程度取决于该植物暴露的环境 O_3 浓度及细胞通过适应性代谢变化恢复平衡的能力（Heath and Taylor，1997）。O_3 进入叶片损害细胞组织主要经过气孔、质外体和共质体3个部位。相应地，叶片抵御 O_3 的危害主要有气孔防御、质外体抗氧化物质解毒、叶组织（共质体）抗氧化物质解毒3道防线。如图4.1所示，O_3 主要通过气孔扩散进入叶片，首先进入质外体内，此时的 O_3 便与质外体液中的物质反应生成大量的活性氧自由基（ROS）。质外体内一些抗氧化物质如还原型抗坏血酸（ASC）、超氧化物歧化酶（SOD）作为第一道生化防线，与 O_3/ROS 发生反应，将 O_3/ROS 部分降解掉。另外，未被质外体解毒掉的 O_3/ROS 便进入共质体内，进而启动次级解毒响应机制。具体来讲，共质体内大量的抗氧化剂［ASC、酚类化合物、谷胱甘肽（GSH）等］和抗氧化酶类［SOD，过氧化氢酶（CAT）、过氧化酶（POD）及抗坏血酸过氧化物酶（APX）等］被诱导生成，

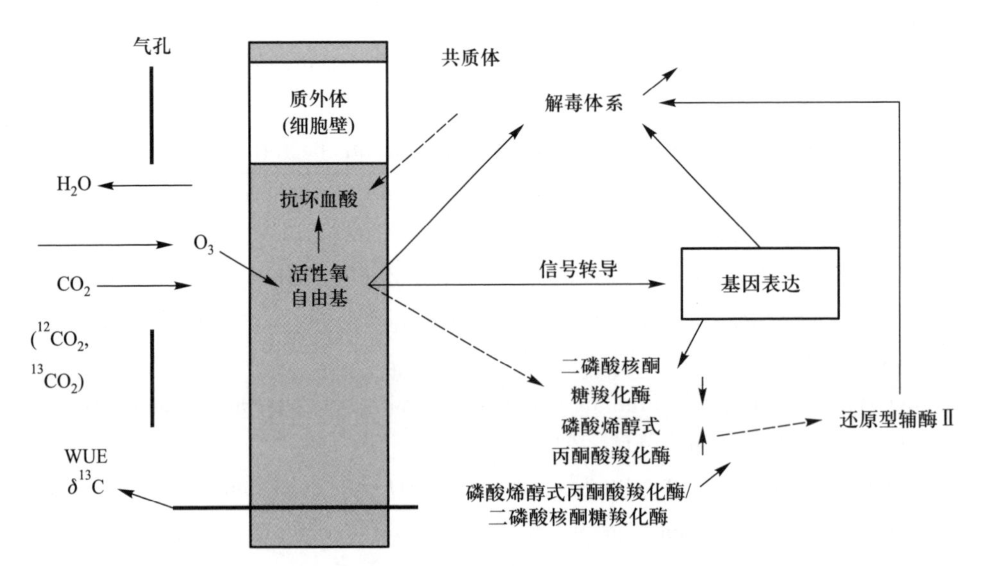

图4.1　高浓度 O_3 下植物细胞内气孔吸收、代谢变化与解毒系统的关系示意图
（引自 Dizengremel et al.，2008）

参与诸如抗坏血酸-谷胱甘肽(ASC-GSH)循环等氧化还原过程,从而对 ROS 进行进一步解毒。然而,在长时间高浓度的 O_3 熏蒸下,当 ROS 的累积量超过植物自身的解毒防御阈值时,便会引起细胞程序性死亡,破坏植物光合作用,影响植物的正常生长,导致叶片出现明显的 O_3 可见伤害症状(如斑点、坏死斑块、早衰、提前脱落等)。

4.1 地表臭氧对植物叶片的表观影响

O_3 污染会破坏植物的生理生化过程,导致叶片出现不同程度的 O_3 损伤症状(Feng et al.,2014)。植物的 O_3 敏感性程度取决于植物所暴露的 O_3 浓度和细胞通过适应性代谢变化恢复平衡的能力。植物叶片(叶肉部分)是 O_3 攻击的直接位点,当 O_3 浓度超过一定阈值时,部分敏感性植物会表现出可见叶面伤害特征。O_3 敏感性越高的植物,受到 O_3 污染时叶片首次出现症状的时间也越短(Li et al.,2016;Dai et al.,2017;Feng et al.,2018)。观测野外植物叶片的 O_3 伤害症状,是研究 O_3 对植物影响的简单而直接的方法,不但可以判断目前 O_3 浓度是否达到了危害自然植物生长发育的水平,还可以为植物敏感性评价提供客观证据。

O_3 污染对叶片的影响具有明显的组织选择性,叶片症状主要出现在老叶上表面的叶肉部分,呈现均匀细密缺绿斑点,污染进一步加重后会出现斑块状干死现象;而主叶脉和次级叶脉不易受到伤害,即使到生长后期,叶脉通常仍保持正常颜色。根据伤斑类型,O_3 伤害症状通常分为以下 4 种:① 呈红棕、紫红或褐色;② 叶表面变白或无色,严重时扩展到叶背;③ 叶子两面坏死,呈白色或橘红色,叶薄如纸;④ 褪绿,有的呈黄斑或褐斑。由于叶受害变色,逐渐出现叶弯曲,叶缘和叶尖干枯,进而早衰脱落(冯兆忠等,2018)。

可见 O_3 伤害症状虽然不像植物生长发育和生物量的响应一样具备生物学意义,但它能指示当前环境 O_3 浓度是否对植物造成胁迫以及可见损伤程度,因此,可以为筛选本地 O_3 污染指示物种和评估当地及区域性的 O_3 生态风险提供一种简单有效的方法。目前,可见伤害症状的评估已被列入欧洲林业组织(如 ICP-Forests,ICP-Vegetation)和北美的一些森林健康监测研究项目中,用来评估 O_3 对植物的可见伤害症状以及找寻生物指示性物种。欧美科学家已经在野外观测到大量植物叶片出现 O_3 伤害症状。鉴于我国许多地区的空气 O_3 浓度已经超过了敏感性植物受害的临界阈值(40 ppb),然而我国关于植物 O_3 伤害症状的野外调查研究较为薄弱,仅限于近几年在北京及附近区域的数篇报道(Feng et al.,2014),一个重要的原因就是 O_3 伤害症状的野外调查需要专业的经验知识和系统的判断学习。相关的鉴定工作可参考植物 O_3 可见伤害症状森林专家咨询系统

(见第3章图3.6)。

Feng等(2014)联合欧洲专家分别在2013年和2014年的植物生长季期间,在北京及其周边地区(河北、天津等地)调查发现至少有28种植物(包括木本植物、园林植物和农作物)叶片的伤害症状与O_3伤害症状"森林专家咨询系统"的判断标准一致,其伤害特征表现为叶片上表面出现大量均匀的细密点状黄斑或褐斑(图4.2),伤害发生在叶脉之间;并且症状多出现在植物生长旺季末期的8月底至9月初。研究发现,对于中国温带地区而言,臭椿、木槿和豆类作物可作为表征O_3污染的指示物种。

图4.2 O_3对植物叶片的可见伤害症状(引自Feng et al.,2014)(参见书末彩插)

注:木本植物:① 臭椿 *Ailanthus altissima*,② 白蜡 *Fraxinus chinensis*,③ 木槿 *Hibiscus syriacus*,④ 栾树 *Koelreuteria paniculata*,⑤ 油松 *Pinus tabuliformis*,⑥ 碧桃 *Prunus persica* var. duplex,⑦ 刺槐 *Robinia pseudoacacia*,⑧ 接骨木 *Sambucus williamsii*;作物:⑨ 秋葵 *Abelmoschus esculentus*,⑩ 落花生 *Arachis hypogea*,⑪ 冬瓜 *Benincasa pruriens*,⑫ 刀豆 *Canavalia gladiata*,⑬ 西瓜 *Citrullus lanatus*,⑭ 丝瓜 *Luffa cylindrica*,⑮ 豇豆 *Vigna unguiculata* var. heterophylla,⑯ 葡萄 *Vitis vinifera*。

4.2 地表臭氧对植物叶片解剖结构的影响

4.2.1 组织结构

高浓度O_3环境下,植物叶片厚度降低,栅栏组织和海绵组织比值增大。O_3对叶片解剖结构的影响首先是危害栅栏组织,表现为组织结构塌陷,细胞质壁分离,细胞内含物受到破坏等。随着 O_3 暴露时间的延长，叶片上表皮的坏死斑点变大、相互融合，最终伤害到海绵组织，形成两面坏死斑（图 4.3）。另外，O_3 对叶片组织结构的影响与叶片受害程度和植物 O_3 敏感性紧密相关。比如，Dai 等（2017）发现，O_3 浓度升高只显著降低了 13 种桃树叶片的下表皮厚度，而对上表皮、栅栏组织、海绵组织的厚度无显著影响，这可能是由于取样测定时叶片组织还未达到 O_3 伤害阈值所致。此外，叶片组织结构对 O_3 的响应存在种间差异性。

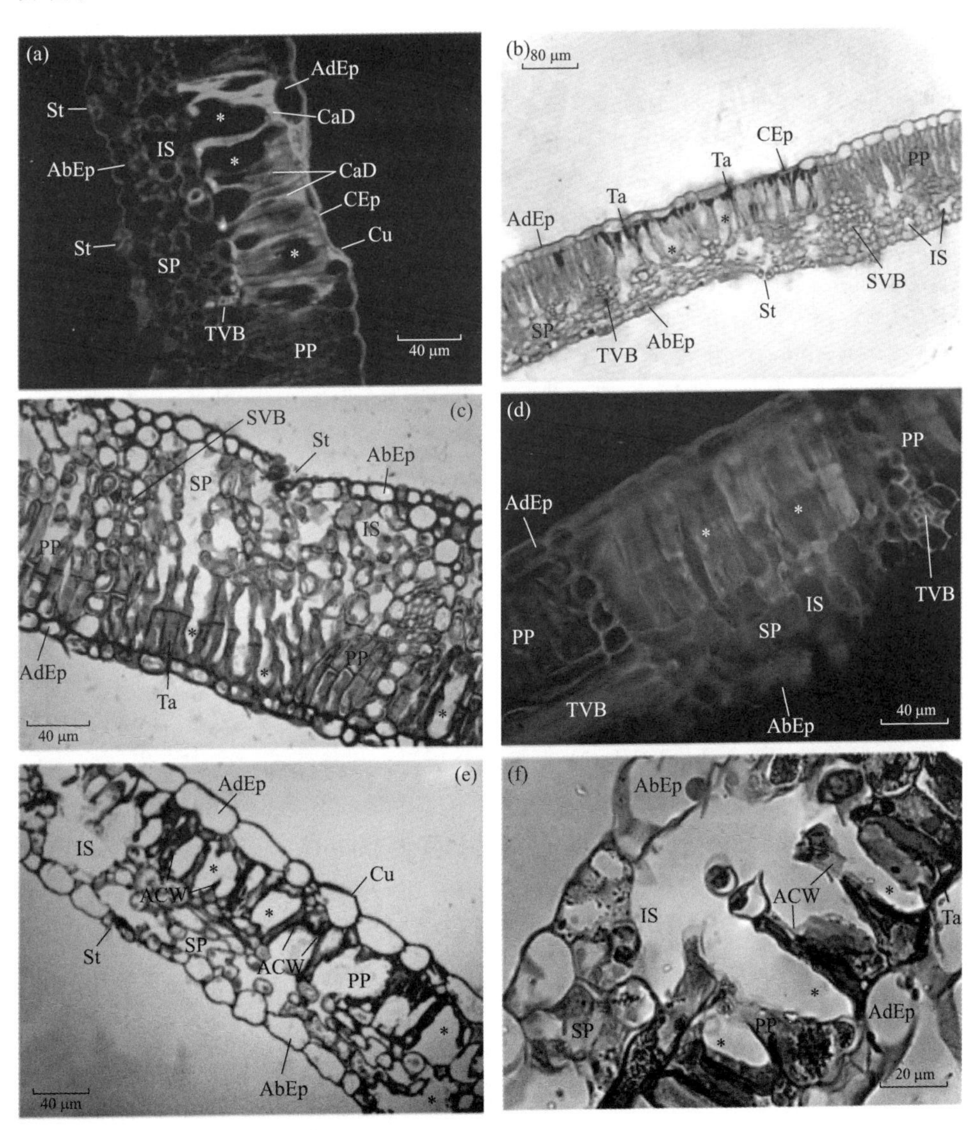

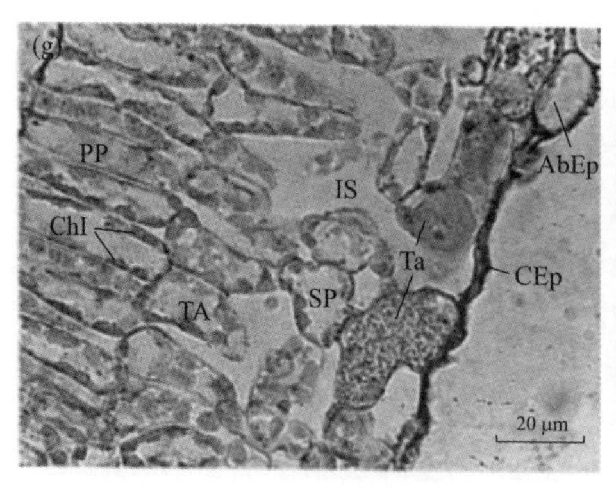

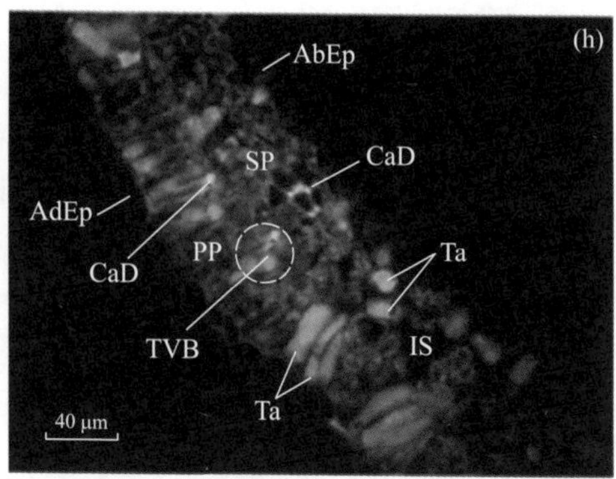

图 4.3 O_3 浓度升高下不同植物的荧光显微照片(引自 Gao et al.,2016)(参见书末彩插)

注:(a)臭椿叶片荧光显微照片,苯胺蓝染色区域表示受伤害区域细胞壁内部结构发生塌陷、胼胝质沉积等;(b)臭椿叶片经番红固绿染色后的显微照片,出现大量的塌陷及单宁等物质;(c)白蜡叶片经FSA三色染色后的照片,同样出现大量的塌陷及单宁等物质;(d)白蜡叶片荧光显微照片,受伤害的区域表示栅栏薄壁组织没有叶绿素等成分;(e)三球悬铃木经苯胺蓝染色后的荧光显微照片,组织/细胞空隙内观察到许多塌陷的细胞;(f)三球悬铃木叶片经FSA三色染色后的照片,受破坏的细胞壁内出现大量的塌陷及单宁等物质;(g)刺槐叶片经苯胺蓝染色后的照片,观察到塌陷的表皮;(h)刺槐叶片自发荧光显微图像,观察到许多单宁的产生。

AbEp:上表皮;ACW:细胞壁;AdEp:下表皮;CaD:胼胝质沉积; CeP:表皮塌陷;Chl:叶绿体;Cu:角质层;IS:细胞间隙;PP:栅栏组织;SP:海绵薄壁组织;St:气孔;SVB:次生维管束;Ta:单宁;TVB:第三维管束。

研究发现,叶片厚度也是衡量不同植物间 O_3 敏感性差异的重要因素。普遍认为叶片厚度越大的植物对 O_3 敏感性越小,即抗性越大。国内外学者通常用单位叶面积的叶片质量(比叶重,LMA)来衡量叶片厚度。植物敏感性与LMA呈显著负相关关系。这一结论不仅在不同树种中得到验证(Zhang et al.,2012;Li et al.,2016;Feng et al.,2018),而且在同一树种的不同品种中也得到证实。例如,Dai等(2017)报道不同桃树品种的 O_3 敏感性与LMA存在显著的相关性,Feng等(2018)通过整合分析进一步验证了这一观点。个体尺度 O_3 导致生物量的降低与单位质量气孔 O_3 通量的相关性远大于其与单位面积气孔 O_3 通量的相关性,有力佐证了木本植物种间 O_3 敏感性的差异与LMA直接相关的观点。

4.2.2 细胞结构

O_3 导致细胞遭受氧化胁迫,当氧化程度达到伤害阈值后,细胞结构便会遭到破坏(图4.3)。Gao等(2016)研究 O_3 浓度升高对我国城市主要绿化树种叶片细胞结构的影响时发现,O_3 暴露下,胼胝质在细胞壁与细胞膜之间积累,同时积累的单宁酸导致液泡密度增加,细胞质中大量晶体聚集,最终导致液泡膜破坏，细胞膨压降低。随着 O_3 暴露时间的延长，细胞发生塌陷、细胞间距增大。Paoletti 等(2009)研究 O_3 浓度升高对花梣(*Fraxinus ornus* L.)的影响时发现，在叶肉细胞水平，O_3 熏蒸后的叶片出现细胞壁增厚、疣状突起等现象，在细胞壁增厚区域观察到果胶和多糖，但未观察到胼胝质和黄酮等物质。在共质体内，O_3 暴露下的细胞出现塌陷、液泡破裂、叶绿体结构遭到破坏，且细胞出现死亡。共质体内遭 O_3 破坏的细胞残余物也会经细胞间隙进入质外体中。另外，O_3 浓度升高也会对叶绿体结构产生危害，表现为：叶绿体体积减小，个数减少，叶绿体基质发生浓缩等现象。出现 O_3 伤害的叶片其叶绿体结构受到破坏，淀粉粒及质体小球发生累积，造成类囊体膜部分或全部分解等(Gao et al.，2016；图 4.4)。

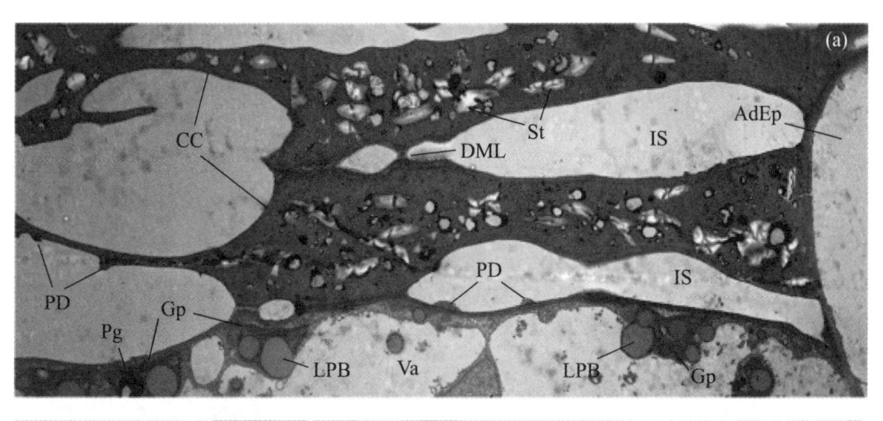

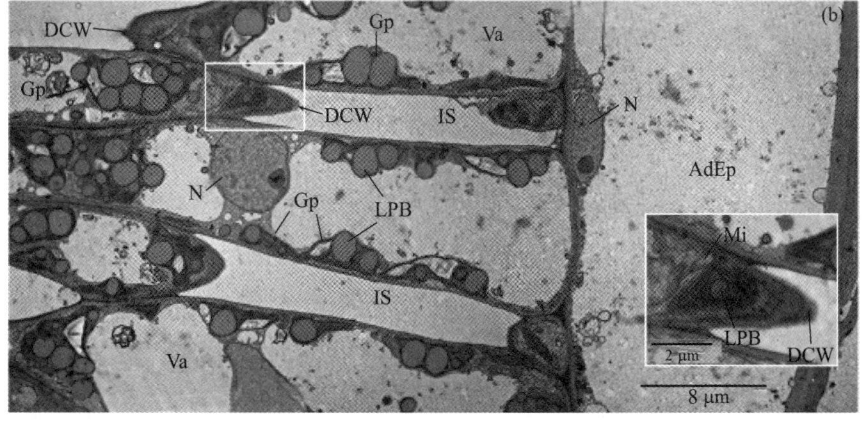

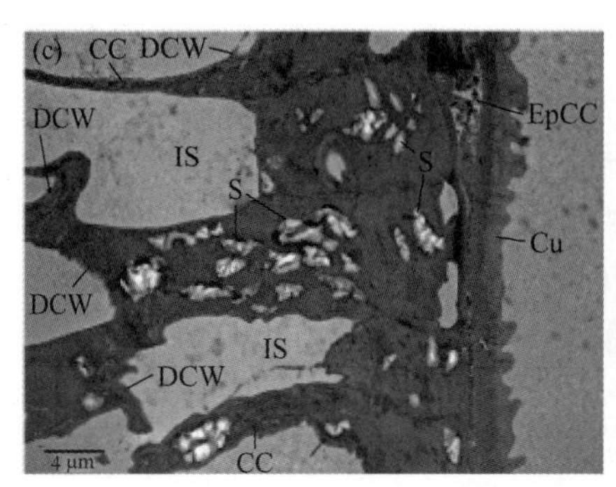

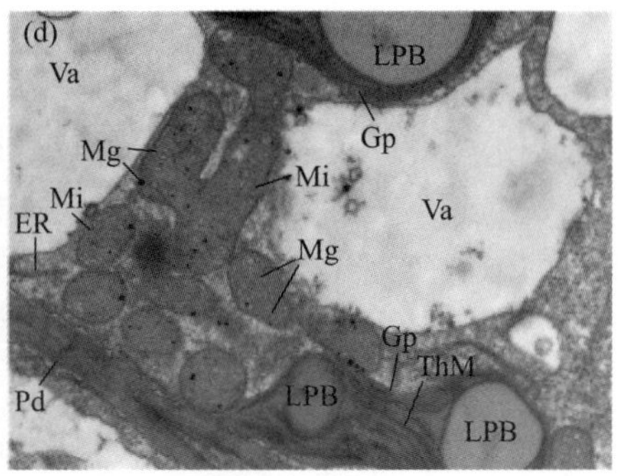

图 4.4　O_3 浓度升高下臭椿叶透射电镜照片（引自 Gao et al.，2016）

注：(a)栅栏组织薄壁细胞间有两个塌陷细胞(CC)，并观察到退化的中间层(DML)；(b)栅栏薄壁组织细胞具有丰富的脂蛋白体(LPB)，细胞壁被降解、细胞间隙增大等；(c)栅栏组织和下表皮倒塌的细胞呈现为退化的细胞壁；(d)含有几个线粒体的显微图像。

AdEp：下表皮；DCW：降解的细胞壁；EpCC：上表皮塌陷细胞；Gp：老年血浆；IS：细胞间隙；Mg：撕裂球；Mi：线粒体；N：细胞核；Pd：胞间连丝；Pg：质体小球；St：淀粉粒；ThM：类囊体膜；Va：液泡。

4.3　地表臭氧对植物叶片光合作用的影响

4.3.1　臭氧对光合速率的影响

除表观叶片伤害外，光合速率也是表征植物受害强弱的直接证据之一。O_3 浓度升高导致光合速率降低，这已是不争的事实（Feng et al.，2008a；Zhang et al.，2012；Li et al.，2016；Li et al.，2017；Dai et al.，2017）。我国科学家利用开顶式气室（OTC）进行 1 年或 2 年的 O_3 熏蒸实验，证实 O_3 胁迫显著降低了树木的净光合速率。研究的树木包括一些温带落叶阔叶树，如银杏（*Ginkgo biloba*）、蒙古栎（*Quercus mongolica*）、臭椿（*Ailanthus altissima*）和三球悬铃木（*Platanus orientalis*）等（He et al.，2007；Yan et al.，2010；Gao et al.，2016）；亚热带落叶针叶树水杉（*Metasequoia glyptostroboides*）（Feng et al.，2008a；Zhang et al.，2014a）和落叶阔叶树鹅掌楸（*Liriodendron chinense*）、枫香树（*Liquidambar formosana*）（Zhang et al.，2012）等；亚热带常绿阔叶树香樟（*Cinnamomum camphora*）和青冈（*Cyclobalanopsis glauca*）（Zhang et al.，2012；Feng et al.，2011；Niu et al.，2014），以及桃树等园艺树种（Dai et al.，2017）。通过对以上研究的结果进行整合分析，发现 O_3 浓度升高到 102 ppb，树木的光合速率降低 28%（Li et al.，2017）。且 O_3 污染对树木光合速率的副作用存在树种间差异：相比常绿树种和针叶树种，O_3 浓度升高对落叶阔叶树种的光合速率危害更大，表明落叶阔叶树种对 O_3 敏感性更大（Li et al.，2017）。

除树木外，学者还利用 OTC 和开放式 O_3 浓度增加系统（O_3-FACE）研究了 O_3

污染对农作物光合速率的影响。整合分析发现，O_3 浓度平均升高到 73 ppb 和 62 ppb 时，小麦和水稻的光合速率分别降低 20% 和 28%（Feng et al.，2008b；Ainsworth，2008）。此外，O_3 污染对光合速率的影响在同一植物不同品种间也存在差异。比如 O_3 浓度升高下，普通小麦（*Triticum aestivum* L.）的光合速率显著降低，而其他品种，农作物的光合速率却不受影响（Feng et al.，2016）。

除种间差异外，O_3 浓度升高对植物光合速率的影响也因 O_3 熏蒸浓度或熏蒸累积时间的差异而不同。比如，Shang 等（2017）在 O_3 熏蒸期间对杨树（*Populus euramericana* cv. 74/76）光合速率进行多次测定发现，第一次测定时，仅 NF60 处理（环境 O_3 浓度增加 60 ppb）显著降低了杨树光合速率（−56%），而 NF40（环境 O_3 浓度增加 40 ppb）处理对其没有影响。随着 O_3 暴露时间的延长，第二次测定时，NF60 和 NF40 对光合速率的降低作用均达显著水平。Xu 等（2019）报道，O_3 浓度升高对杨树（*Populus deltoides* cv. 55/56×*P. deltoides* cv. Imperial）光合速率的危害仅在最后一次测定时达到显著。也有研究发现，O_3 污染导致植物光合速率的下降幅度因生育时期的不同而不同。O_3 污染下作物生殖生长期的光合速率下降幅度通常大于营养生长期，这可能是由于生殖生长期的植物叶片暴露更高的 O_3 浓度以及更高的 O_3 剂量（Feng et al.，2008b）。由此可见，O_3 污染对植物光合速率的影响具有累积效应。短期低浓度 O_3 熏蒸对光合速率的影响有限，但随着 O_3 熏蒸时间的延长，O_3 对光合速率负面作用逐渐显现或增大。

综上所述，O_3 污染对光合速率的影响会受到多种因素的影响，除植物本身 O_3 敏感性差异外，还与 O_3 熏蒸浓度或时间、O_3 熏蒸方式等因素有关。高浓度 O_3 条件下光合速率的降低导致叶片光合蛋白、光合色素和氮含量的降低。这种初级代谢的改变进而降低了植物增长速率、总叶面积及地上/地下干物质累积。

4.3.2 臭氧对气孔导度的影响

O_3 通过叶片角质层进入细胞的通量通常是忽略不计的，其进入质外体空间的 O_3 通量很大程度上受气孔交换速率的控制，而气孔的数量、大小以及开张程度又决定了 O_3 进入质外体空间的速率（Castagna and Ranieri，2009）。由此可见，气孔因素在调控 O_3 吸收通量方面起着重要作用。O_3 引发的光合作用变化、脱落酸/乙烯信号变化以及直接在保卫细胞中产生氧化爆发等都被认为是导致气孔变化的可能原因（Kangasjärvi et al.，2005）。

气孔导度（g_s）对 O_3 浓度升高的响应机制比较复杂，但普遍认为 O_3 浓度升高会导致 g_s 降低（Feng et al.，2008b；Li et al.，2017）。整合分析发现，O_3 浓度平均升高到 109 ppb 使树木的 g_s 降低 29%，其影响在不同树种间存在差异：温带树种的 g_s 下降幅度大于亚热带树种（Li et al.，2017）。除树木外，Feng 等（2008b）整合

O_3 污染对普通小麦(*Triticum aestivum* L.)的影响时发现,O_3 浓度升高(79 ppb)使 g_s降低 22%。O_3 污染导致 g_s的降低可能预示着气孔已经遭受高浓度 O_3 的破坏。此外,长期高浓度 O_3 暴露可能会导致气孔响应滞后甚至失灵(Hoshika et al.,2012b),进而导致气孔调节质外体 O_3 通量的能力降低,使细胞遭受更大的 O_3 伤害(Dai et al.,2019a)。另一方面,g_s降低可能是植物抵御高浓度 O_3 的一种保护性机制(Vahisalu et al.,2010),即植物通过降低 g_s来减少 O_3 的气孔吸收量,进而减轻 O_3 对细胞的损伤(Marzuoli et al.,2016)。显然,这种机制存在的前提是高浓度 O_3 没有导致气孔失灵。目前通过减少水分供应调节气孔导度或开度来降低气孔 O_3 吸收量,进而减缓 O_3 对细胞的伤害,正是利用了这一机制。另外,g_s降低的同时减少了 CO_2 的进入,进而降低光合作用。因此如何有效平衡由 g_s降低引起的气孔 O_3 通量的降低与光合速率降低的关系可能是未来调控植物 O_3 敏感性的重要方向之一。

另外,也有研究发现 O_3 浓度升高没有导致城市绿化树种(Gao et al.,2017)和垂枝桦(*Betula pendula*)(Dai et al.,2019b)g_s 的变化,这可能与树种间 O_3 敏感性差异或熏蒸 O_3 浓度有关。Dai 等(2017)和 Feng 等(2016)分别研究桃树(*Prunus persica*)和小麦发现,不同品种间的 g_s对 O_3 的响应均存在差异。因此,g_s对 O_3 的响应存在树种/品种间的差异。g_s对 O_3 的响应也会受到 O_3 浓度、熏蒸时间、树/叶龄以及其他环境因子(如土壤含水量等)的影响(Dai et al.,2019b)。

O_3 污染引起的气孔关闭是光合作用下降的重要原因之一。气孔关闭,限制了 CO_2 进入植物叶内,进而使光合作用受到抑制。如果 g_s下降,而胞间 CO_2 浓度维持不变甚至上升,则光合速率的下降应是由叶肉细胞同化能力降低等非气孔因素所致;只有胞间 CO_2 浓度和 g_s同时下降的情况下,才能证明光合速率的下降主要是由气孔因素引起的(Farquhar and Sharkey,1982)。目前,O_3 引起气孔关闭的可能原因主要有增加保卫细胞 CO_2 浓度、引起保卫细胞离子通道变化、改变 Ca^{2+}动态平衡、改变激素的产生与改变信号传导中间载体(如 H_2O_2 与 NO)等。

除气孔导度外,O_3 也会通过影响气孔数量、气孔大小及气孔开度等气孔属性来影响植物生长。Dai 等(2017)发现 O_3 浓度升高使桃树的气孔面积和密度分别降低 26.0% 和 13.5%。李品等(2018)报道,6 种绿化树种的气孔密度、开度和大小随 O_3 浓度升高而显著降低,各项气孔指标与 O_3 剂量(AOT40)之间呈显著的负相关关系。因此,考虑到气孔作为 O_3 进入植物体内的主要通道及其在调节植物 O_3 通量中的关键作用,研究气孔功能对 O_3 的响应机制显得尤为重要。

4.3.3 臭氧对叶肉导度的影响

叶肉导度是指 CO_2 从细胞间隙向光合暗反应场所叶绿体基质扩散过程中阻力的倒数(Flexas et al.,2008)。目前大量不同物种的结果表明叶肉导度与气孔导度值相当,也是 CO_2 扩散过程中的主要阻力来源。目前在全球范围内一共开展了 7 项 O_3 浓度升高对叶肉导度的影响研究,包括大豆、菜豆、黄桦、橡树、山毛榉、杂交杨树和欧洲榉树,其中 6 项研究均表明 O_3 显著降低了叶肉导度(表 4.1)。在德国 O_3-FACE 中,O_3 对抗性树种欧洲榉树叶肉导度没有显著的影响(Warren et al.,2007)。通过整合文献分析,O_3 主要是通过影响叶片结构改变了叶肉导度。高浓度 O_3 导致叶绿素降低和叶绿体收缩,增加了 CO_2 液相传播距离。而 O_3 从气孔进入细胞间隙后,也会刺激细胞壁渗出酯类物质,增加细胞壁厚度,进而降低了 CO_2 从细胞间隙向叶绿体基质的传输能力,降低叶肉导度,影响植物的光合能力(Xu et al.,2019)。比较分析 O_3 胁迫下植物气孔、羧化和叶肉导度对光合速率的限制作用,发现叶肉导度降低是 O_3 导致叶片光合的主要因素(Xu et al.,2019)。叶肉导度是当下植物生理研究的热点,在计算方法上还有很多不确定方面,因此在未来需要用叶片显微结构或同位素手段定量分析 O_3 对叶肉导度的影响。

表 4.1　O_3 浓度升高对叶片叶肉导度的影响

植物名称	叶肉导度响应	O_3 浓度/ppb	国家	处理方式	参考文献
大豆	降低 30%~50%	40~120	美国	O_3-FACE	Sun et al.,2014
菜豆	降低 55%	60	美国	开顶箱	Flowers et al.,2007
黄桦	降低 10%	100	爱沙尼亚	开顶箱	Eichelmann et al.,2004
橡树	降低	300	保加利亚	室内生长箱	Velikova et al.,2005
山毛榉	降低 25%	24~33	日本	开顶箱	Watanabe et al.,2018
杂交杨树	降低 52%	100	中国	开顶箱	Xu et al.,2019
欧洲榉树	无影响	100	德国	O_3-FACE	Warren et al.,2007

注:表中 O_3 浓度约为 O_3 处理的白天 10 h 平均浓度,约为当时环境浓度的两倍,叶肉导度响应为处理组相对于对照组的变化值。

4.3.4　臭氧对最大羧化速率和最大电子传递速率的影响

在光合作用的暗反应过程中,核酮糖-1,5-二磷酸羧化酶(Rubisco 酶)是限制固定 CO_2 羧化过程中的关键酶。O_3 通过降解叶绿素,改变氮在细胞中的分配过程减少了酶含量,从而限制了羧化速率。而光合过程的底物核酮糖二磷酸(RuBP)在还原过程中需要消耗三磷酸腺苷(ATP),因此电子传递速率决定了 RuBP 的再生能力。O_3 通过降解叶绿素含量降低了光系统Ⅱ(PSⅡ)对光子的吸收效率。

通过测量光合作用-CO_2 响应曲线,利用植物光合生化模型(FvCB 模型)在低 CO_2 浓度阶段计算叶片的最大羧化速率(V_{cmax}),在高 CO_2 浓度阶段计算最大电子传递速率(J_{max})。O_3 浓度显著降低了不同杨树品种的 V_{cmax} 和 J_{max},且 O_3 减少的 V_{cmax} 较 J_{max} 值更大(Shang et al.,2020)。环境 O_3 浓度分别增加 60 ppb 和 120 ppb,O_3 浓度的处理显著降低了 3 种观赏性植物的 V_{cmax} 和 J_{max}(Yang et al.,2016)。利用 O_3-FACE 设施,Feng 等(2011)对不同 O_3 敏感性的扬麦 16 和扬辐麦 2 从小麦开花期到收获期间持续对旗叶进行测量,结果表明 O_3 显著降低敏感的扬辐麦 2 的 V_{cmax} 和 J_{max},且出现显著减低的时间较抗性品种扬麦 16 早得多。利用两年的大豆实验也证明,O_3 浓度升高显著降低了大豆叶片的 V_{cmax} 和 J_{max}(Zhang et al.,2014c)。基于森林和作物上的研究结果均表明 O_3 影响了叶片的光合生化能力,导致了光合作用的减弱。Meta 分析结果表明,O_3 浓度为 71 ppb 时,木本植物 V_{cmax} 和 J_{max} 分别降低 19% 和 20% (Li et al.,2017);平均 O_3 浓度为 73 ppb 时,小麦 V_{cmax} 降低 18% (Feng et al.,2008b)。

过去对 V_{cmax} 和 J_{max} 的估算是基于胞间 CO_2 浓度(C_i),而光合作用的场所在叶绿体基质上。因此 V_{cmax} 和 J_{max} 的估算应该考虑叶肉导度的影响,可以利用叶绿体基质的 CO_2 浓度(C_c)实现。Xu 等(2019)利用带有 40B 荧光叶室的 Li-6400 光合仪,基于 Variable J 方法估算了实际的 V_{cmax} 和 J_{max}。结果表明 O_3 主要是通过减少叶肉导度而不是降低实际 V_{cmax} 和 J_{max}。因此未来需要利用离体测量的方法分别测量 Rubisco 酶活性和含量,确定 O_3 对实际羧化能力的影响。

O_3 对 V_{cmax} 和 J_{max} 的影响机制主要与叶片养分的再分配有关。O_3 浓度升高不仅降低了单位面积的叶绿素和氮含量,还改变了氮在叶片不同功能上的分配。利用对 O_3 敏感的杨树基因型 546,研究发现 O_3 浓度升高导致更多的氮向细胞壁分配,用于抵御 O_3 的进入(Shang et al.,2019),而向光系统和暗反应过程分配的氮含量降低,这解释了 O_3 降低 V_{cmax} 和 J_{max} 的生理学机制。

Shang 等(2020)将植物暴露于不同的 O_3 浓度下,探究了 O_3 暴露与 V_{cmax} 和 J_{max} 的剂量响应关系。对于不同杨树品种,O_3 对 V_{cmax} 和 J_{max} 的减少与累积 O_3 浓度 AOT40 呈正相关关系。在不考虑叶肉导度时,V_{cmax} 和 J_{max} 的降低是 O_3 诱导光合下降的主要因素。因此,将 V_{cmax} 和 J_{max} 的 O_3 剂量关系纳入光合-气孔耦合模型中可以模拟 O_3 对陆地生态系统固碳能力的影响。过去的模型研究中主要是利用建立的饱和光合速率与 O_3 剂量关系来模拟 O_3 的影响。与改变光合速率的方法相比,改变 V_{cmax} 可以提高模型对光合和气孔的模拟能力,提高陆地生态系统模型的准确度(Martin et al.,2000;Lombardozzi et al.,2012)。通过收集中国地区 O_3 浓度对植物叶片 V_{cmax} 和 J_{max} 的测量结果,分析了累积 O_3 浓度指标 AOT40 与 V_{cmax} 和 J_{max} 的线性回归关系(表 4.2)。不同物种间具有不同的回归斜率,不同的斜率与植物的 O_3 敏感性密切相关。因此在未来陆地生态系统模型中需要考虑不同植物的 O_3 敏感性,定量 O_3 对陆地生态系统的影响。

表 4.2　O_3 浓度暴露剂量 AOT40 与 V_{cmax} 和 J_{max} 的线性回归方程的斜率

植物名称	AOT40-V_{cmax}	AOT40-J_{max}	参考文献
大青杨	-0.752 2	-0.771 3	Shang et al. ,2020
84K 杨	-0.511 4	-0.554 1	Shang et al. ,2020
156 杨	-0.573	-0.532 4	Shang et al. ,2020
546 杨	-0.595 4	-0.591 1	Shang et al. ,2020
107 杨	-0.259 9	-0.348 8	Shang et al. ,2020
黄栌	-1.084 2	-1.016 7	Yang et al. ,2016
万寿菊	-0.593 7	-0.745 4	Yang et al. ,2016
月季	-0.234 5	-0.041 4	Yang et al. ,2016

4.3.5　臭氧对光合色素含量的影响

叶绿素是植物进行光合作用的主要色素，通常被认为是影响光合作用的重要因素之一。Li 等(2017)通过整合分析发现，O_3 浓度升高(88～98 ppb)显著降低了我国树木叶绿素 a(-17%)、叶绿素 b(-20%)、类胡萝卜素(-15%)及叶绿素总含量(-17%)，但对叶绿素 a 和叶绿素 b 的比值没有显著影响。对于农作物来讲，Feng 等(2008b)整合分析发现，O_3 浓度平均升高 64 ppb 时显著降低了小麦叶绿素总含量的 40%。因此，O_3 浓度升高会降低植物叶片叶绿素含量。Dai 等(2017)报道高浓度 O_3 降低了 13 种桃树的叶绿素 a，叶绿素 b，叶绿素 a+b 及类胡萝卜素含量，且降幅在不同品种间存在差异。然而，Gao 等(2016)发现，O_3 浓度升高并没有导致我国主要城市绿化树种的叶绿素和类胡萝卜素含量显著降低，但不同树种间其叶绿素含量存在较大差异。树种间 O_3 敏感性差异、O_3 熏蒸浓度和时间等因素是导致不同树种间叶绿素含量对 O_3 浓度升高响应差异的重要原因。此外，叶绿素含量对 O_3 浓度升高的响应具有累积效应(Feng et al. ,2016)。叶绿素含量与 O_3 叶片症状存在显著的相关性，O_3 导致的叶片症状越严重，其叶绿素含量往往越低(Dai et al. ,2017)，表明叶绿素含量与叶片衰老程度直接相关。随着 O_3 浓度的升高或暴露时间的延长，高浓度 O_3 导致叶绿素分解，叶绿素含量或成分发生改变，叶绿体结构遭到不同程度破坏，从而加快叶片衰老。

4.3.6　臭氧对叶绿素荧光参数的影响

叶绿素荧光是光合作用光反应的重要指示指标，也是了解逆境下生长的植物光化学和非光化学现象的重要工具(Roháček,2002)。研究发现，高浓度 O_3 会导致植物叶绿素荧光受到不同程度的破坏(Feng et al. ,2016;Dai et al. ,2017)。O_3 污染使光合作用下降，导致光能过剩，使植株光合机构产生光抑制，严重时甚至引起光破坏。O_3 污染主要破坏光合机构的 PSⅡ，PSⅡ通过主动调节电子传递效率和光化学效率来响应 CO_2 同化能力的降低，通过热耗散等形式避免或减轻过剩光能对光合系统的损伤（Pospíšil and Prasad，2014）。Li 等（2017）的整合分析表明，O_3 浓度升高（67 ~ 101 ppb）显著降低了 PSⅡ实际光化学效率（F'_v/F'_m，-11%）、光化学淬灭系数（qP，-16%）和 PSⅡ有效光化学效率（*PhiPS II*，-14%）。Zhang 等（2014b）和 Dai 等（2017）分别研究 O_3 浓度升高对青冈栎（*Cyclobalanopsis glauca*）和桃树（*Prunus persica*）叶绿素荧光参数时发现，高浓度 O_3 均显著降低了 F'_v/F'_m、*PhiPS II* 和 qP。此外，Feng 等（2016）报道，O_3 浓度升高显著降低了小麦的 F'_v/F'_m、*PhiPS II* 和 qP，且存在品种间差异。这些结果表明 O_3 浓度升高增加了天线色素光能量的耗散，并且导致 PSII 反应中心捕获激发能的效率降低。

4.4 臭氧对叶片呼吸作用的影响

O_3 对植物叶片呼吸作用的影响，目前存在两种机制：一是通过改变呼吸途径来刺激植物呼吸；二是通过改变植物膜透性和破坏线粒体结构进而抑制呼吸。有研究表明，低 O_3 浓度会刺激植物呼吸，而当 O_3 浓度达到线粒体伤害阈值后，呼吸便会受到抑制（列淦文等，2014）。

O_3 引起叶片呼吸速率的变化与植物体内某些酶类活性的改变有关。目前主要研究了两类植物呼吸相关酶对 O_3 浓度升高的响应：一是改变植物呼吸途径的酶类，二是植物呼吸作用末端氧化酶类。在 O_3 改变呼吸途径方面，主要作用的酶类是用于合成和调节酚类化合物的酶。例如，苯丙氨酸解氨酶（PAL）是植物次生代谢过程中一种重要的酶，其活性的高低可以反映总黄酮生成速率的大小。赵天宏等（2011）发现高浓度 O_3 在一定程度上可以激活 PAL 活性，使总黄酮含量上升，但是 O_3 浓度超过一定限度后，PAL 活性降低甚至失去活性，从而导致总黄酮含量降低。

此外，高浓度 O_3 下的植物解毒和修复过程中与呼吸有关的酶活性增强。例如，磷酸烯醇式丙酮酸（PEP）是糖酵解中的重要中间产物和三羧酸循环中间物的补充，同时也是 C4 和景天科酸代谢（CAM）植物进行光合碳代谢中二氧化碳的受体。暴露在 O_3 下的植物磷酸烯醇式丙酮酸羧化酶（PEPC）的活性增加，有利于催化 PEP 固定碳酸氢根（HCO_3^-），生成草酰乙酸（OAA）和磷酸（Pi）。PEPC 活性的增强可以通过间接产生氨基酸和为蛋白质合成碳骨架来参与修复过程（列淦文等，2014）。

植物呼吸作用末端氧化酶主要包括抗坏血酸氧化酶（AAO）、多酚氧化酶（PPO）、乙醇酸氧化酶（GO）等。其中 AAO 属于多铜氧化酶家族，位于细胞质中或与细胞壁结合，与其他氧化还原反应偶联而起到末端氧化酶的作用，能催化抗坏血酸的氧化，在植物体内的物质代谢中具有重要作用。PPO 调节植物酚类物质的代谢，在有氧条件下，PPO 催化酚类物质氧化为醌，醌通过聚合反应产生有色物质导致组织褐变。GO 是植物光呼吸途径的关键酶，其活性的高低直接影响光呼吸的快慢，光呼吸过程有助于耗散过剩的光能，以减少光抑制和光氧化，提高光合作用效率。梁晶等(2010)发现 AAO、PPO 和 GO 这 3 种与呼吸作用相关的酶随着 O_3 暴露时间的延长呈现先升后降的趋势。这说明短期 O_3 熏蒸会促进酶活性的提高，但长时间 O_3 暴露则会对呼吸作用相关的酶产生抑制作用(列淦文等,2014)。

综上所述，低浓度 O_3 胁迫刺激植物呼吸，而当 O_3 浓度达到线粒体伤害阈值后，呼吸便会受到抑制。植物体内与呼吸作用相关的酶类与代谢物质的累积量受 O_3 胁迫的影响。由于 O_3 胁迫对植物呼吸作用机制的影响比较复杂，故这方面的机制研究目前仍然缺乏。

4.5 臭氧对叶片蒸腾速率及水分利用效率的影响

4.5.1 臭氧对叶片蒸腾速率的影响

植被对区域水资源具有重要的调节作用，O_3 对植物叶片蒸腾速率的影响主要取决于气孔导度、叶片温度和空气中的水汽压亏缺值。O_3 浓度升高影响植物的气孔行为，改变植物蒸腾过程和对水资源的利用策略(Hoshika et al.,2020)。在 O_3 胁迫下植物叶片具有保守的水分利用策略，叶片的水分耗散与固碳能力存在权衡。因此，O_3 导致光合作用降低的同时，也会下调蒸腾速率，达到固定单位碳下耗水量最小。国内外 OTC 或 FACE 研究均验证了这一观点。比如，Calatayud 等(2002)利用 OTC 研究 O_3 浓度升高对莴苣(*Lactuca sativa*)的影响时发现，高浓度 O_3 显著降低了生菜植株的蒸腾速率，降幅高达 36%。曹际玲等(2009)利用 FACE 平台，发现高浓度 O_3 显著降低了两供试小麦品种(扬麦 16 和烟农 19)的蒸腾速率，且降幅存在品种差异性。扬麦 16 比烟农 19 具有较高的蒸腾速率，这对叶片光合系统可能起到一定的保护作用，使其在高浓度 O_3 环境下能够维持较高的光合速率。在对 C4 植物玉米的研究中也发现，随着 O_3 浓度的升高，在开花期玉米叶片蒸腾速率显著降低(Peng et al.,2020)。通过对我国南北方 29 种树木的研究也发现 O_3 显著降低了部分树种的蒸腾速率(Zhang et al.,2012;Li et al.,2016;表 4.3)。

整合 O_3 浓度升高处理对叶片蒸腾速率的影响结果表明：O_3 对不同物种的蒸腾速率影响差异显著。随着 O_3 处理时间的增加，O_3 敏感性树种的蒸腾速率没有持续降低，甚至在高浓度处理下叶片蒸腾速率反而升高。对 O_3 敏感的杂交杨 546 的研究结果表明：O_3 导致蒸腾速率增加(Yuan et al.,2016)。而在杂交杨 107 和玉米上的研究显示：O_3 处理持续 1 个月左右，O_3 浓度升高导致蒸腾速率随 O_3 累积浓度线性降低。但是在生长季末期，植物累积 O_3 浓度没有持续减少叶片蒸腾速率（Shang et al.，2017；Peng et al.，2020）。

表 4.3　O_3 浓度升高对我国典型物种叶片蒸腾速率的影响

植物名称	蒸腾速率	O_3 浓度	处理方式	持续暴露时间	参考文献
玉米	-26.5%	NF+40	开顶箱	1 个月	Peng et al.，2020
玉米	无影响	NF+40	开顶箱	2 个月	Peng et al.，2020
84K 杨	无影响	NF+40	开顶箱	4 个月	辛月等，2016
546 杨	无影响	NF+40	开顶箱	4 个月	辛月等，2016
90 杨	无影响	NF+40	开顶箱	4 个月	辛月等，2016
桢楠	-17%	NF+80	开顶箱	一个半月	于浩，2017
闽楠	无影响	NF+80	开顶箱	一个半月	于浩，2017
刨花楠	-18%	NF+80	开顶箱	一个半月	于浩，2017
宜昌楠	+90%	NF+80	开顶箱	5 个月	于浩，2017
红豆杉	无影响	NF+80	开顶箱	5 个月	于浩，2017
宜昌楠	无影响	NF+80	开顶箱	6 个月	于浩，2017
红豆杉	无影响	NF+80	开顶箱	6 个月	于浩，2017
宜昌楠	无影响	NF+80	开顶箱	7 个月	于浩，2017
红豆杉	无影响	NF+80	开顶箱	7 个月	于浩，2017
梓树	-12%	NF+80	开顶箱	2 个月	Xu et al.，2020b

注：表中 O_3 浓度表示在非活性炭过滤的环境浓度（NF）的基础上增加的 O_3 浓度值。

目前 O_3 对蒸腾速率影响的机制主要包含两种假设：一种是 O_3 浓度升高导致植物乙烯释放增加，降低了气孔保卫细胞对脱落酸（ABA）的响应（Wilkinson and Davies 2010）。另一种是 O_3 导致了夜间气孔导度升高，因此在高浓度 O_3 处理下具有高的蒸腾速率（Hoshika et al.，2013）。此外，由于环境 O_3 浓度升高导致气孔控制迟缓，增加蒸腾速率，降低地表径流，进而影响区域的水循环过程（Sun et al.，2012）。在冠层尺度，利用能量平衡的方法估算表明 O_3 浓度升高减少了大豆冠层的蒸腾速率，且与累积 O_3 剂量 AOT40 具有较好的线性剂量关系（VanLoocke et al.，2012）。另外，蒸腾速率往往与环境条件的变化有关，因此 O_3 胁迫下蒸腾速率的变化同样受土壤水分含量、空气湿度和 O_3 熏蒸浓度/累积时间等方面的影响。

4.5.2 臭氧对叶片水分利用效率的影响

水分利用效率(water use efficiency,WUE)是一个衡量植物固碳耗水权衡关系的重要指标。提高水分利用效率有助于提高单位耗水能力下的碳固定量。O_3 浓度升高通过影响净光合速率和气孔导度进而改变了植物水分利用效率。目前关于 O_3 对 WUE 的影响结论仍然存在争议性。我们收集了 O_3 对我国玉米、北方常见杨树和亚热带地区常绿树种的水分利用效率的影响研究结果(表 4.4),表明 O_3 对不同物种 WUE 影响差异显著。多数研究证实高浓度 O_3 降低了植物 WUE (Hoshika et al. ,2012b;Uddling et al. ,2009);WUE 降低的主要原因是 O_3 导致的光合减少大于气孔减少,因此光合与气孔呈现解耦合关系(Lombardozzi et al. ,2012)。在 O_3 敏感型 546 杨树中发现:O_3 浓度升高降低了杨树叶片光合能力、叶肉导度和表观量子产率,但对气孔导度没有显著影响(Xu et al. ,2020a)。在作物研究过程中,利用 O_3-FACE 分别研究了 O_3 浓度升高对两优培九、汕优 63、武粳 15 和扬稻 6 的瞬时水分利用效率、光合生化能力和 Ball-Berry 模型参数的影响。通过光合模型模拟发现 O_3 主要是通过影响 O_3 敏感型水稻汕优 63 光合和气孔回归关系中的截距从而降低了叶片的瞬时水分利用效率(Masutomi et al. ,2019)。

表 4.4 O_3 浓度升高对我国典型物种叶片瞬时水分利用效率的影响

植物名称	瞬时水分利用效率	O_3 浓度	处理方式	参考文献
玉米	-30%	NF+40	开顶箱	Peng et al. ,2020
546 杨	-44%	NF+40	开顶箱	Xu et al. ,2020a
84K 杨	-16%	NF+40	开顶箱	辛月等,2016
546 杨	-24%	NF+40	开顶箱	辛月等,2016
90 杨	-21%	NF+40	开顶箱	辛月等,2016
桢楠	无影响	NF+80	开顶箱	于浩,2017
闽楠	无影响	NF+80	开顶箱	于浩,2017
刨花楠	-43%	NF+80	开顶箱	于浩,2017
宜昌楠	无影响	NF+80	开顶箱	于浩,2017
红豆杉	无影响	NF+80	开顶箱	于浩,2017

注:表中 O_3 浓度表示在非活性炭过滤的环境浓度(NF)的基础上增加的 O_3 浓度值。

然而,也有研究发现,O_3 浓度升高对 WUE 并没有影响,如青冈栎(*Cyclobalanopsis glauca*)和日本落叶松(*Larix kaempferi*)(Sugai et al. ,2018)等。在我国亚热带树种的研究过程中,在 O_3 处理的 75 天、105 天和 135 天后分别测定不同位置叶片的瞬时水分利用效率,发现 O_3 对青冈栎的 WUE 没有影响(Zhang et al. ,

2014b)。O_3 通过降低光合生化能力减少光合但是不会影响植物的水分利用效率。当 O_3 导致气孔控制失灵时，光合与气孔变化不一致，最终导致水分利用效率下降。

4.6 地表臭氧对植物膜脂过氧化及抗氧化系统的影响

细胞膜是 O_3 污染危害的原初反应基地，植物受到 O_3 影响后的最明显表现就是膜透性发生改变。O_3 通过气孔进入植物细胞后，可在植物组织内解离成氧气(O_2)和过氧化物，较多的 O_2 在还原成水(H_2O)时产生许多自由基(ROS)。ROS 攻击细胞膜，导致细胞膜部分破裂、电解质外渗和膜脂过氧化，同时细胞膜通过产生乙烯及茉莉酸等信号物质引起细胞内发生一系列改变。

短期低浓度 O_3 作用后，植物细胞膜透性会发生变化，但细胞膜并不会完全失去渗透调节能力。而长期和高浓度 O_3 作用会导致细胞膜彻底受损，即使 O_3 胁迫解除也不能恢复。研究表明水稻各个生育期叶片膜相对透性均随 O_3 浓度增加而上升(杨连新等，2008)。此外，O_3 胁迫可以加剧植物叶片的膜脂过氧化，加速叶片的衰老进程。模拟实验结果表明水稻(*Oryza sativa* L.)与普通小麦(*Triticum aestivum* L.)叶片中丙二醛含量随其生长发育进程上升。O_3 胁迫可以激起氧化爆发，引起过氧化氢(H_2O_2)的积累，并且 H_2O_2 的积累只发生在叶绿体中，时间上与 O_3 熏蒸时间一致。

为了减轻或避免活性氧的潜在伤害，植物体内形成了完善的抗氧化系统，相互协调使植物细胞内活性氧的产生和清除维持动态平衡。植物体内抗氧化系统主要由一些抗氧化酶和小分子抗氧化剂组成。抗氧化酶主要包括超氧化歧化酶(SOD)、过氧化氢酶(CAT)和过氧化物酶(POD)，以及 ASA-GSH 循环中的一些酶类，如抗坏血酸过氧化物酶(APX)、单脱氢抗坏血酸还原酶(MDAR)、脱氢抗坏血酸还原酶(DHAR)与谷胱甘肽还原酶(GR)等。其中，SOD、CAT 和 POD 是植物抗氧化酶系统中最主要的 3 种保护酶。具体反应过程为：SOD 将超氧自由基转化为过氧化氢和氧气，接着 CAT 将过氧化氢歧化为水和氧气，但是 CAT 清除过氧化氢的效率很低；POD 则通过利用各种基质作为电子供体将过氧化氢还原为水。另外，O_3 胁迫同样诱导 ASA-GSH 循环酶的活性，比如 APX 可催化过氧化氢还原为水，是植物细胞抗氧化代谢中关键的组成成分，其活性在高浓度 O_3 条件下明显下降。DHAR 和 GR 在抗坏血酸的还原再生过程中起到关键作用。DHAR 可以通过催化抗坏血酸(ASA)的再生而使后者在植物组织中保持较高的还原态，进而参与 O_3 的解毒进程。GR 对 O_3 敏感，在去除活性氧过程中也发挥着重要作用。但在不同 O_3 浓度处理下，GR 活性的变化幅度都较小。

4.6.1 臭氧对质外体抗氧化物质的影响

质外体是指植物细胞原生质体外围由细胞壁、细胞间隙和导管组成的系统。20世纪早期,质外体被认为是惰性的,只是一个往更有"活力"共质体中传输水和溶质的桥梁。近些年来,许多研究表明质外体不是"死"的,它在细胞生长、植物防御、信号转导以及矿物营养传输等过程中发挥着重要作用(Pignocchi and Foyer,2003)。然而,目前关于质外体是细胞外的一个细胞室还是细胞的组成成分还没有定论。鉴于细胞质膜上广泛的组分运输和质外体与共质体间频繁的相互作用,很难将这种胞外基质想象成一个密封的隔室或仅仅是胞质膜与大气环境之间的物理筛。

除作为连接环境与共质体的桥梁之外,质外体更可能成为围绕细胞的生物与非生物环境的代谢"信息"的基本储存库。信息流不断地传递到质膜,产生适当的反应,并在质外体和细胞质之间产生广泛的相互作用。在胁迫和细胞损伤的情况下,这种相互作用和由此产生的反应意味着细胞生存或死亡(Pignocchi and Foyer,2003)。研究表明,叶片质外体的代谢组成和生化活性主要受到5个因素的影响:① 质外体(主要是细胞壁)的物理化学性质;② 邻近细胞质膜的转运特性;③ 外吞和内吞作用;④ 外生木质部连续体中水和溶质的迁移速率;⑤ 环境因子(包括生物与非生物)胁迫等(Dietz,1997)。

通过气孔进入质外体内的 O_3 迅速和质外体内的一些分子反应生成活性氧自由基(ROS)。因此,质外体空间内的 O_3 浓度通常被认为接近于零(Laisk et al.,1989)。然而,O_3 暴露下不同细胞间和细胞内室产生的确切自由基成分还不清楚。生成的 ROS 会破坏细胞质膜结构,影响代谢过程,最终造成植物叶片出现 O_3 伤害症状(冯兆忠等,2018)。这些 O_3 损伤可以通过体内一些抗氧化清除系统与 O_3/ROS 反应,进而减少其到达细胞质膜的通量。

质外体内存在已从各种质外体提取或检测出的参与氧化防御的抗氧化剂,比如抗坏血酸、酚类物质、谷胱甘肽和多胺等。其中,抗坏血酸是最主要的抗氧化剂,在植物抵御 O_3 的反应中起着关键而复杂的作用(Noctor and Foyer,1998;Pignocchi and Foyer,2003;Dumont et al.,2014)。许多研究表明,植物对 O_3 的敏感性与总抗坏血酸水平有关,质外体抗坏血酸(ASC_{apo})是阻止 O_3 在质外体空间产生活性氧自由基的第一道防线。高浓度 O_3 熏蒸(320 ppb)导致菠菜(*Spinacia oleracea* L.)叶片 ASC_{apo} 含量迅速降低,其含量在6 h处理下由420 μmol · L^{-1} 迅速下降到50 μmol · L^{-1}(Luwe and Heber,1995)。Feng 等(2010)报道,不同小麦品种间的 O_3 敏感性差异与 ASC_{apo} 水平有关。Dai 等(2019a)发现,与过滤空气(CF,O_3 浓度很低)相比,O_3 浓度升高显著增加了烟草属(*Nicotiana* L.)、大豆[*Glycine max*(L.) Merr.]和杨属(*Populus* L.)叶片 ASC_{apo} 含量,表明 ASC_{apo} 由高浓度 O_3 刺激生成。

且 ASC_{apo}具有与 O_3 浓度、气孔 O_3 通量不匹配的日变化规律(Wang et al.,2015;Dai et al.,2019a),表明 ASC_{apo}对 O_3 的解毒存在动态性,而不是简单的常量。与此同时,ASC 的氧化产物、单抗坏血酸和脱氢抗坏血酸在质外体内累积。开始时,总抗坏血酸(还原型和氧化型)含量基本保持不变,但随着 O_3 熏蒸时间延长,抗坏血酸总量增加,表明抗坏血酸从共质体到质外体的净流出作用。长时间高浓度 O_3 熏蒸下,共质体内抗坏血酸的氧化还原状态(还原型/还原型+氧化型)保持不变,然而,在 24 h 处理下,叶片谷胱甘肽库从高度还原状态(84% GSH)转变为高度氧化状态(89% GSSG)。由此可见,ASC_{apo}是一种有效的 O_3 清除剂。

然而,通过对 O_3 吸收通量和抗坏血酸氧化的化学计量比较表明,高浓度 O_3 处理下,ASC_{apo}只对进入叶片的小部分 O_3 进行解毒。Luwe 和 Heber(1995)进一步证实了菠菜(*Spinacia oleracea* L.)、蚕豆(*Vicia faba* L.)和山毛榉(*Fagus sylvatica* L.)中 ASC_{apo}对 O_3 的解毒作用。然而,在 100～150 ppb O_3 熏蒸 4～6 周下,ASC_{apo}的还原状态没有发生变化,而叶片出现明显的 O_3 伤害症状,说明抗坏血酸不能完全保护叶组织免受 O_3 损伤。叶质外体的微异质性可能是解释之一。O_3 通过气孔扩散到叶片的细胞间气体空间,并首先溶解在体下腔的质外体中。通过渗透提取方法只能够测定抗坏血酸的平均含量。O_3 很可能主要与靠近体腔地方的抗坏血酸发生反应。然而渗透技术并不能够检测到清除 O_3 过程中导致的质外体耗竭,但后者可能会导致细胞和组织损伤。

Plöchl 等(2000)开发了一个被称为 SODA(simulated ozone detoxification in the leaf apoplast)的用来量化叶片质外体 O_3 解毒力的数学模型,该模型模拟了 O_3 在气相和液相中的扩散、O_3 与 ASC_{apo}的反应以及在稳定状态下抗坏血酸在质外体和胞质溶胶之间的传输。利用这个模型,一些研究确实报道了 ASC_{apo}在相应条件下可以解毒相当一部分 O_3。Turcsányi 等(2000)发现在 75 ppb O_3 暴露 7 $h \cdot d^{-1}$时,30%～40%的 O_3 分子通过抗坏血酸截获进入蚕豆(*Vicia faba* L.)质外体。De la Torre(2008)估计,在暴露于 14 天环境 O_3(最大值为 40～50 ppb,12～17 h)下,硬粒小麦(*Triticum durum* Desf. cv. Camacho)中高达 52%的 O_3 可以被 ASC_{apo}解毒。

然而也有一些研究对 ASC_{apo}对 O_3 的解毒力提出了质疑。例如,暴露于 75～100 ppb 下的普通小麦(*Triticum aestivum* L.),其 O_3 进入质膜的通量是由气孔控制的,而不是由 O_3 与 ASC_{apo}反应控制的(Kollist et al.,2000)。D'Haese 等(2005)和 Van Hove 等(2001)发现 ASC_{apo}对分别暴露于 60 ppb O_3 和环境 O_3 下的白三叶(*Trifolium repens* L.)和杨树(*Populus nigra* L.)O_3 敏感性的差异没有贡献。Booker 等(2012)和 Cheng 等(2007)分别报道拟南芥(*Arabidopsis thaliana* L.)和大豆[*Glycine max*(L.)Merr.]质外体内的抗坏血酸绝大部分呈氧化态,因此不能作为有效的抗氧化剂。Dai 等(2019a)也发现 ASC_{apo}不足以保护烟草属(*Nicotiana* L.)、

大豆[*Glycine max*(L.) Merr.]和杨属(*Populus* L.)免受高浓度 O_3 的危害。这些相互矛盾的结果以及 O_3 对多种植物造成危害的事实表明,某种程度上,ASC_{apo}对 O_3 的解毒作用可能取决于其他因素的影响。

为了进一步探究导致不同植物 ASC_{apo} O_3 解毒大小差异的原因,Dai 等(2020)采用 ASC_{apo} O_3 解毒优化模型(SODA 模型)对桃树(*Prunus persica*)ASC_{apo} O_3 解毒大小进行了量化,并对影响其解毒大小的决定性因子进行了敏感性分析。研究发现:质外体抗坏血酸(AA_{apo})模拟值与实测值具有很好的吻合度(R^2 = 0.91)。AA_{apo}由 AA_{apo}供给(T_{AAapo})和 AA_{apo}消耗(Λ_{AAapo})两部分组成,叶组织抗坏血酸(AA_{leaf})和质外体液 pH(pH_{apo})影响 T_{AAapo}水平,而 Λ_{AAapo}是由环境 O_3 浓度(C_o)和细胞壁厚度(L_3)所控制。ASC_{apo}对 O_3 的解毒力(ϕ_3)高达40% ~70%。与环境 O_3 浓度(NF)相比,O_3 浓度升高(EO_3)下 ϕ_3 的降低归因于 EO_3 导致的 L_3 的减少。L_3 的降低导致 O_3 扩散至质膜的路径长度减少,从而缩短了 O_3 在细胞壁中的停留时间,降低了 O_3 与 AA_{apo}反应的可能性。不同生境下的植物 ϕ_3 的差异是由 AA_{apo}和 L_3 的不同所致。此外,Dai 等(2020)在量化 ASC_{apo}解毒力的基础上,开创性地建立了质膜 O_3 通量(F_{pl})与气孔 O_3 通量(F_{st})的曲线关系,并分析了影响该关系的决定性因子。F_{pl}与 F_{st}的二次曲线关系要强于二者之间的线性关系;随着 L_3、pH_{apo}和 AA_{leaf}的增加,F_{pl}与 F_{st}的曲线性关系增强。该研究利用叶片参数对 ϕ_3 和 F_{pl}进行量化,首次建立了质膜 O_3 通量与气孔 O_3 通量的曲线关系,不仅有助于理解植物对 O_3 敏感性差异的机理,而且为今后开展 O_3 对植被影响的准确评估提供了新的思路(图 4.5)。

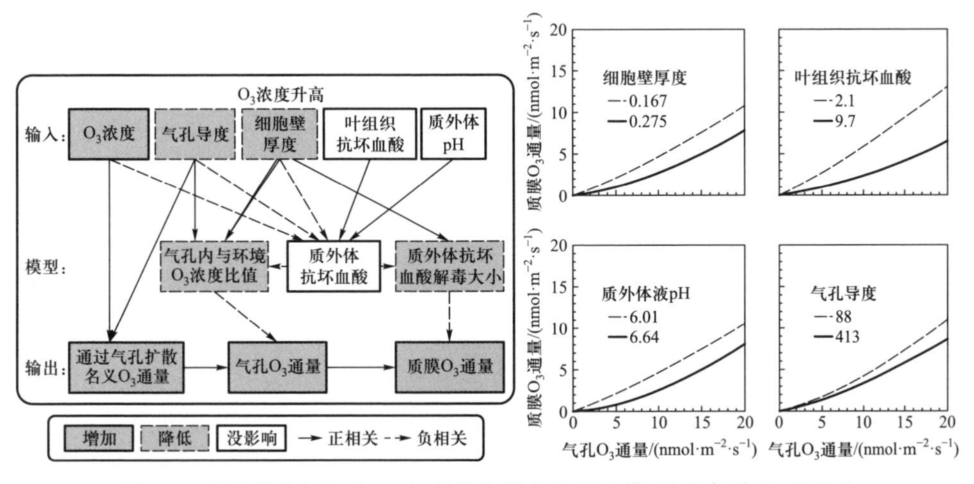

图 4.5　质外体抗坏血酸 O_3 解毒优化模型(SODA 模型)及气孔 O_3 通量和质膜 O_3 通量曲线关系示意图(引自 Dai et al. ,2020)

特别强调的是，只有还原型抗坏血酸才能与 O_3 反应，进而对 O_3 进行有效的清除。为了提高活性，抗坏血酸必须处于完全还原状态。因此，通过脱氢抗坏血酸还原酶和单脱氢抗坏血酸还原酶合成和回收抗坏血酸的速率对于维持高抗坏血酸氧化还原状态至关重要。抗坏血酸除了在质外体中起到抗氧化剂的作用外，还参与了一个复杂的植物激素介导的信号网络，它将 O_3 和病原体的反应联系在一起，并影响衰老的开始。另外，抗坏血酸也是一些辅酶因子、细胞分裂和生长的调节因子。

质外体内还存在一些其他抗氧化剂和抗氧化酶类，而且物种间存在较大差异。例如，参与还原氧化抗坏血酸和谷胱甘肽的一些酶存在于大麦（*Hordeum vulgare* L.）质外体中（Vanacker et al.，1998），但大多数都不存在于豌豆（*Pisum sativum* L.）的质外体中（Hernandez et al.，2001）。目前对质外体成分的代谢组和蛋白质组缺乏全面的认识，从而限制了理解质外体抗氧化物质对 O_3 解毒机制和由此产生的抗氧化能力。无论如何，O_3 胁迫下产生的 ROS 如果超过了质外体的抗氧化能力，ROS 就会在质外体和细胞间隙积聚并产生信号级联反应，进入共质体内破坏细胞。

4.6.2 臭氧对共质体抗氧化物质的影响

O_3 污染产生的 ROS，除一部分被质外体抗氧化物质解毒以外，剩下的 ROS 便会进入共质体。当共质体内 ROS 累积超过正常水平时，共质体便会引发各种防御机制来清除 ROS 和膜脂过氧化所产生的有害物质。共质体内抗氧化成分主要包括抗氧化酶类（SOD、POD、CAT、APX 等）及抗氧化剂（ASA、GSH 等）等。这些抗氧化物质作为次级解毒响应机制参与诸如抗坏血酸–谷胱甘肽（ASA–GSH）循环等一些氧化还原过程，进而对 ROS 进一步解毒与消除。

Li 等（2017）整合分析发现，O_3 浓度平均升高 90 ppb 降低了树木抗坏血酸过氧化物酶（APX，-12%）活性，却增加了脱氢抗坏血酸还原酶（DHAR，+14%）活性。O_3 浓度升高下白杨叶片 APX、CAT 与 GR 活性逐步上升，而冬小麦、水稻、大豆叶片 SOD、CAT 活性开始随 O_3 体积分数增加而迅速增强，到达一个峰值后又急剧或逐渐下降（张巍巍，2011）。这可能是由于在活性氧产生的初期，当植物体内活性氧的累积未超过 CAT、SOD 等抗氧化酶控制的范围时，细胞会要求增加对这些酶的合成。Feng 等（2016）发现，O_3 浓度升高降低了小麦一些品种的 CAT 和 SOD，但是对 APX 和 POD 没有显著影响。然而，Dai 等（2017）报道，O_3 浓度升高显著增加了桃树 CAT 和 SOD 活性。不同植物叶片抗氧化酶对 O_3 浓度升高的响应不同表明，植物抗氧化酶对 O_3 浓度升高的反应可能存在响应阈值，当 O_3 浓度较低或熏蒸时间较短时，O_3 浓度升高会刺激抗氧化酶活性，使其活性增加，从而抵

御 O_3 污染的危害；若 O_3 浓度超过其反应阈值时，抗氧化酶反而被破坏或完全反应掉，导致其活性降低，进而促发细胞程序性死亡（programmed cell death，PCD），最终使叶片出现可见伤害症状（如斑点、坏死斑块、早衰、提前脱落等）。植物间抗氧化酶对 O_3 浓度升高的不同反应正是由于其抗氧化酶响应阈值不同所致。另外，O_3 敏感性通常与抗氧化酶活性直接相关，即抗氧化酶活性越大，其 O_3 敏感性越小（Feng et al.，2016；Li et al.，2017；Dai et al.，2017）。因此，抗氧化酶在保护细胞免受 O_3 污染的危害过程中发挥着重要作用。

除抗氧化酶外，一些植物体内抗氧化剂（如抗坏血酸和谷胱甘肽等）在抵御高浓度 O_3 危害过程中同样扮演着重要角色。Li 等（2017）整合分析发现，O_3 浓度升高显著增加了树木总酚含量，却对叶片抗坏血酸（ASA）和叶片总抗氧化能力（TAC）没有显著影响。然而，O_3 浓度升高显著降低了桃树叶片 ASA，却增加了 TAC（Dai et al.，2017）。Gao 等（2016）报道，O_3 浓度升高显著增加了我国主要城市绿化树种叶片 TAC、ASA 和总酚含量。除树木外，O_3 浓度升高显著降低了小麦叶片 ASA，但对谷胱甘肽（GSH）和总酚含量没有影响（Feng et al.，2016）。由此可见，不同植物叶片抗氧化剂（如 ASA、GSH 等）对 O_3 浓度升高的响应各异，这可能与植物间 O_3 敏感性差异、O_3 熏蒸浓度、时间或熏蒸方式有关。

O_3 作用下直接或间接产生的 H_2O_2 能通过氧化蛋白质中的巯基，使卡尔文循环中碳同化相关酶发生不可逆的失活，光合电子传递链受到反馈性抑制，增大电子传向氧分子而产生活性氧的可能。抗氧化剂再生能力与还原力（NADPH）的适当转变有关，并且依赖碳代谢过程，其含量的升高必然增加叶片对同化物的需求。因此，自由基的增加会削弱碳同化能力，而降低的碳同化力也无法产生和提供足够的抗氧化剂用于抵御 O_3 胁迫（Weiser and Matyssek，2007）。

4.7 地表臭氧对叶片初生和次生代谢产物的影响

O_3 浓度升高可以通过几种机制对植物化学成分产生影响（图 4.6）。首先，O_3 对光合作用的抑制会影响碳水化合物的合成，进而降低初生和次生代谢途径相关前体物质含量，最终限制初生和次生代谢产物的积累（Li et al.，2017）。其次，O_3 还能作为植物防御信号通路的非生物信号分子，通过刺激相关基因的表达来增加特定次生代谢化合物的合成（Vainonen and Kangasjärvi，2015；列淦文等，2014）。这些机制在不同 O_3 胁迫程度和时间尺度上的作用存在差异，导致植物化学成分对 O_3 胁迫的响应特征因植物种、O_3 处理方式及周围环境等因素而异。一般来说，被子植物对 O_3 的响应比裸子植物更为敏感（Valkama et al.，2007），可能是由于被子植物较低的比叶重导致其单位质量的 O_3 吸收量比裸子植物高（Feng et al.，2018）。

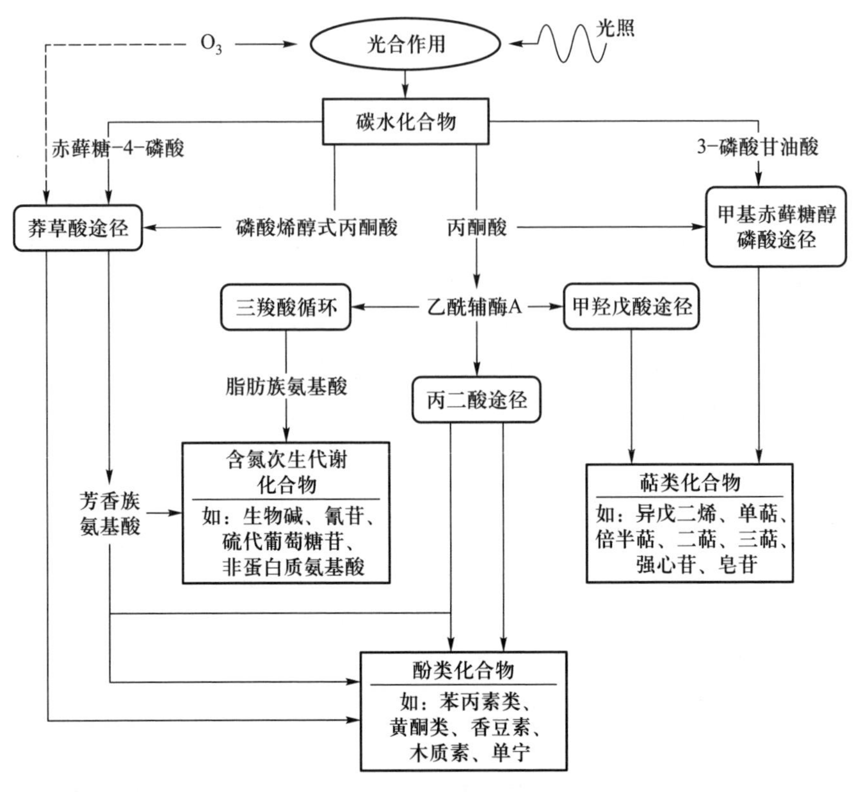

图 4.6　O_3 对植物主要次生代谢产物合成途径的影响示意图(Lindroth,2010)

O_3 浓度升高对植物初生代谢化合物的影响研究大多关注叶片的营养元素(N、P、K、Ca 等)和碳水化合物。总体上看,O_3 对植物营养元素基本没有显著影响(Valkama et al.,2007;列淦文等,2014),但 N 含量对 O_3 的响应可能出现增加(Li et al.,2020)、降低(Couture et al.,2012,2017)或者不变(Valkama et al.,2007)的情况。叶片 N 含量对 O_3 的响应差异可能与土壤 N 水平以及植物生长发育阶段有关。Yendrek 等(2013)对前人研究结果进行总结后发现,低 N 条件下 O_3 会增加叶片 N 含量,高 N 条件下 O_3 则会降低叶片 N 含量,其原因可能是 O_3 胁迫和 N 限制加速了叶片衰老并导致 N 回流增加。美国 Aspen FACE 对美洲山杨(*Populus tremuloides*)为期 12 年的观测结果表明,前 2～5 年 O_3 熏蒸对美洲山杨叶片 N 含量影响不大,之后 O_3 熏蒸则降低了其叶片 N 含量(Couture et al.,2014)。碳水化合物对 O_3 的响应特征比较明确:O_3 通常不影响植物的可溶性糖含量,但会导致淀粉含量下降(Couture et al.,2017;Li et al.,2020)。Li 等(2017)对木本植物的整合分析结果表明,O_3 浓度增加至 80 ppb 时淀粉含量减少 11%。此外,干旱会缓解 O_3 对碳水化合物含量的影响(Li et al.,2020),这一现象与其他生理过程的响应类似

(Gao et al. ,2017)。

O_3 浓度升高对植物次生代谢化合物的影响研究几乎仅限于酚类和萜类化合物(Holopainen et al. ,2018)。酚类物质(酚酸、黄酮等)能提高植物抗氧化能力或木质化程度(木质素),在植物抵御 O_3 胁迫过程中起重要作用。O_3 污染刺激植物提高多种莽草酸途径相关酶的基因转录水平和活性,导致黄酮和其他简单酚类等抗氧化物质的积累,并改变木质素单体的组成(Betz et al. ,2009)。Li 等(2017)对木本植物的整合分析结果表明,O_3 浓度增加至 111 ppb 时总酚含量上升 12%。不同酚类化合物对 O_3 的响应存在差异。一般来说,O_3 浓度升高会增加植物叶片酚酸、黄酮和木质素的浓度,对单宁含量的影响却不显著(Couture et al. ,2017;Holopainen et al. ,2018;Li et al. ,2020)。此外,植物生长发育阶段也会影响酚类化合物对 O_3 的响应特征。美国 Aspen FACE 的研究结果表明,长期 O_3 熏蒸处理下的美洲山杨酚苷含量在前 5 年显著低于对照组,到第 11 年转而高于对照组;而单宁含量在前 5 年显著高于对照组,但其增幅会随着植株的生长而减弱(Couture et al. ,2014)。

萜类化合物是植物源挥发性有机化合物(BVOC)的重要组成部分,它们不仅可以增强植物抵御 O_3 或其他活性氧胁迫的能力(Velikova et al. ,2004),还是大气 O_3 生成的前体物质,因此在 O_3 污染研究中得到广泛关注。然而,大气 O_3 对植物萜类化合物的影响结果目前尚无定论。一方面,O_3 浓度升高对萜类化合物的影响存在种间差异。例如,O_3 会导致欧洲赤松(*Pinus sylvestris*)萜类释放量增加,对欧洲云杉(*Picea abies*)则没有影响(Valkama et al. ,2007)。而且,不同的萜类化合物对 O_3 的响应特征也存在差异。整合分析结果表明,45 ppb 的 O_3 浓度会导致植物异戊二烯的释放量下降 8%,却能增加 37% 的单萜释放量(Feng et al. ,2019)。另一方面,O_3 处理方式也是影响萜类化合物响应规律的一大因素:低浓度(69 ppb)O_3 长期熏蒸会降低异戊二烯释放量,高浓度(225 ppb)O_3 急性熏蒸则对其没有显著影响(Feng et al. ,2019)。值得一提的是,O_3 对萜类的影响不仅限于改变植物的合成量,其强氧化性还会降解空气中的挥发性萜类,进而影响植物与其他生物之间的化学通讯过程(McFrederic et al. ,2009)。

参考文献

曹际玲,王亮,曾青,等. 2009. 开放式臭氧浓度升高条件下不同敏感型小麦品种的光合特性. 作物学报,35(8):1500-1507.

冯兆忠,李品,袁相洋,等. 2018. 我国地表臭氧的生态环境效应研究进展. 生态学报,38(5):1530-1541.

李品,冯兆忠,尚博,等. 2018. 6 种绿化树种的气孔特性与臭氧剂量的响应关系. 生态学报,38(8):2710-2721.
梁晶,曾青,朱建国,等.2010.开放式臭氧浓度升高对水稻叶片呼吸作用相关酶的影响.中国农学通报,26(6):260-264.
列淦文,叶龙华,薛立.2014.臭氧胁迫对植物主要生理功能的影响.生态学报,34(2):294-306.
辛月,高峰,冯兆忠.2016.不同基因型杨树的光合特征与臭氧剂量的响应关系.环境科学,37(6),2359-2367.
杨连新,王余龙,石光跃,等.2008.近地层高臭氧浓度对水稻生长发育影响研究进展.应用生态学报,19(4):901-910.
于浩.2017.近地层 O_3 浓度升高对亚热带树木幼苗的影响.硕士学位论文.北京:中国林业科学研究院.
张巍巍.2011.近地层 O_3 浓度升高对我国亚热带典型树种的影响.博士学位论文.北京:中国科学院研究生院.
赵天宏,金东艳,王岩,等.2011.臭氧胁迫对大豆酚类化合物含量和抗氧化能力的影响.中国农业科学,44(4):708-715.
Ainsworth E A. 2008. Rice production in a changing climate:A meta-analysis of responses to elevated carbon dioxide and elevated ozone concentration. Global Change Biology,14:1642-1650.
Betz G A,Gerstner E,Stich S,et al. 2009. Ozone affects shikimate pathway genes and secondary metabolites in saplings of European beech(*Fagus sylvatica* L.)grown under greenhouse conditions. Trees,23:539-553.
Booker F L,Burkey K O,Jones A M. 2012. Re-evaluating the role of ascorbic acid and phenolic glycosides in ozone scavenging in the leaf apoplast of *Arabidopsis thaliana* L. Plant Cell and Environment,35:1456-1466.
Calatayud A,Ramirez J W,Iglesias D J,et al. 2002. Effects of ozone on photosynthetic CO_2 exchange,chlorophyll a fluorescence and antioxidant systems in lettuce leaves. Physiologia Plantarum,116:308-316.
Castagna A,Ranieri A. 2009. Detoxification and repair process of ozone injury:From O_3 uptake to gene expression adjustment. Environmental Pollution,157:1461-1469.
Cheng F Y,Burkey K O,Robinson J M,et al. 2007. Leaf extracellular ascorbate in relation to O_3 tolerance of two soybean cultivars. Environmental Pollution,150:355-362.
Couture J J,Holeski L M,Lindroth RL. 2014. Long-term exposure to elevated CO_2 and O_3 alters aspen foliar chemistry across developmental stages. Plant Cell and Environment,37:758-765.

Couture J J, Meehan T D, Rubert-Nason K F, et al. 2017. Effects of elevated atmospheric carbon dioxide and tropospheric ozone on phytochemical composition of trembling aspen (*Populus tremuloides*) and paper birch (*Betula papyrifera*). Journal of Chemical Ecology, 43: 26–38.

Couture J J, Meehan T D, Lindroth R L. 2012. Atmospheric change alters foliar quality of host trees and performance of two outbreak insect species. Oecologia, 168: 863–876.

Dai L L, Feng Z Z, Pan X D, et al. 2019a. Increase of apoplastic ascorbate induced by ozone is insufficient to remove the negative effects in tobacco, soybean and poplar. Environmental Pollution, 245: 380–388.

Dai L L, Hayes F, Sharps K, et al. 2019b. Nitrogen availability does not affect ozone flux–effect relationships for biomass in birch (*Betula pendula*) saplings. Science of the Total Environment, 660: 1038–1049.

Dai L L, Kobayashi K, Nouchi I, et al. 2020. Quantifying determinants of ozone detoxification by apoplastic ascorbate in peach (*Prunus persica*) leaves using a model of ozone transport and reaction. Global Change Biology, DOI: 10.1111/gcb.15049.

Dai L L, Li P, Shang B, et al. 2017. Differential responses of peach (*Prunus persica*) seedlings to elevated ozone are related with leaf mass per area, antioxidant enzymes activity rather than stomatal conductance. Environmental Pollution, 227: 380–388.

De la Torre D. 2008. Quantification of mesophyll resistance and apoplastic ascorbic acid as an antioxidant for tropospheric ozone in durum wheat (*Triticum durum* Desf. cv. Camacho). The Scientific World Journal, 8: 1197–1209.

D' Haese D, Vandermeiren K, Asard H, et al. 2005. Other factors than apoplastic ascorbate contribute to the differential ozone tolerance of two clones of *Trifolium repens* L. Plant Cell and Environment, 28: 623–632.

Dietz K J. 1997. Functions and responses of the leaf apoplast under stress. Progress in Botany, 58: 221–254.

Dizengremel P, Thiec D L, Bagard M et al. 2008. Ozone risk assessment for plants: Central role of metabolism-dependent changes in reducing power. Environmental Pollution, 156: 11–15.

Dumont J, Keski-Saari S, Keinänen M, et al. 2014. Ozone affects ascorbate and glutathione biosynthesis as well as amino acid contents in three Euramerican poplar genotypes. Tree Physiology, 34: 253–266.

Eichelmann H, Oja V, Rasulov B, et al. 2004. Photosynthetic parameters of birch (*Betula pendula* Roth) leaves growing in normal and in CO_2- and O_3-enriched atmospheres. Plant Cell and Environment, 27(4): 479–495.

Farquhar G D, Sharkey T D. 1982. Stomatal conductance and photosynthesis. Annual Review of Plant Physiology, 33: 317–345.

Feng Z Z, Büker P, Pleijel H, et al. 2018. A unifying explanation for variation in ozone sensitivity among woody plants. Global Change Biology, 24: 78–84.

Feng Z Z, Kobayashi K, Ainsworth E A. 2008a. Impact of elevated ozone concentration on growth, physiology, and yield of wheat (*Triticum aestivum* L.): A meta-analysis. Global Change Biology, 14: 2696–2708.

Feng Z Z, Pang J, Kobayashi K et al. 2011. Differential responses in two varieties of winter wheat to elevated ozone concentration under fully open-air field conditions. Global Change Biology, 17: 580–591.

Feng Z Z, Pang J, Nouchi I, et al. 2010. Apoplastic ascorbate contributes to the differential ozone sensitivity in two varieties of winter wheat under fully open-air field conditions. Environmental Pollution, 158: 3539–3545.

Feng Z Z, Sun J S, Wan W X, et al. 2014. Evidence of widespread ozone-induced visible injury on plants in Beijing, China. Environmental Pollution, 193: 296–301.

Feng Z Z, Wang L, Pleijel H, et al. 2016. Differential effects of ozone on photosynthesis of winter wheat among cultivars depend on antioxidative enzymes rather than stomatal conductance. Science of the Total Environment, 572: 404–411.

Feng Z Z, Yuan X Y, Fares S, et al. 2019. Isoprene is more affected by climate drivers than monoterpenes: A meta-analytic review on plant isoprenoid emissions. Plant Cell Environment, 42: 1939–1949.

Feng Z Z, Zeng H Q, Wang X K, et al. 2008b. Sensitivity of *Metasequoia glyptostroboides* to ozone stress. Photosynthetica, 46: 463–465.

Flexas J, Ribas-Carbo M, Diaz-Espejo A, et al. 2008. Mesophyll conductance to CO_2: Current knowledge and future prospects. Plant Cell and Environment, 31: 602–621.

Flowers M D, Fiscus E L, Burkey K O, et al. 2007. Photosynthesis, chlorophyll fluorescence, and yield of snap bean (*Phaseolus vulgaris* L.) genotypes differing in sensitivity to ozone. Environmental and Experimental Botany, 61(2): 190–198.

Gao F, Calatayud V, García-Breijo F, et al. 2016. Effects of elevated ozone on physiological, anatomical and ultrastructural characteristics of four common urban tree species in China. Ecological Indicators, 67: 367–379.

Gao F, Catalayud V, Paoletti E, et al. 2017. Water stress mitigates the negative effects of ozone on photosynthesis and biomass in poplar plants. Environmental Pollution, 230: 268-279.

He X Y, Fu S L, Chen W, et al. 2007. Changes in effects of ozone exposure on growth, photosynthesis, and respiration of *Ginkgo biloba* in Shenyang urban area. Photosynthetica, 45: 555-561.

Heath R L, Taylor G E. 1997. Physiological processes and plant responses to ozone exposure. In: Sandermann H, Wellburn A R, Heath R L eds. Forest Decline and Ozone. Berlin: Springer, 317-368.

Hernandez J A, Ferrer M A, Jimenez A, et al. 2001. Antioxidant systems and $O_2^{\cdot -}/H_2O_2$ production in the apoplast of pea leaves. Its relation with salt-induced necrotic lesions in minor veins. Plant Physiology, 127: 817-831.

Holopainen J K, Virjamo V, Ghimire R P, et al. 2018. Climate change effects on secondary compounds of forest trees in the Northern Hemisphere. Frontiers in Plant Science, 9: 1445.

Hoshika Y, Fares S, Pellegrini E, et al. 2020. Water use strategy affects avoidance of ozone stress by stomatal closure in Mediterranean trees—A modelling analysis. Plant Cell and Environment, 43: 611-623.

Hoshika Y, Omasa K, Paoletti E. 2012a. Whole-tree water use efficiency is decreased by ambient ozone and not affected by O_3-induced stomatal sluggishness. Plos One, 7: e39270.

Hoshika Y, Watanabe M, Inada N, et al. 2012b. Ozone-induced stomatal sluggishness develops progressively in Siebold's beech (*Fagus crenata*). Environmental Pollution, 166: 152-156.

Hoshika Y, Watanabe M, Inada N, et al. 2013. Model-based analysis of avoidance of ozone stress by stomatal closure in Siebold's beech (*Fagus crenata*). Annals of botany, 112(6): 1149-1158.

Kangasjärvi J, Jaspers P, Kollist H. 2005. Signalling and cell death in ozone-exposed plants. Plant Cell and Environment, 28: 1021-1036.

Kollist H, Moldau H, Mortensen L, et al. 2000. Ozone flux to plasmalemma in barley and wheat is controlled by stomata rather than by direct reaction of ozone with cell wall ascorbate. Journal of Plant Physiology, 156: 645-651.

Laisk A, Kull O, Moldau H. 1989. Ozone concentration in leaf intercellular air spaces is close to zero. Plant Physiology, 90: 1163-1167.

Li P, Calatayud V, Gao F, et al. 2016. Differences in ozone sensitivity among woody species are related to leaf morphology and antioxidant levels. Tree Physiology, 36: 1105–1116.

Li P, Feng Z, Catalayud V, et al. 2017. A meta-analysis on growth, physiological, and biochemical responses of woody species to ground-level ozone highlights the role of plant functional types. Plant Cell and Environment, 40: 2369–2380.

Li Z, Yang J, Shang B, et al. 2020. Water stress rather than N addition mitigates impacts of elevated O_3 on foliar chemical profiles in poplar saplings. Science of the Total Environment, 707: 135935.

Lindroth R L. 2010. Impacts of elevated atmospheric CO_2 and O_3 on forests: Phytochemistry, trophic interactions, and ecosystem dynamics. Journal of Chemical Ecology, 36: 2–21.

Lombardozzi D, Sparks J P, Bonan G, et al. 2012. Ozone exposure causes a decoupling of conductance and photosynthesis: Implications for the Ball–Berry stomatal conductance model. Oecologia, 169(3): 651–659.

Luwe M W F, Heber U. 1995. Ozone detoxification in the apoplasm and symplasm of spinach, board bean and beech leaves at ambient and elevated concentrations of ozone in air. Planta, 197: 448–455.

Martin M J, Farage P K, Humphries S W, et al. 2000. Can the stomatal changes caused by acute ozone exposure be predicted by changes occurring in the mesophyll? A simplification for models of vegetation response to the global increase in tropospheric elevated ozone episodes. Functional Plant Biology, 27(3): 211–219.

Marzuoli R, Monga R, Finco A, et al. 2016. Biomass and physiological responses of *Quercus robur* (L.) young trees during 2 years of treatments with different levels of ozone and nitrogen wet deposition. Trees, 30: 1995–2000.

Masutomi Y, Kinose Y, Takimoto T, et al. 2019. Ozone changes the linear relationship between photosynthesis and stomatal conductance and decreases water use efficiency in rice. Science of the Total Environment, 655: 1009–1016.

McFrederick Q S, Fuentes J D, Roulston T, et al. 2009. Effects of air pollution on biogenic volatiles and ecological interactions. Oecologia, 160: 411–420.

Niu J F, Feng Z Z, Zhang W W, et al. 2014. Non-stomatal limitation to photosynthesis in *Cinnamomum camphora* seedlings exposed to elevated O_3. PLoS One, 9(6): e98572.

Noctor G, Foyer H. 1998. Ascorbate and glutathione: Keeping active oxygen under control. Annual Review of Plant Physiology and Plant Molecular Biology, 49: 249–279.

Paoletti E, Contran N, Bernasconi P, et al. 2009. Structural and physiological responses to ozone in Manna ash(*Fraxinus ornus* L.) leaves of seedlings and mature trees under controlled and ambient conditions. Science of the Total Environment,407(5):1631–1643.

Peng J L,Shang B,Xu Y S,et al. 2019. Ozone exposure- and flux-yield response relationships for maize. Environmental Pollution,252:1–7.

Peng J,Shang B,Xu Y,et al. 2020. Effects of ozone on maize(*Zea mays* L.) photosynthetic physiology, biomass and yield components based on exposure- and flux-response relationships. Environmental Pollution,256:113466.

Pignocchi C,Fletcher J M,Wilkinson J E,et al. 2003. The function of ascorbate oxidase in tobacco. Plant Physiology,132:1631–1641.

Pignocchi C,Foyer C H. 2003. Apoplastic ascorbate metabolism and its role in the regulation of cell signalling. Current Opinion Plant Biology,6:379–389.

Plöchl M,Lyons T,Ollerenshaw J,et al. 2000. Simulating ozone detoxification in the leaf apoplast through the direct reaction with ascorbate. Planta,210:454–467.

Pospíšil P,Prasad A. 2014. Formation of singlet oxygen and protection against its oxidative damage in Photosystem II under abiotic stress. Journal of Photochemistry and Photobiology B:Biology,137:39–48.

Roháček K. 2002. Chlorophyll fluorescence parameters: The definition, photosynthetic meaning,and mutual relationship. Photosynthetica,40(1):13–29.

Shang B,Feng Z,Gao F,et al. 2020. The ozone sensitivity of five poplar clones is not related to stomatal conductance,constitutive antioxidant levels and morphology of leaves. Science of the Total Environment,699:134402.

Shang B,Feng Z,Li P,et al. 2017. Ozone exposure- and flux-based response relationships with photosynthesis,leaf morphology and biomass in two poplar clones. Science of the Total Environment,603:185–195.

Shang B,Xu Y,Dai L,et al. 2019. Elevated ozone reduced leaf nitrogen allocation to photosynthesis in poplar. Science of the Total Environment,657:169–178.

Sugai T,Kam D G,Agathokleous E,et al. 2018. Growth and photosynthetic response of two larches exposed to O_3 mixing ratios ranging from preindustrial to near future. Photosynthetica,56(3):901–910.

Sun G E,McLaughlin S B,Porter J H,et al. 2012. Interactive influences of ozone and climate on streamflow of forested watersheds. Global Change Biology,18(11):3395–3409.

Sun J D,Feng Z Z,Ort D R. 2014. Impacts of rising tropospheric ozone on photosynthesis and metabolite levels on field grown soybean. Plant Science,226:147-161.

Turcsányi E,Lyons T,Plöchl M,et al. 2000. Does ascorbate in the mesophyll cell walls form the first line of defence against ozone? Testing the concept using broad bean(*Vicia faba* L.). Journal of Experimental Botany,51:901-910.

Uddling J,Teclaw R M,Pregitzer K S,et al. 2009. Leaf and canopy conductance in aspen and aspen-birch forests under free-air enrichment of carbon dioxide and ozone. Tree Physiology. 29:1367-1380.

Vahisalu T,Puzorjoa I,Brosche M,et al. 2010. Ozone-triggered rapid stomatal response involves the production of reactive oxygen species and is controlled by SLAC1 and OST1. Plant Journal,62:442-453.

Vainonen J P,Kangasjärvi J. 2015. Plant signalling in acute ozone exposure. Plant Cell and Environment,38:240-252.

Valkama E,Koricheva J,Oksanen E. 2007. Effects of elevated O_3,alone and in combination with elevated CO_2,on tree leaf chemistry and insect herbivore performance:A meta-analysis. Global Change Biology,12:184-201.

Van Hove L W A,Bossen M E,San Gabino B G,et al. 2001. The ability of apoplastic ascorbate to protect poplar leaves against ambient ozone concentrations:A quantitative approach. Environmental Pollution,114:299-492.

Vanacker H,Carver T L W,Foyer C H. 1998. Pathogen-induced changes in the antioxidant status of the apoplast in barley leaves. Plant Physiology,117:1103-1114.

VanLoocke A,Betzelberger A M,Ainsworth E A,et al. 2012. Rising ozone concentrations decrease soybean evapotranspiration and water use efficiency whilst increasing canopy temperature. New Phytologist,195(1):164-171.

Velikova V,Edreva A,Loreto F. 2004. Endogenous isoprene protects *Phragmites australis* leaves against singlet oxygen. Physiologia Plantarum,122:219-225.

Velikova V,Tsonev T,Pinelli P,et al. 2005. Localized ozone fumigation system for studying ozone effects on photosynthesis,respiration,electron transport rate and isoprene emission in field-grown Mediterranean oak species. Tree Physiology,25:1523-1532.

Wang L,Pang J,Feng Z Z,et al. 2015. Diurnal variation of apoplastic ascorbate in winter wheat leaves in relation to ozone detoxification. Environmental Pollution,207:413-419.

Warren C R,Löw M,Matyssek R,et al. 2007. Internal conductance to CO_2 transfer of adult Fagus sylvatica:Variation between sun and shade leaves and due to free-air ozone fumigation. Environmental and Experimental Botany,59:130-138.

Watanabe M, Kamimaki Y, Mori M, et al. 2018. Mesophyll conductance to CO_2 in leaves of Siebold's beech (*Fagus crenata*) seedlings under elevated ozone. Journal of Plant Research, 131(6): 1-8.

Weiser G, Matyssek R. 2007. Linking ozone uptake and defense towards a mechanistic risk assessment for forest trees. New Phytologist, 174: 7-9.

Wilkinson S, Davies W J. 2010. Drought, ozone, ABA and ethylene: New insights from cell to plant to community. Plant Cell and Environment, 33: 510-525.

Xu Y S, Feng Z Z, Shang B, et al. 2019. Mesophyll conductance limitation of photosynthesis in poplar under elevated ozone. Science of the Total Environment, 657: 136-145.

Xu Y S, Feng Z Z, Shang B, et al. 2020a. Limited water availability did not protect poplar saplings from water use efficiency reduction under elevated ozone. Forest Ecology and Management, 462: 117999.

Xu S, He X Y, Du Z, et al. 2020b. Tropospheric ozone and cadmium do not have interactive effects on growth, photosynthesis and mineral nutrients of *Catalpa ovata* seedlings in the urban areas of Northeast China. Science of the Total Environment, 704: 135307.

Yan K, Chen W, He X Y, et al. 2010. Responses of photosynthesis, lipid peroxidation and antioxidant system in leaves of *Quercus mongolica* to elevated O_3. Environmental and Experimental Botany, 69: 198-204.

Yang N, Wang X, Cotrozzi L, et al. 2016. Ozone effects on photosynthesis of ornamental species suitable for urban green spaces of China. Urban Forestry and Urban Greening, 20: 437-447.

Yendrek C R, Leisner C P, Ainsworth E A. 2013. Chronic ozone exacerbates the reduction in photosynthesis and acceleration of senescence caused by limited N availability in *Nicotiana sylvestris*. Global Change Biology, 19: 3155-3166.

Yuan X, Calatayud V, Gao F, et al. 2016. Interaction of drought and ozone exposure on isoprene emission from extensively cultivated poplar. Plant Cell and Environment, 39(10): 2276-2287.

Zhang W W, Feng Z Z, Wang X K, et al. 2012. Responses of native broadleaved woody species to elevated ozone in subtropical China. Environmental Pollution, 163: 149-157.

Zhang W, Feng Z, Wang X, et al. 2014a. Impacts of elevated ozone on growth and photosynthesis of *Metasequoia glyptostroboides* Hu et Cheng. Plant Science, 226: 182-188.

Zhang W, Feng Z, Wang X, et al. 2014b. Elevated ozone negatively affects photosynthesis of current-year leaves but not previous-year leaves in evergreen *Cyclobalanopsis glauca* seedlings. Environmental Pollution. 184:676–681.

Zhang W, Wang G, Liu X, et al. 2014c. Effects of elevated O_3 exposure on seed yield, N concentration and photosynthesis of nine soybean cultivars (*Glycine max* (L.) Merr.) in Northeast China. Plant Science, 226:172–181.

第5章 地表臭氧对土壤微生物的影响

冯有智 张建伟

土壤微生物是土壤圈中最活跃的部分,在推动生态系统物质转换、能量流动和生物地球化学循环中起着重要作用(Falkowski et al.,2008)。土壤微生物是土壤中一切肉眼看不见或看不清的微小生物的总称,严格意义上包括细菌、真菌、病毒、原生动物和显微藻类。虽然土壤微生物仅占土壤有机质总量的很少部分,但它们在土壤中的数量庞大,种类极其丰富,是一个重要的地下生物宝库。在生态系统的能量转化和食物链中,土壤微生物具有双重作用:一方面,作为初级生产者,光能自养型微生物和绿色植物共同承担起将无机物转化成有机物,将太阳能转化为生物能,为自身以及食物链中其他生物提供能源和代谢底物;另一方面,微生物驱动着大量元素(碳、氮、磷等)和微量元素(硫、铁等)的生物地球化学循环过程,参与土壤的发生发育过程、土壤腐殖质的形成和转化、土壤中有机污染物和重金属的降解和转化等(Torsvik and Ovreas,2002;Torsvik et al.,2002;Harris,2009)。

近地层臭氧(O_3)浓度升高主要通过间接影响土壤微生物多样性和功能而影响陆地生态系统功能(图5.1)。O_3 在进入土壤的过程中已经被植物和土壤过滤去除,很难直接影响土壤微生物;但是 O_3 浓度升高会通过影响植物的生理代谢、生物量积累和元素分配对土壤微生物生物量、酶活性以及微生物的群落结构及多样性产生间接影响(余永昌等,2012a)。一方面,O_3 浓度升高抑制植物光合作用,降低总生物量和根冠比,导致植物凋落物和根系分泌物等输入土壤中供给微生物利用的底物资源减少(陈展等,2014),从而影响根际土壤微生物;另一方面,O_3 浓度升高抑制了根系活性及对养分的吸收能力(陈展等,2007;张巍巍等,2009),植物组分碳、氮、磷等元素含量及分配发生变化(郑飞翔等,2011;王春雨等,2019b),影响微生物的分解效率,从而影响土壤微生物。研究人员发现,植物种类是影响土壤微生物对 O_3 污染响应的关键因素,即对 O_3 抵抗力(耐受性)不同的植物,其生长的土壤中的微生物也会产生不同的 O_3 效应(Wu et al.,2016)。本章从土壤微生物生物量、酶活性、群落结构、多样性和功能5个层面阐述 O_3 对生态系统地下过程影响的国内研究进展。

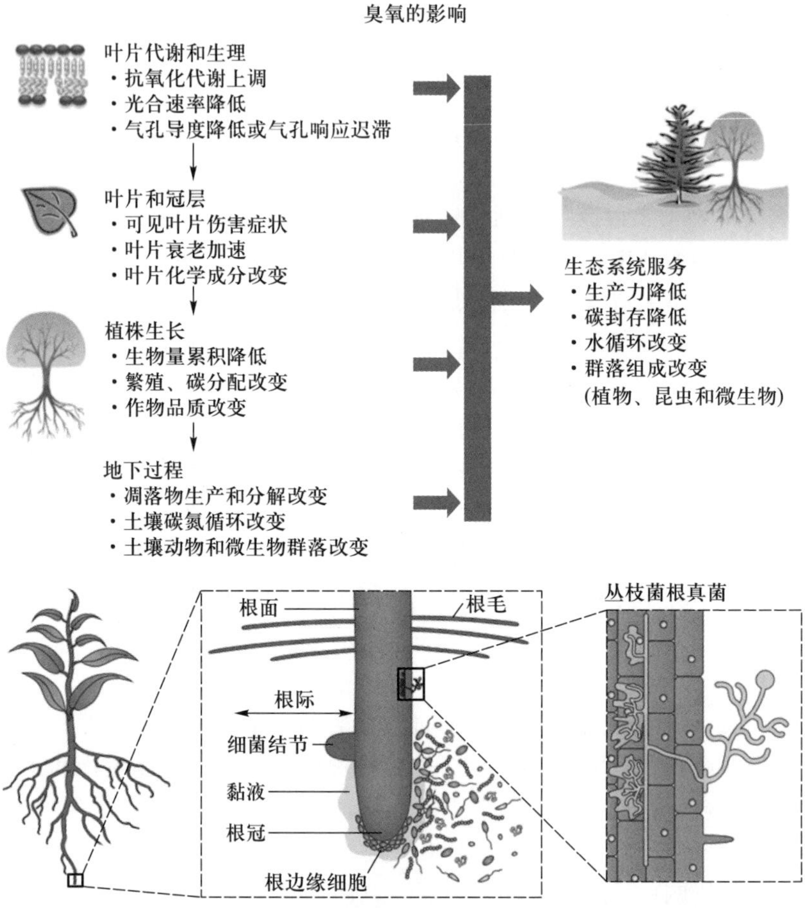

图 5.1　O_3 污染通过影响地上部植物的生长状况而间接影响土壤微生物

(Philippot et al. ,2013)

5.1　地表臭氧对土壤微生物生物量的影响

土壤微生物生物量是指土壤中个体体积小于 5 000 μm^3 的活微生物总量,是植物有效养分的储备库,其微小变化都会对土壤养分循环和有效性产生影响,并能较早地指示土壤生态系统功能的变化(李品等,2019)。基于农田生态系统,发现长时间 O_3 胁迫显著降低根际土壤微生物生物量碳,而对非根际土壤微生物无显著影响(陈展等,2007,2014)。此外,O_3 胁迫对不同耐受型植物土壤微生物生物量的影响效果不同(图 5.2):O_3 胁迫显著降低了敏感型小麦品种 Y2 土壤可溶解性有机碳和土壤微生物生物量氮,且土壤微生物生物量碳氮比显著提高(Wu et al. ,2016)。土壤微生物生物量碳氮比的变化指示土壤微生物群落组成的变化,一般认为真菌具有更高的碳源利用效率以及更高的碳氮比(臧逸飞等,2014),据此推测,O_3 胁迫对土壤细菌群落的抑制程度高于土壤真菌群落。但 Li 等(2012)研究发现,O_3 胁迫显著降低了小麦土壤真菌生物量和真菌/细菌比值,且对耐受型小麦品种的抑制效果更强。

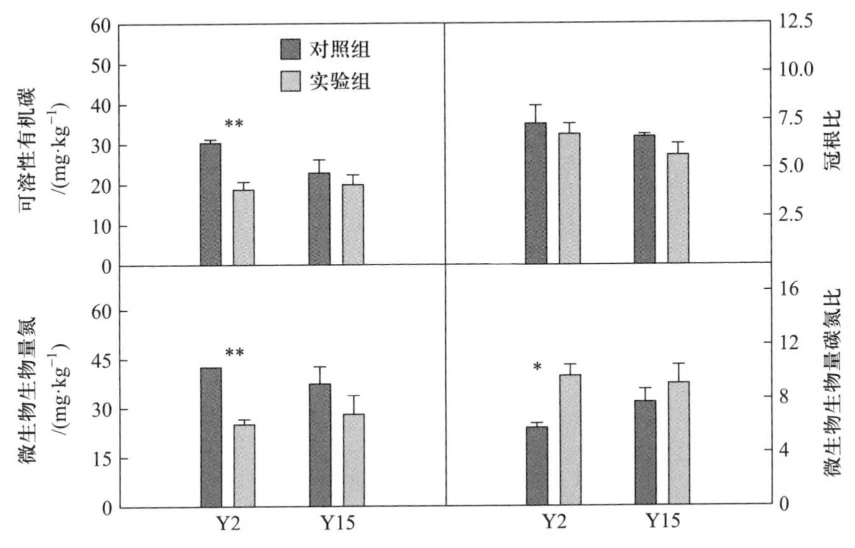

图 5.2　O_3 浓度升高对不同耐受型小麦品种土壤微生物生物量的影响(引自 Wu et al. ,2016)

注:黑色表示对照组(40 ppb),灰色为臭氧浓度升高组(60 ppb)。* 代表 $P<0.05$,* * 代表 $P<0.01$。

5.2　地表臭氧对土壤酶活性的影响

土壤酶是指植物根系和微生物细胞内合成后释放到土壤中的酶。与碳、氮循环有关的酶包括转化酶、脲酶、脱氢酶等。土壤酶参与包括土壤生物化学过程在内的自然界物质循环,在土壤的发生、发育和肥力形成过程中也起重要作用。作为表征土壤基础理化性质的生物活性指标已被广泛应用于评价土壤营养物质的循环转化以及农业措施的作用效果。

O_3 浓度升高改变植物地上和地下部分的生物量、植物体内碳素的分配、植物凋落物和根系分泌物的数量和品质(张巍巍等,2009)。这些土壤微生物用来合成各种生物酶的底物发生变化,势必会影响土壤酶活性。过氧化氢酶和多酚氧化酶是重要的氧化还原酶类,使土壤生物免受过氧化氢和酚类等生物毒性物质的损害,其活性常被用来反映土壤生态环境的胁迫程度。O_3 胁迫显著提高了成熟期小麦土壤过氧化氢酶和多酚氧化酶活性(郑有飞等,2009)。土壤脱氢酶和转化酶参与土壤有机质的分解矿化，其活性反映土壤有机碳累积与分解转化的程度。O_3 胁迫提高稻麦轮作农田土壤脱氢酶和转化酶活性（余永昌等，2012a），刺激土壤呼吸（余永昌等，2012b）。胡正华等（2011）发现 O_3 胁迫抑制冬小麦土壤呼吸。张勇等（2010）发现 O_3 浓度升高未显著改变冬小麦田土壤呼吸。不同土壤酶活性对 O_3 胁迫的响应不同，受到诸如植物耐受类型、土层深度、O_3 浓度、暴露周期以及其他环境胁迫因子如水分和温度的影响（黄益宗等，2013），从而导致土壤呼吸对 O_3 胁迫响应的不一致。

O_3 胁迫增强了稻田和麦田土壤脲酶活性（李全胜等，2010a，b；郑有飞等，2009）。Chen 等（2015a）发现 O_3 胁迫提高了麦田土壤硝化和反硝化酶活性（图 5.3）。脲酶和硝化酶活性的提高反映了植物增加对土壤氮素的吸收以合成蛋白质来弥补 O_3 胁迫对光合器官的损伤的过程（梁晶等，2010；王春雨等，2019a），但是随着 O_3 胁迫时间的延长，植物将面临缺乏强有力的根系生理代谢活力支持，且难以逆转（张巍巍等，2009）。

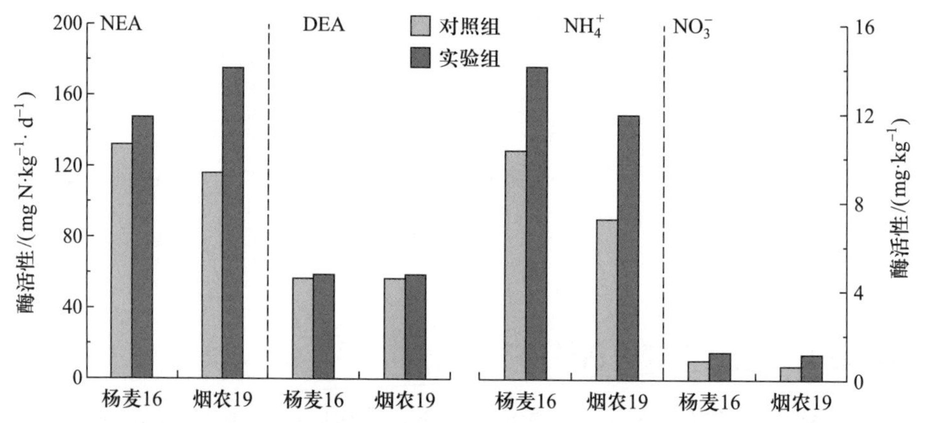

图 5.3　臭氧胁迫提高了麦田土壤硝化（NEA）和反硝化（DEA）酶活性（引自 Chen et al.，2015a）

5.3　地表臭氧对土壤微生物群落的影响

O_3 浓度升高通过抑制植物的生理活动降低了其向土壤中的底物输入，间接影响到土壤微生物的数量和群落结构，且这些影响具有一定的持续性，即使在解除 O_3 胁迫之后仍然存在（Li et al.，2015）。He 等（2014）利用基因芯片技术发现 O_3 浓度升高影响土壤功能微生物代谢过程。李全胜等（2010a，b）发现，O_3 胁迫会增加稻麦土壤反硝化和氨氧化细菌的数量。O_3 浓度升高对土壤微生物群落的影响与宿主植物本身对 O_3 胁迫的耐受型有关（Feng et al.，2015）。一般来说，耐受型植物根际土壤微生物群落受 O_3 胁迫的影响较大。此外，O_3 胁迫对土壤微生物群落的影响也存在浓度或者剂量效应(陈展等,2007;郑有飞等,2009)。例如,低浓度 O_3 刺激土壤中甲烷氧化菌的活性并增加其数量,但是高浓度 O_3 则会产生抑制效果,同时导致其群落结构产生分异(Huang and Zhong,2015)。此外,Chen 等(2015b)研究发现 O_3 浓度升高改变了根际和非根际土壤微生物的群落结构,降低了真菌/细菌比值,并发现 O_3 对根际土壤微生物的影响大于非根际土壤微生物。

由于近地层 O_3 浓度对土壤微生物的影响需要通过植物的传导,不同植物对 O_3 浓度升高的响应不同,且各自根际微生物也存在固有差异(Jiang et al.,2017),所以不同植物以及同一植物不同品种间土壤微生物群落对 O_3 胁迫的响应也存在差异(Wang et al.,2017)。例如,Wang 等(2017)发现小麦和玉米之间以及不同玉米品种之间根际土壤微生物群落存在显著差异。Jiang 等(2017)发现生理性状差异越大的蓝莓品种,其土壤微生物群落结构分异越大。Feng 等(2015)比较了两种不同 O_3 耐受型水稻品种土壤微生物的变化(图 5.4),发现耐受型水稻品种土壤微生物对近地层 O_3 浓度升高的响应要大于敏感型的杂交水稻品种,具体表现为耐受型水稻根际土壤细菌群落结构在分蘖期和开花期均发生分异,而敏感型水稻根际土壤细菌群落结构的分异只发生在分蘖期。Li 等(2012)基于不同耐受型小麦品种的研究也发现了类似的现象。可能的原因是耐受型作物品种需要调动根际土壤促生菌群释放促生因子或者提高养分吸收能力来提高其自身抵抗力(Feng et al.,2015)。

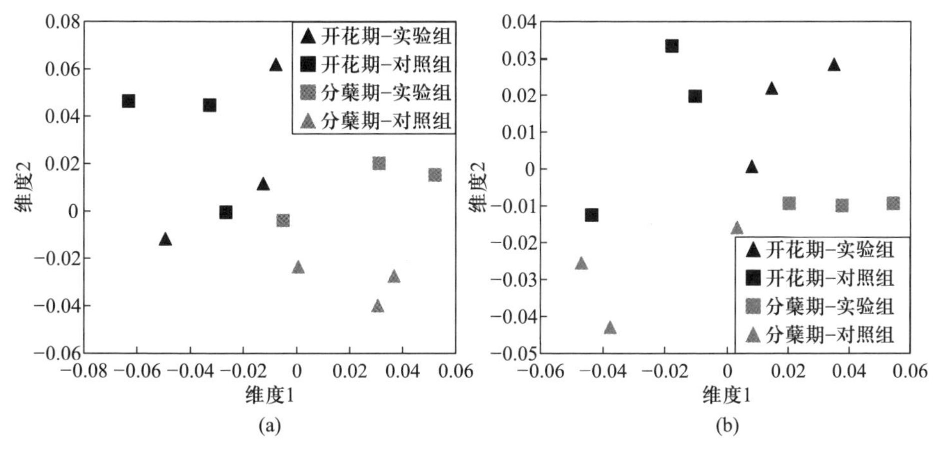

图 5.4　O_3 胁迫对 O_3 敏感型(a)和耐受型(b)水稻土壤细菌群落结构的影响

(引自 Feng et al.,2015)

5.4　地表臭氧对土壤微生物多样性的影响

生物多样性指生物的结构多样性、遗传多样性以及功能多样性。土壤微生物多样性指土壤生态系统中所有微生物和它们所包含的基因以及这些微生物与环境之间相互作用的多样化程度。土壤微生物多样性是土壤生态系统的基本生命特征。作为土壤生态系统的积极参与者,土壤微生物多样性是评价土壤生态系统的重要指标,也是监测土壤质量变化的敏感指标(Torsvik and Ovreas,2002)。丰富的土壤微生物多样性被认为是维持土壤健康的重要因素。O_3 浓度升高通过改变植物体内碳素分配和根系分泌物的组成和数量,进而影响微生物的结构、遗传和功能多样性。

Chen 等(2019)研究发现,O_3 胁迫降低了森林土壤真菌和细菌的多样性,且抑制效果存在树种间的差异。Feng 等(2015)比较了 O_3 耐受型籼稻(扬稻 6 号)和 O_3 敏感型杂交水稻(Ⅱ优 084)的土壤微生物多样性对 O_3 浓度升高的响应,发现 O_3 浓度升高显著降低了分蘖期和开花期 O_3 耐受型籼稻的土壤细菌系统发育多样性指数,但显著升高了分蘖期 O_3 敏感型杂交水稻根际土壤细菌系统发育多样性指数(表 5.1)。值得注意的是,尽管敏感型水稻根际整体细菌多样性在 O_3 浓度升高下是增加的,但参与土壤碳、氮循环的关键功能微生物(Planctomycea 和 Acidobacteria 等)的多样性在两水稻品种根际土壤中均显著下降。

表 5.1　O_3 胁迫对两水稻品种土壤细菌多样性的影响(引自 Feng et al. ,2015)

分组信息		系统发育多样性	
		Ⅱ优 084*	扬稻 6 号**
分蘖期	实验组	227. 4±1. 7b	625. 6±2. 8A
	对照组	218. 6±3. 4a	645. 0±3. 5B
开花期	实验组	226. 4±3. 3b	625. 2±7. 1A
	对照组	221. 1±2. 4ab	650. 1±4. 4B

注:不同大写或小写字母表示分蘖期或开花期不同处理间存在显著差异;

* 该指数基于对所有样本随机抽取 3 000 条序列计算得到;

** 该指数基于对所有样本随机抽取 19 000 条序列计算得到。

5.5　地表臭氧对土壤微生物功能的影响

由以上内容可知,O_3 浓度升高导致土壤微生物生物量、酶活性和多样性均发生了改变,它们与土壤有机质及养分的转化和循环有着密切的关系。因此,土壤微生物生物量、酶活性和多样性的改变均会影响到生态系统功能。并且,O_3 对土壤微生物的影响呈显著的累积效应(Kasurinen et al. ,2004)。Zheng 等(2011)利用开顶式气室(OTC)发现,100 ppb O_3 浓度处理使中国东部稻田连续两年的甲烷排放量分别下降 46.5% 和 38.3%,150 ppb O_3 浓度处理使甲烷排放量分别下降

50.6% 和 46.8% 。李春艳等(2014)利用 Biolog 法发现 O_3 浓度升高改变了转基因水稻土壤微生物的碳底物利用方式,增强了对植物代谢产物和次生代谢产物的利用能力。Bao 等(2015)也发现,O_3 浓度升高促使抗性小麦品种的根际土壤微生物易于利用易降解的碳源,而敏感小麦品种的根际土壤微生物利用较复杂的碳源。土壤微生物对碳底物利用能力的变化可影响土壤养分的有效性,进而影响植物的生长(van der Heijden et al. ,2008)。此外,O_3 浓度升高对土壤微生物的影响因微生物的碳底物利用能力的不同而有所差异。陈展等(2014)利用 ^{13}C 同位素标记技术发现,O_3 浓度升高降低了土壤微生物生物量碳,改变能分解简单化学物质的细菌多样性;随着胁迫时间的延长,会进一步改变分解大分子化合物的真菌和放线菌的多样性。Wu 等(2016)发现,O_3 胁迫改变了敏感型小麦品种的土壤氮素循环,提高了土壤氮素有效性,但是降低了土壤微生物生物量氮,而耐受型品种的土壤氮循环不受影响(Chen et al. ,2015a)。He 等(2014)发现,O_3 浓度升高降低了大豆土壤固氮、反硝化和氮矿化相关功能基因丰度(图 5.5)。Chen 等(2019)发现,O_3 胁迫降低森林土壤硝化微生物多样性而增加反硝化真菌多样性,并可能增加土壤 N_2O 的排放。丛枝菌根真菌(arbuscular mycorrhizal fungi, AMF)是一类专性共生微生物,通过在植物根系定殖形成共生关系,能够提高植物的抗逆能力。Wang 等(2015)发现,接种 AMF 对于缓解 O_3 浓度升高对宿主植物的胁迫作用有限;可能原因是 O_3 浓度升高抑制了植物光合作用,降低了植物向土壤中的碳输入,抑制了 AMF 功能发挥,所以宿主植物与 AMF 的共生关系可能不复存在(Bassin et al. ,2017)。

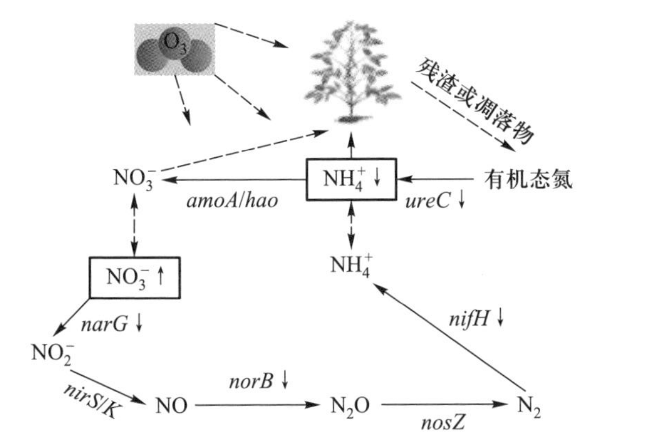

固氮作用

　固氮酶基因*nifH*

硝化作用

　氨单加氧酶基因*amoA*

　羟胺氧化还原酶基因*hao*

反硝化作用

　硝酸盐还原酶基因*narG*

　亚硝酸盐还原酶基因*nirS*和*nirK*

　一氧化氮还原酶基因*norB*

　氧化亚氮还原酶基因*nosZ*

氨化作用

　尿素酶基因*ureC*

图 5.5　O_3 胁迫干扰土壤氮循环过程(引自 He et al. ,2014)

利用我国稻麦轮作农田生态系统开放式 O_3 浓度增加系统(O_3-FACE)平台(详见 3.1.3 节),O_3 浓度升高对水稻土两类关键功能微生物类群——紫色光养细菌和产甲烷古菌的影响结果分别在下面两节做简单介绍。

5.5.1 地表臭氧对水稻土紫色光养细菌群落的影响

紫色光养细菌广泛分布于各类厌氧环境中，利用光能固定 CO_2，同化小分子有机物，为其他厌氧型异养微生物提供代谢底物和能源（Cran and Grover，2010），也是一类重要的固氮微生物（Oda et al.，2008）。紫色光养细菌是水稻土碳循环末端的功能微生物，它们对土壤中可利用碳的变化非常敏感。Feng 等（2011）发现 O_3 浓度升高因降低了水稻向土壤中碳底物的输入，导致水稻土中紫色光养细菌（*pufM*）群落和可培养的紫色光养细菌——紫色非硫细菌的数量均显著降低（图 5.6）。同时，O_3 浓度升高减少了紫色光养细菌数量在土壤全部细菌数量中的占比，说明紫色光养细菌比其他细菌对 O_3 浓度升高更敏感。

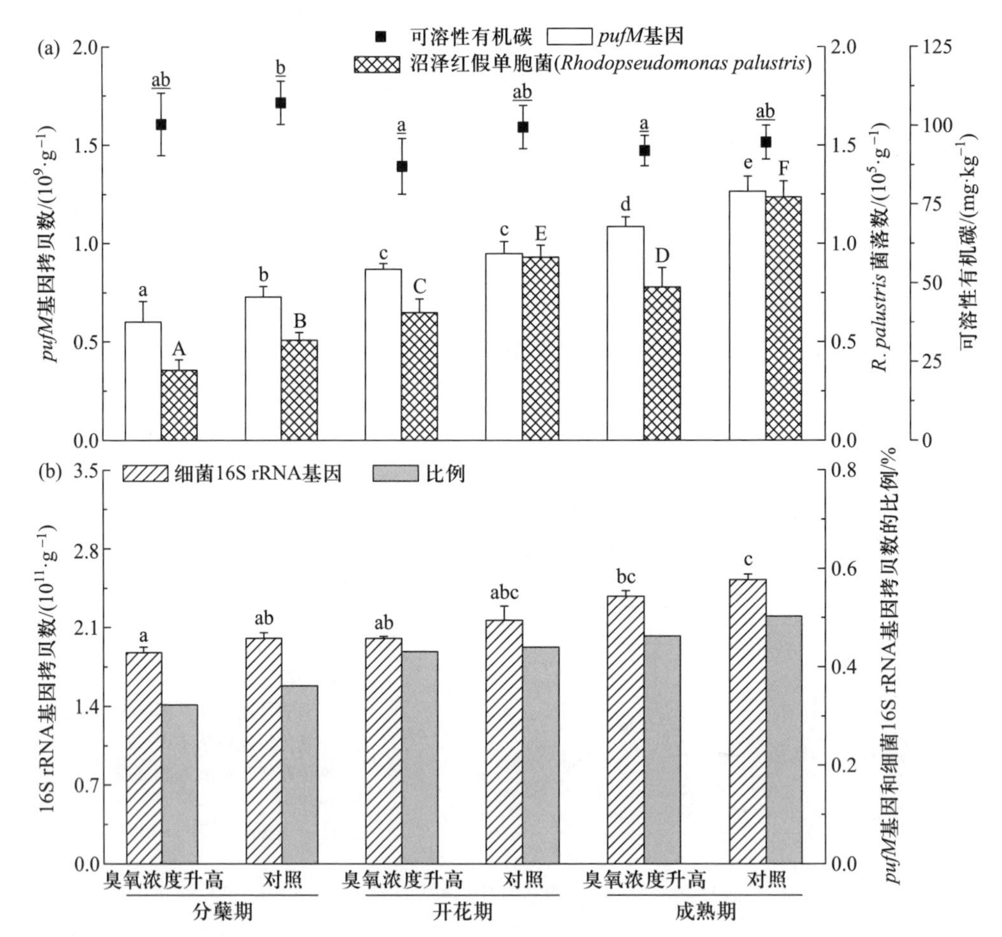

图 5.6 大气 O_3 浓度升高对土壤可溶性有机碳含量、紫色光养细菌（*pufM*）群落大小和可培养紫色非硫细菌数量（a）以及细菌 16S rRNA 基因数及其与紫色光养细菌占比（b）的影响（引自 Feng et al.，2011）

注：不同大小写字母分别代表不同处理间和不同时期差异达到显著水平（$p<0.05$）。

以一种紫色光养细菌——沼泽红假单胞菌为例，Feng 等（2011）利用 rep-PCR 技术发现 O_3 处理下的基因型多样性从对照 20 个减少到 7 个（图 5.7）。这种代谢多样性的下降可能源于紫色光养细菌可利用碳底物种类和含量的下降，导致紫色光养细菌数量减少。该研究表明水稻土碳循环末端的紫色光养细菌能敏感地反映 O_3 浓度的变化。根据微生物碳泵理论，O_3 浓度升高抑制紫色光养细菌的生物固碳能力，从而影响到水稻土地力的提升和生产力的可持续性。

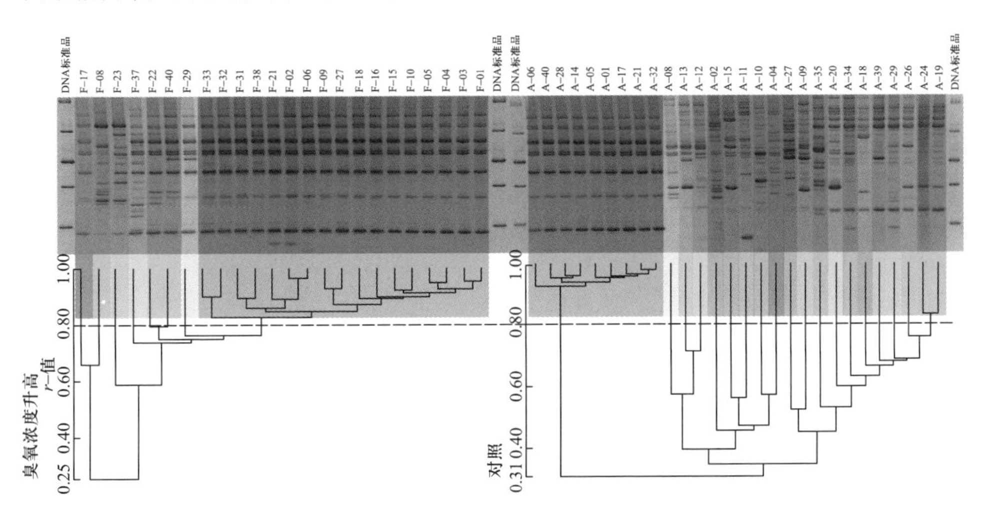

图 5.7　沼泽红假单胞菌的 rep-PCR 指纹图谱（引自 Feng et al.，2011）（参见书末彩插）

5.5.2　地表臭氧对水稻土产甲烷古菌的影响

产甲烷古菌是稻田生态系统代表性微生物，负责稻田土壤深层的厌氧产甲烷过程。产甲烷古菌释放的甲烷在向上扩散的过程中会被好氧层中的甲烷氧化细菌同化，经捕食关系进入真核微生物，形成一个自下而上的微生物食物网络（Murase and Frenzel，2007）。与上一小节的紫色光养细菌类似，该食物网络也能将 O_3 胁迫效应传递至土壤深处，对稻田甲烷代谢相关微生物产生不良影响。

Feng 等（2013）研究表明，O_3 浓度升高显著影响了分蘖期和开花期水稻土壤的产甲烷古菌群落结构（图 5.8），并对水稻分蘖期产甲烷古菌群落形成负面影响：产甲烷古菌活性被完全抑制，整体数量有下降趋势，64% 的产甲烷古菌物种多样性下降（表 5.2）。生态生理学机制推测该现象主要源于乙酸型产甲烷古菌 Methanosaeta，因其底物有效性不足而数量显著下降所致。该结果表明持续升高的地表 O_3 会抑制稻田甲烷排放，并通过刺激稻田甲烷氧化菌对空气中甲烷的同化而减缓大气 CO_2 浓度升高和全球增温对稻田甲烷排放的增加，从而有助于缓解全球增温和 O_3 浓度升高。

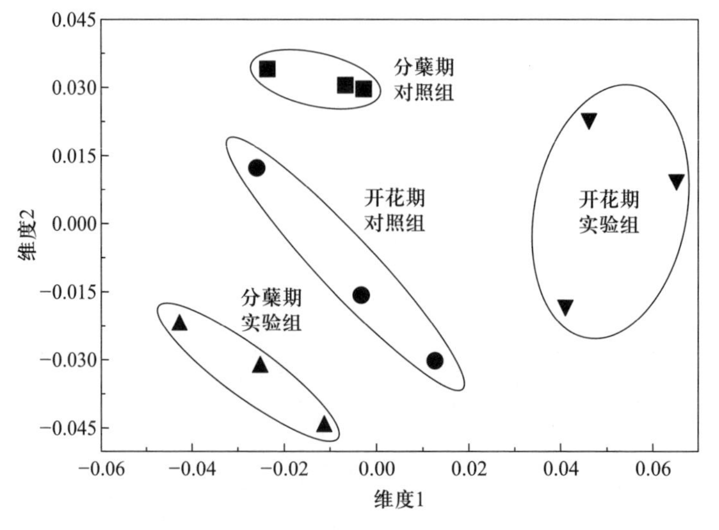

图 5.8 O_3 浓度升高对产甲烷古菌群落结构的影响(引自 Feng et al.,2013)

表 5.2 O_3 胁迫对产甲烷古菌多样性的影响(引自 Feng et al.,2013)

分组信息		系统发育多样性指数*	物种丰富度指数
分蘖期	实验组	31.3(2.5#)A	1160(302)a
	对照组	37.8(0.9)B	1891(111)b
开花期	实验组	37.1(2.0)AB	1548(359)ab
	对照组	33.5(3.0)AB	1790(105)ab

注:不同大写或小写字母表示分蘖期或开花期不同处理间存在显著差异;

* 多样性指数计算均基于对所有样本随机抽取 3 500 条序列进行;

括号中的数字表示标准偏差。

5.6 地表臭氧影响土壤微生物的生态学机制

近年来,O_3 浓度升高对土壤微生物的影响研究已经逐步从现象的发现到生态学机制的探究,但尚在起步阶段。微生物的生存策略是群落生态功能、群落结构和多样性形成机制的重要因素之一,可以更好地帮助研究者理解 O_3 浓度升高下土壤微生物过程的响应和反馈。O_3 浓度升高不仅影响单一营养层的微生物,而且会通过微生物间的捕食关系,影响整个微生物食物网络。Li 等(2012)比较了两种不同 O_3 耐受型小麦品种的土壤微生物,发现耐受型小麦品种土壤微生物对 O_3 浓度升高的响应要大于敏感型品种,且不同生存策略型的微生物响应不同。捕食细菌型线虫中 *K* 生存策略型物种在 O_3 浓度升高下数量下降,而捕食真菌型线虫数量却上升;鞭毛虫数量在耐受型小麦土壤中下降,在敏感型小麦土壤中上升。捕食细菌型线虫中 *r* 生存策略型物种的现象却相反。Li 等(2015)进一步通过土壤置换实验发现暴露在高 O_3 浓度下 5 年的农田土壤即使恢复到当前环境 O_3 浓度水平,其微生物群落仍然受到影响,反映出 O_3 浓度升高对土壤微生物的影响具有很强的时效性且难以逆转。

解析土壤微生物的响应和反馈是破解生物地球化学循环过程的耦合机理和驱动机制及其对 O_3 浓度升高等全球变化的反馈的关键核心。现阶段技术和方法的进步使得 O_3 浓度升高对土壤微生物影响的研究取得系列进展,但这些发现也只是"管中窥豹""只见树木不见林",比较零星化和碎片化。亟待引入其他学科,如群落生态学、进化生态学和生态系统生态学等,关注生态系统的整体性,耦合地上-地下协同作用对生态系统的影响与互馈,构建系统式的理论框架来全面揭示和预测在 O_3 浓度升高下土壤微生物在陆地生态系统中的响应和反馈,最终通过定向调控微生物群落结构和功能,帮助应对 O_3 浓度升高对生态系统的负效应。

参考文献

陈展,王效科,段晓男,等. 2007. 臭氧浓度升高对盆栽小麦根系和土壤微生物功能的影响. 生态学报,27:1803-1808.

陈展,王效科,尚鹤. 2014. $^{13}CO_2$ 示踪臭氧胁迫对水稻土壤微生物的影响. 环境科学,35:3911-3916.

胡正华,李岑子,陈书涛,等. 2011. 臭氧浓度升高对土壤-冬小麦系统 CO_2 排放的影响. 环境科学,32:46-50.

黄益宗,王斐,钟敏,等. 2013. O_3 浓度升高对麦田土壤碳、氮含量和酶活性的影响. 生态毒理学报,8:871-878.

李春艳,刘标,韩正敏,等. 2014. 转 Bt 水稻土壤微生物多样性对 O_3 浓度升高的响应. 中国环境科学,34:2922-2930.

李品,木勒德尔·吐尔汗拜,田地,等. 2019. 全球森林土壤微生物生物量碳氮磷化学计量的季节动态. 植物生态学报,43:532-542.

李全胜,林先贵,胡君利,等. 2010a. 近地层臭氧浓度升高对稻田土壤氨氧化与反硝化细菌活性的影响. 生态环境学报,19:1789-1793.

李全胜,林先贵,胡君利,等. 2010b. 近地层臭氧浓度升高对麦田土壤氨氧化与反硝化细菌活性的影响. 生态与农村环境学报,26:524-528.

梁晶,曾青,朱建国,等. 2010. 开放式臭氧浓度升高对水稻叶片呼吸作用相关酶的影响. 中国农学通报,26:260-264.

王春雨,谢志煌,李彦生,等. 2019a. 近地表臭氧浓度升高对不同东北品种大豆产量形成及品质的影响.大豆科学,38:385-390.

王春雨,谢志煌,李彦生,等.2019b.大气臭氧浓度升高对大豆籽粒C、N、P和K浓度的影响.土壤与作物,8:258-265.

余永昌,林先贵,冯有智,等.2012a.近地层臭氧浓度升高对稻麦轮作农田土壤生物学特性的影响.土壤,44:450-455.

余永昌,林先贵,张晶,等.2012b.近地层臭氧浓度升高对麦田土壤微生物群落功能多样性的影响.应用与环境生物学报,18:309-314.

臧逸飞,郝明德,张丽琼,等.2014.26年长期施肥对土壤微生物量碳、氮及土壤呼吸的影响.生态学报,35:1445-1451.

张巍巍,郑飞翔,王效科,等.2009.臭氧对水稻根系活力、可溶性蛋白含量与抗氧化系统的影响.植物生态学报,33:425-432.

张勇,陈书涛,王连喜,等.2010.臭氧浓度升高对冬小麦田土壤呼吸、硝化和反硝化作用的影响.环境科学,31:2988-2994.

郑飞翔,王效科,侯培强,等.2011.臭氧胁迫对水稻生长以及C、N、S元素分配的影响.生态学报,31:1479-1486.

郑有飞,石春红,吴芳芳,等.2009.大气臭氧浓度升高对冬小麦根际土壤酶活性的影响.生态学报,29:4386-4391.

Bao X, Yu J, Liang W, et al. 2015. The interactive effects of elevated ozone and wheat cultivars on soil microbial community composition and metabolic diversity. Applied Soil Ecology, 87: 11-18.

Bassin S, Blanke V, Volk M, et al. 2017. Ozone and nitrogen effects on juvenile subalpine plants: Complex interactions with species and colonization by arbuscular mycorrhizal fungi (AMF). Water Air and Soil Pollution, 228: 30.

Chen W, Zhang L, Li X, et al. 2015a. Elevated ozone increases nitrifying and denitrifying enzyme activities in the rhizosphere of wheat after 5 years of fumigation. Plant and Soil, 392: 279-288.

Chen Z, Maltz M R, Cao J, et al. 2019. Elevated O_3 alters soil bacterial and fungal communities and the dynamics of carbon and nitrogen. The Science of the Total Environment, 677: 272-280.

Chen Z, Wang X, Shang H. 2015b. Structure and function of rhizosphere and non-rhizosphere soil microbial community respond differently to elevated ozone in field-planted wheat. Journal of Environmental Sciences, 32: 126-134.

Crane K W, Grover J P. 2010. Coexistence of mixotrophs, autotrophs, and heterotrophs in planktonic microbial communities. Journal of Theoretical Biology, 262: 517-527.

Falkowski P G, Fenchel T, Delong E F. 2008. The microbial engines that drive Earth's biogeochemical cycles. Science, 320: 1034-1039.

Feng Y, Lin X, Yu Y, et al. 2013. Elevated ground-level O_3 negatively influences paddy methanogenic archaeal community. Scientific Reports, 3: 3193.

Feng Y, Lin X, Yu Y, et al. 2011. Elevated ground-level O_3 changes the diversity of anoxygenic purple phototrophic bacteria in paddy field. Microbial Ecology, 62: 789-799.

Feng Y, Yu Y, Tang H, et al. 2015. The contrasting responses of soil microorganisms in two rice cultivars to elevated ground-level ozone. Environmental Pollution, 197: 195-202.

Harris J. 2009. Soil microbial communities and restoration ecology: Facilitators or followers? Science, 325: 573-574.

He Z, Xiong J, Kent A D, et al. 2014. Distinct responses of soil microbial communities to elevated CO_2 and O_3 in a soybean agro-ecosystem. Isme Journal, 8: 714-726.

Huang Y, Zhong M. 2015. Influence of elevated ozone concentration on methanotrophic bacterial communities in soil under field condition. Atmospheric Environment, 108: 59-66.

Jiang Y, Li S, Li R, et al. 2017. Plant cultivars imprint the rhizosphere bacterial community composition and association networks. Soil Biology and Biochemistry, 109: 145-155.

Kasurinen A, Kokko-Gonzales P, Riikonen J, et al. 2004. Soil CO_2 efflux of two silver birch clones exposed to elevated CO_2 and O_3 levels during three growing seasons. Global Change Biology, 10: 1654-1665.

Li Q, Bao X, Lu C, et al. 2012. Soil microbial food web responses to free-air ozone enrichment can depend on the ozone-tolerance of wheat cultivars. Soil Biology and Biochemistry, 47: 27-35.

Li Q, Yang Y, Bao X, et al. 2015. Legacy effects of elevated ozone on soil biota and plant growth. Soil Biology and Biochemistry, 91: 50-57.

Murase J, Frenzel P. 2007. A methane-driven microbial food web in a wetland rice soil. Environmental Microbiology, 9: 3025-3034.

Oda Y, Larimer F W, Chain P S G, et al. 2008. Multiple genome sequences reveal adaptations of a phototrophic bacterium to sediment microenvironments. Proceedings of the National Academy of Sciences of the United States of America, 105: 18543-18548.

Philippot L, Raaijmakers J M, Lemanceau P, et al. 2013. Going back to the roots: The microbial ecology of the rhizosphere. Nature Reviews Microbiology, 11: 789–799.

Torsvik V, Ovreas L. 2002. Microbial diversity and function in soil: From genes to ecosystems. Current Opinion in Microbiology, 5: 240–245.

Torsvik V, Ovreas L, Thingstad T F. 2002. Prokaryotic diversity—Magnitude, dynamics, and controlling factors. Science, 296: 1064–1066.

van der Heijden M G A, Bardgett R D, van Straalen N M. 2008. The unseen majority: Soil microbes as drivers of plant diversity and productivity in terrestrial ecosystems. Ecology Letters, 11: 296–310.

Wang P, Marsh E. L, Ainsworth E. A, et al. 2017. Shifts in microbial communities in soil, rhizosphere and roots of two major crop systems under elevated CO_2 and O_3. Scientific Reports, 7: 15019.

Wang S, Diao X, Li Y, et al. 2015. Effect of Glomus aggregatum on photosynthetic function of snap bean in response to elevated ozone. The Journal of Agricultural Science, 153: 837–852.

Wu H, Li Q, Lu C, et al. 2016. Elevated ozone effects on soil nitrogen cycling differ among wheat cultivars. Applied Soil Ecology, 108: 187–194.

Zheng F, Wang X, Lu F, et al. 2011. Effects of elevated ozone concentration on methane emission from a rice paddy in Yangtze River Delta, China. Global Change Biology, 17: 898–910.

第6章　地表臭氧对土壤温室气体排放的影响

寇太记

温室气体(greenhouse gases,GHGs)指大气中能吸收地面反射的长波辐射,并重新发射辐射的一些气体,如水蒸气(H_2O)、二氧化碳(CO_2)、大部分制冷剂等。它们的作用是使地球表面变得更暖,类似于温室截留太阳辐射,并加热温室内空气的作用。这种温室气体使地球变得更温暖的影响称为“温室效应”(greenhouse effect)。大气中的主要温室气体有二氧化碳(CO_2)、甲烷(CH_4)、氧化亚氮(N_2O)、臭氧(O_3)、氮氧化物(NO_x)、臭氧层破坏物质(ODSs)、氯氟碳化物(CFCs)、全氟碳化物(PFCs)、六氟化硫(SF_6)和水汽(H_2O)等。其中,CO_2是影响最大的温室气体,约占大气总容量的0.03%,而N_2O、CH_4则是重要的温室气体。自工业革命以来,人类向大气中排入的CO_2、N_2O、CH_4等温室气体逐年增加,大气的温室效应也随之增强,所引起的全球气候变暖和对流层O_3污染等一系列严重环境问题,正日益受到世界各国的关注。

地表O_3浓度升高除直接氧化损害植物和危害生物体表面外,还能改变植物叶绿体结构,分解叶绿素和可溶性蛋白,从而减少叶绿素含量;迫使叶片气孔关闭,降低植物的光合和蒸腾速率,抑制植物生长和干物质累积,改变植物的光合产物合成及其向地下的分配数量与质量,相应地改变土壤微生物群落组成与活性,进而改变植物的地下过程,影响碳、氮在植物-土壤-大气中循环,从而引起CO_2、CH_4和N_2O等温室气体排放的变化。理解与应对地表O_3污染和气候变化的影响,需要了解陆地生态系统(森林、草地和农田)排放的温室气体(CO_2、N_2O、CH_4)对地表O_3浓度升高的响应特征。本章主要基于国内外的研究进展,概述地表O_3浓度升高对陆地生态系统中主要温室气体CO_2、CH_4和N_2O排放的影响,以期为预测与评价O_3浓度升高下陆地生态系统温室气体排放趋势,以及寻求有效措施控制其释放途径提供科学依据。

6.1　二氧化碳

研究土壤CO_2排放是确定陆地生态系统碳源/汇关系,解决陆地生态系统碳失汇等问题的重要环节。陆地生态系统CO_2的排放主要来源于土壤呼吸,由植物根系呼吸、土壤微生物呼吸、土壤动物呼吸(约占5%)3个生物学过程和含碳有机物质化学氧化作用1个非生物学过程构成(Hanson et al.,2000)。通过土壤呼吸作用向大气释放CO_2既是陆地生态系统碳循环过程的重要环节,也是影响大气CO_2

浓度变化进而导致全球气候变化的关键生态学过程。土壤每年向大气排放 CO_2 为 60～80 Pg(Schlesinger and Andrews,2000；Raich et al. ,2002)。据 IPCC 第 4 次评估报告,农田生态系统的 CO_2 排放量占全球人为温室气体排放量的 10%～12%(IPCC,2007)。

土壤呼吸排放的 CO_2 反映了植物根系和土壤生物对环境条件和土壤中碳供给状况的综合响应(Singh and Gupta,1997)。土壤呼吸强度主要取决于土壤中有机质数量及矿化速率、土壤微生物群落构成及活性、土壤动植物的呼吸强度等。自养呼吸排放的 CO_2 主要源于根系和共生菌根,其排放强度与植物光合作用及根系碳水化合物含量相关(Ekblad and Högberg,2001；Högberg et al. ,2001)。异养呼吸排放的 CO_2 主要源于土壤动物和微生物对根系分泌物、脱落物和土壤有机质的分解作用(Jones et al. ,2004；Horwath et al. ,1994；Zak et al. ,2000)。表观根系呼吸(根际呼吸)也是土壤呼吸的重要组成部分,包括根系自养呼吸和当季根系有机物(分泌物和脱落物)土壤输入源产生的异养呼吸,因植物类型和生长时段不同,占土壤呼吸的 40%～90%,直接反映了当季植物地下系统特征。已有研究表明,O_3 浓度升高会损伤叶片、削弱气孔功能、降低光合作用、降低碳水化合物向地下的分配和根系生物量(Andersen,2003),从而导致土壤呼吸发生变化。明确地表 O_3 浓度升高对陆地生态系统土壤 CO_2 排放的影响对正确评估陆地生态系统碳固定和温室气体排放趋势具有十分重要的意义。

6.1.1 二氧化碳日变化

目前对于 O_3 浓度升高下土壤 CO_2 排放的日变化特征研究较少,从仅有报道来看,O_3 浓度升高不会改变农田生态系统的土壤 CO_2 排放日变化特征,但可能通过直接影响作物生长与生理响应间接地影响土壤呼吸速率。李芩子(2011)利用开顶式气室(OTC)研究冬小麦土壤呼吸排放的 CO_2 日变化,发现 O_3 浓度升高没有改变冬小麦土壤呼吸速率的日变化(8:00—18:00)规律,土壤呼吸呈“单峰”排放变化特征,即从 8:00 起呼吸速率逐步增加,12:00 或 14:00 达到峰值,然后开始逐渐降低;但对拔节-孕穗期、抽穗-扬花期、开花-灌浆期 3 个生育期间的土壤呼吸速率有抑制作用。

6.1.2 二氧化碳季节变化

O_3 浓度升高可通过直接影响气孔开放,增加气孔阻力,影响光合色素,抑制光合作用,降低作物叶面积,加速叶片老化,降低生物量(冯兆忠等,2018),改变根系生长与生理活性,改变根际分泌物的性质和数量,影响根系呼吸(自养呼吸)和微生物代谢呼吸(异养呼吸)进而影响土壤呼吸通量的季节变化。目前国内主要针对 O_3 浓度升高下农田生态系统(冬小麦、大豆和水稻)土壤 CO_2 排放的季节变化特征开展了一些研究。

Kou 等(2015)基于 O_3-FACE 平台发现,冬小麦土壤 CO_2 排放对 O_3 浓度升高的响应呈"单峰"季节变化模式。在冬小麦拔节期到成熟期间,冬小麦田土壤 CO_2 排放速率逐渐增加,并在孕穗-抽穗期达到最大排放峰值,然后逐渐下降;地表 O_3 浓度增加未改变麦田土壤的 CO_2 排放季节变化特征,但有增加拔节期到成熟期平均 CO_2 排放速率的趋势。然而,小麦生长季耕闲裸地的 CO_2 排放速率较小且几近呈"一"字形特征。这表明 O_3 浓度增加不仅具有增加土壤 CO_2 排放的风险,而且种植作物后的麦田 CO_2 排放的增加更为明显。

胡正华等(2011)利用 OTC 试验也发现,O_3 浓度升高环境中冬小麦从拔节至成熟期土壤 CO_2 排放季节变化亦呈先增加后降低的"单峰"排放特征,在抽穗期达到峰值。O_3 浓度升高(100 ppb 和 150 ppb)对冬小麦土壤 CO_2 排放的季节变化模式无明显影响,但抑制了土壤 CO_2 排放。不同生育期间平均 CO_2 排放速率抑制程度随 O_3 浓度增加而增大,100 ppb 和 150 ppbO_3 浓度在返青期分别降低 20.8% 和 43.7%、拔节-孕穗期分别降低 50.8% 和 52.3%、抽穗-成熟期分别降低 12.0% 和 41.5%,拔节期到成熟期分别降低 25.9% 和 45.3%(胡正华等,2011)。这主要是由于 O_3 浓度升高降低了作物生长和植物根系有机物的分泌,减少了土壤微生物的养分供应,进而导致微生物代谢和土壤呼吸降低。

从品种差异看,Kou 等(2018a)发现 O_3 胁迫下抗性小麦品种土壤 CO_2 排放高于非抗性小麦品种土壤。O_3 浓度升高增加了小麦鲜根系的呼吸强度,且非抗性品种较抗性品种有更强的根系呼吸与根际呼吸排放,表明品种差异也是影响农田土壤 CO_2 排放的重要因素。

大豆土壤系统与冬小麦土壤系统类似,土壤 CO_2 排放季节变化也呈先增后降的"单峰"排放曲线特征。李芩子(2011)利用 OTC 研究发现,大豆土壤 CO_2 排放随植物生长从三叶-分枝期逐渐增加,在开花-结荚期达到峰值,然后逐渐下降,并在鼓粒-成熟期达到最小值,O_3 浓度升高没有改变呼吸速率的季节性变化规律。相较对照,100 ppb 和 150 ppb O_3 浓度具有抑制大豆土壤 CO_2 排放速率的趋势,在生长初期的三叶-分枝期土壤呼吸速率平均降低 17.6%,在生长末期的鼓粒-成熟期分别降低 53.4% 和 38.6%,在全生育期分别降低 23.5% 和 20.2%,O_3 浓度升高对土壤 CO_2 排放抑制效果显著,但 O_3 浓度升高 100 ppb 还是 150 ppb 对土壤 CO_2 排放速率的影响无显著差异。

水稻土壤 CO_2 排放季节变化呈"双峰"曲线特征。Kou 等(2015)发现,O_3-FACE 平台下稻田土壤 CO_2 排放速率从水稻移栽至收获先逐渐增加,并在拔节期达到第 1 次高峰然后下降,从抽穗期又逐渐升高,在灌浆期达到第 2 次高峰,然后逐渐下降直至收获。O_3浓度升高没有改变 CO_2 排放季节变化模式，但在不同生育期对 CO_2 排放速率有不同影响。O_3浓度升高对平均 CO_2 排放速率在水稻缓苗-分蘖期没有影响，但在拔节期显著增加了 26.1%，孕穗期降低了 16.5%，灌浆成熟期又增加了 27.4%，显然 O_3效应因生育期而异。

然而，淹水耕闲裸地的 CO_2 排放季节变化呈现平缓曲线，仅在对应的水稻生长后期随水分落干、气温与土温升高时 CO_2 排放速率呈逐渐增加趋势，而地表 O_3浓度升高对淹水耕闲裸地的 CO_2 排放季节模式与平均排放速率均无影响。这表明 O_3浓度升高对稻田 CO_2 排放的季节变化的影响主要是通过影响作物生长间接产生的。而且，地表 O_3浓度升高影响水稻根际呼吸的 CO_2 排放，表现在分蘖期会降低根际 CO_2 排放速率的 6.0%，而在抽穗-扬花期会增加 6.0%，因此在水稻生长中前期根际呼吸对稻田温室气体 CO_2 排放基本无影响，但在灌浆成熟期显著增加根际 CO_2 排放速率 35.0%，在水稻生长的后期随着植物转向生殖生长，向地下输入光合产物下降，根际呼吸受到抑制而减弱，CO_2排放速率会有回落的趋势，但 O_3浓度升高增加了根际呼吸 CO_2 排放（Kou et al.，2015）。

未来在研究陆地生态系统的土壤 CO_2 排放季节变化规律时，也应同时开展植物根系自养呼吸和土壤异养呼吸季节变化的定量研究，以便更准确评价土壤 CO_2排放应答 O_3浓度升高的特征，为预测地表 O_3浓度升高情景下区域农田、森林、草地等不同陆地生态系统土壤碳固定和温室气体排放趋势提供科学依据。

6.1.3 二氧化碳排放通量

由于植物-土壤-大气界面气体交换一定程度上综合反映植物地下系统的生理生态特征，当前地表 O_3浓度升高因其影响植物光合、生长和碳的分配，进而影响地下过程，势必最终影响到陆地生态系统植物-土壤系统的温室气体排放。研究表明，O_3浓度升高使土壤呼吸发生变化，但受植物类型与品种、O_3浓度水平、实验环境条件等差异的制约，结果并不一致。当前估算土壤累积 CO_2 排放响应 O_3浓度升高的研究主要集中在农田系统，详见表 6.1。

目前 O_3浓度升高对旱地麦田土壤 CO_2 排放的影响有促进和抑制两种相反结果。Kou 等（2015）基于水稻-冬小麦轮作 O_3-FACE 平台研究发现，O_3浓度升高使冬小麦返青-成熟阶段土壤累积 CO_2 排放平均增加 5.8%，耕闲裸地土壤累积 CO_2 排放增加 8.8%。另外，O_3浓度升高显著增加水稻土壤累积 CO_2 排放量 53.3%，但没有改变淹水耕闲裸地土壤累积 CO_2 排放量。而胡正华等（2011）利用 OTC 研究发现，100 ppb 和 150 ppb O_3浓度分别降低了麦田 CO_2 累积排放量 26.8% 和 45.6%，

表 6.1 地表 O_3浓度升高对土壤 CO_2排放通量的影响研究汇总

地区	土地利用/植被类型	实验周期	平台类型	处理	O_3浓度/ppb	CO_2累积排放/($g \cdot m^{-2}$)	CO_2累积排放增幅/%	数据来源
中国江都	小麦	2011.11—2012.6	O_3-FACE	AO_3	38	952	—	Kou et al., 2015
				EO_3	57	1 007	5.8	
	耕闲裸地			AO_3	38	370	—	
				EO_3	57	402	8.8	
	水稻	2012.6—2012.10		AO_3	40	3 386	—	
				EO_3	60	4 017	53.3	
	耕闲裸地			AO_3	40	286	—	
				EO_3	60	293	8.8	
中国南京	小麦	2008.12—2009.6	OTC	AO_3	Am.	1 010.9	—	胡正华等, 2011
				$EO_{3\_}1$	100	749.5	-26.8	
				$EO_{3\_}2$	150	552.7	-45.6	
中国南京	大豆	2010.7—2010.10	OTC	AO_3	Am.	3 276.3	—	李芩子, 2011
				$EO_{3\_}1$	100	2 864.8	-12.6	
				$EO_{3\_}2$	150	2 842.6	-13.2	
中国江都	小麦烟农 19	2011.11—2012.6	O_3-FACE	AO_3	38	727	—	Kou et al. 2018a
				EO_3	57	818	11.1	
	小麦扬麦 15			AO_3	38	582	—	
				EO_3	57	605	38.2	

注:AO_3 表示环境臭氧;EO_3 表示臭氧浓度升高;"—"表示无数据或数据无法判读; Am. 表示大气对照;部分增幅数据根据数据计算。后同。

且 O_3浓度越高,CO_2累积排放量的降幅越大。李芩子(2011)利用 OTC 也发现,100 ppb 和 150 ppb O_3浓度分别使大豆三叶期到成熟期土壤 CO_2累积排放量显著下降 12.6% 和 13.2% 。

O_3浓度水平制约土壤 CO_2累积排放量,不同物种或同一物种不同品种对 O_3胁迫的响应阈值不同,将对土壤 CO_2累积排放量产生影响。胡正华等(2011)发现,尽管 100 ppb 和 150 ppb O_3浓度均降低了冬小麦返青期、拔节-孕穗期的 CO_2累积排放量,但 100 ppb O_3浓度在抽穗-成熟期仅使 CO_2累积排放量略降,而 150 ppb O_3浓度则使同期 CO_2累积排放量显著下降。李芩子(2011)则发现,100 ppb 和 150 ppb O_3浓度对大豆土壤 CO_2累积排放量的影响没有差异。

土壤 CO_2 累积排放量对 O_3 浓度升高的响应除了与 O_3 浓度水平有关外还与作物类型有关。Kou 等(2018a)发现,O_3 浓度升高没有改变扬麦 15 和烟农 19 品种小麦土壤 CO_2 排放量在全生育期的变化模式,并且 O_3 浓度升高分别增加了扬麦 15 和烟农 19 麦田全生育期土壤 CO_2 累积排放量 38.2% 和 11.1%,然而,冬小麦这两个品种在关键生育阶段土壤 CO_2 累积排放量对 O_3 浓度升高的响应存在差异。O_3 浓度升高使扬麦 15 小麦在出苗期到返青期、拔节期、孕穗期到抽穗期、灌浆期、成熟期 5 个阶段的土壤 CO_2 累积排放量显著增加 21.7% ~53.6%,也显著增加了烟农 19 小麦在出苗期到返青期、拔节期、灌浆期、成熟期 4 个阶段的土壤 CO_2 累积排放量 13.1% ~33.4%,但降低烟农 19 小麦孕穗期到抽穗期的 CO_2 累积排放量 8.2%。虽然烟农 19 小麦土壤呼吸和土壤根际呼吸 CO_2 累积排放量比扬麦 15 小麦显著增加 23.7% 和 26.4%,但 O_3 浓度升高下两个品种间土壤呼吸和土壤根际呼吸累积排放量无差别(Kou et al.,2018b),因此推断这两个品种应答 O_3 浓度升高的机制可能存在差异。

作物的生育阶段影响土壤 CO_2 累积排放对地表 O_3 浓度升高的响应。Kou 等(2018a)观察到小麦关键生育阶段土壤 CO_2 累积排放对 O_3 浓度升高的响应存在差异。胡正华等(2011)发现,100 ppb O_3 浓度在返青期和拔节-孕穗期显著降低 CO_2 累积排放量 22.1% 和 50.8%,在抽穗-成熟期略有下降(12%),但 150 ppb O_3 浓度导致 3 个阶段麦田 CO_2 累积排放量显著降低 41.5% ~52.3%。基于水稻-冬小麦轮作 O_3-FACE 平台,Kou 等(2015)发现,O_3 浓度升高对水稻土壤 CO_2 排放的影响与生长阶段密切相关,分蘖期水稻土壤 CO_2 累积排放量显著降低 22.8%,但在灌浆-成熟期显著增加 26.4%,表现为生育前期抑制、后期显著促进的特点。

不同生长阶段根系呼吸和根际呼吸对 O_3 的响应也存在差异。基于水稻-冬小麦轮作 O_3-FACE 平台的研究发现,O_3 污染条件下水稻根际呼吸排放的 CO_2 显著增加,增幅因生育阶段而异(Kou et al.,2015),而且 O_3 污染显著增加了水稻开花期、灌浆期和乳熟期的根系呼吸速率,但在分蘖期无显著影响(Kou et al.,2019)。O_3 浓度升高也显著增加了扬麦 15 和烟农 19 小麦品种全生育期内累积根际 CO_2 排放量(Kou et al.,2018a);O_3 浓度升高显著增加了扬麦 15 灌浆期的根系呼吸速率(12.3%),但对拔节期和抽穗期无影响,然而 O_3 浓度升高分别显著增加烟农 19 抽穗期(55.2%)、灌浆期的根系呼吸速率(35.9%),并显著降低拔节期的根系呼吸速率(38.4%)(Kou et al.,2018b)。进一步研究发现,O_3 浓度升高下烟农 19 的新鲜根系呼吸对土壤呼吸的贡献在拔节期显著降低,在抽穗期显著增加,但扬麦 15 的对应贡献率在所有阶段均不受 O_3 浓度升高的影响。由于根际与根系呼吸在农田系统中占土壤呼吸的 12% ~50%,所以土壤呼吸排放对 O_3 浓度升高的响应除与作物生育阶段有关外,还需要考虑作物种类和品种间的差异。

土壤水分和温度亦可能影响农田土壤 CO_2 累积排放对 O_3 浓度升高的响应。例如,Kou 等(2015)发现 O_3 污染显著增加 3—5 月小麦耕闲旱地裸地的土壤 CO_2 累积排放量 8.8%,没有影响 6—10 月稻季耕闲淹水裸地的土壤 CO_2 累积排放量,却增加了同期小麦或小稻土壤 CO_2 累积排放量。胡正华(2011)基于旱地麦田发现,O_3 降低了土壤 CO_2 排放对温度升高的敏感性(Q_{10})。

总之,基于现有的农田研究进展,评价地表 O_3 浓度升高对农田生态系统土壤 CO_2 排放的影响必须考虑作物类型及品种差异、植物覆盖程度、植物生长阶段、气候因子以及 O_3 浓度水平的差异。

6.2 甲烷

CH_4 是空气中最丰富的非 CO_2 温室气体,当前浓度大约为 1.8 $mL \cdot L^{-1}$,是公元 1000—1750 年(冰芯记录)的 2.5 倍,其单分子吸热量和百年全球增温潜势(GWP)分别是 CO_2 的 21 倍和 25 倍(IPCC,2007)。空气中 CH_4 浓度自 1750 年开始增长,人为活动排放为(340±50)Tg $CH_4 \cdot a^{-1}$,约占全球总排放量的 2/3。其中,农业和化石燃料开采大约为 230 Tg $CH_4 \cdot a^{-1}$,占总人为活动排放量的 2/3,而废物处理(填埋、粪肥、污水)和秸秆燃烧也会排放少量 CH_4;另外,海洋和白蚁类也会释放少量 CH_4(合计≤45 Tg $CH_4 \cdot a^{-1}$)。湿地(如稻田、自然湿地、季节性淹水洼地等)是自然 CH_4 排放的基本来源(150 ~ 180 Tg$CH_4 \cdot a^{-1}$),并受温度与地下水位等因素影响,约 70% 的湿地排放主要来源于热带地区与暖湿时段,而来源于植物的自然排放 CH_4 仍不清楚(Montzka et al.,2011)。

总的来说,大气中 CH_4 浓度的增加主要源于土壤生物过程的排放,即土壤有机物、根系分泌物、作物残茬、死亡的土壤动物及微生物、外施有机肥等有机物在厌氧细菌作用下逐步降解为有机酸、醇等小分子化合物,最后产甲烷菌再将小分子化合物转化为 CH_4。土壤 CH_4 的排放主要受土壤含水量、有机质含量、酸碱性等土壤理化特性的影响。如天然湿地、水稻田、废弃物的堆积处理场等均是 CH_4 的排放源,其中水稻田是农田土壤 CH_4 的主要排放源。在中国,3 000 万 hm^2 稻田的土壤 CH_4 排放量高达 6.15 Tg $CH_4 \cdot a^{-1}$,占全球总排放量的 12% ~ 18%(Sass et al.,1992;国家发展和改革委员会和联合国开发计划署,2004)。全球大气 CH_4 排放在 1999—2006 年几乎恒定不变,但自 2007 年以来持续增加,同位素源/汇示踪分析揭示这主要是由于高纬度区域受气温升高影响与低纬度区域受地区降水增多影响所造成的。在目前暂无明确减缓措施下,人为活动与自然造成的 CH_4 排放可能随 21 世纪人口增长和气候变暖而加剧。

6.2.1 甲烷日变化

地表 O_3 浓度升高下土壤 CH_4 排放的日变化规律及其影响因素对于精确估算

生态系统 CH_4 排放量以及深入探讨陆地生态系统碳循环机制具有重要意义。然而,当前仅见 1 篇农田(稻田)系统的研究报道,而森林、草地生态系统国内外暂未见报道。

Zheng 等(2011)研究显示,稻田 CH_4 排放的日变化规律较复杂,且 O_3 浓度升高的影响效应受水稻生长阶段制约。连续两年用 OTC 试验两个 O_3 浓度升高(69.6~82.2 ppb、118.6~138.3 ppb)处理对水稻不同生育阶段(拔节期、抽穗期、灌浆期)稻田 CH_4 排放的日变化(5:00—21:00)进行研究,发现不同生育阶段的 CH_4 排放日变化模式不完全一致:年际间日变化模式在拔节期差别较大,而在抽穗期、灌浆期基本一致。两个 O_3 浓度升高处理均没有改变水稻各生育阶段 CH_4 排放的日变化模式,但具有降低 CH_4 排放速率的趋势。

该研究还发现,在水稻拔节期,稻田 CH_4 排放日变化在 2007 年呈"单峰"曲线特征,即随气温增加而增加,在 9:00 左右达到峰值,然后逐渐下降;但在 2008 年却呈"一"字形特征。2007 年多为晴天而 2008 年多为雨转多云是造成拔节期日变化模式年际差异的主要原因。在水稻抽穗期,稻田 CH_4 排放日变化两年间均呈"一"字形特征。在水稻灌浆期,稻田 CH_4 排放日变化两年间均表现为较弱的"单峰"曲线,即在 13:00—15:00 达到排放峰值。连续两年的研究表明,随着 O_3 浓度的升高,O_3 对 CH_4 排放日均排放速率的抑制效应增强,具体表现为在拔节期日均 CH_4 排放速率在年际间无显著差异,而在灌浆期年际差异达到显著水平。由于稻田灌排水管理是造成 CH_4 排放同一时期年际间差异的重要因素,故 CH_4 排放日变化模式的差异除了受植物生长阶段的影响外,还受自然降水与人为水分管理的影响。

然而,有限的资料尚不足以全面评价地表 O_3 浓度升高对陆地生态系统土壤 CH_4 排放日变化的影响。今后应加强针对农田生态系统其他作物类型、旱地作物、草地和森林自然生态系统的相关研究,以期能准确地评估地表 O_3 浓度增加对陆地生态系统土壤 CH_4 排放日变化的影响。

6.2.2 甲烷季节变化

地表 O_3 浓度升高对土壤 CH_4 排放季节变化规律及其影响因素的研究对于精确估算陆地生态系统土壤 CH_4 排放量,以及深入探讨陆地生态系统碳循环机制具有十分重要的科学意义。目前所开展的地表 O_3 浓度升高对陆地生态系统土壤 CH_4 排放的季节变化研究主要集中于农田生态系统,未见森林和草地生态系统的相关报道。

现有文献表明,地表 O_3 浓度升高下稻田土壤 CH_4 排放的季节变化呈现"单峰"(Zheng et al.,2011; Kou et al.,2015)或"双峰"(Tang et al.,2015)模式特征。

Zheng 等(2011)连续两年的 OTC 研究发现,两个 O_3浓度升高处理(平均 76 ppb 和 128 ppb)没有改变稻田土壤 CH_4排放季节的"单峰"变化规律,但显著降低了季节性平均 CH_4排放速率。Kou 等(2015)的 O_3-FACE 研究也发现,土壤 CH_4排放速率从水稻移栽后逐渐增加,在开花-抽穗期达到峰值,然后逐渐下降,并在灌浆—成熟期田间水分落干期间接近零排放;但排放峰值出现时间和成熟期土壤 CH_4排放动态与 Zheng 等(2011)的 OTC 研究存在差异。Kou 等(2015)还发现,O_3浓度升高在移栽后的前 40 天对 CH_4排放影响不大,但在此后抑制 CH_4排放,在开花-抽穗期显著降低了 CH_4排放(-82.6%),而在灌浆-成熟期 CH_4排放无显著变化。"单峰"峰值的出现可能与稻田淹水、水稻根系活性增强有关。Kou 等(2015)发现,淹水耕闲裸地土壤 CH_4排放在淹水 1 周后迅速增加,在 20 天左右达到峰值,随后逐渐下降到接近零排放;这可能是由于生育期水稻较快的生长和较强的根系活性向土壤中输入了大量的根系分泌物,进而增加了产甲烷菌的活性所致。

Tang 等(2015)发现,稻田在分蘖期与开花期同时出现土壤 CH_4排放峰值的"双峰"季节变化特征:两个水稻品种(Ⅱ优 084、扬稻 6 号)在移栽缓苗后土壤 CH_4排放均迅速增加,在分蘖期达到第 1 次峰值,此后逐渐下降,并在落干晒田期间排放极低,但随着灌水管理,土壤 CH_4排放逐渐增加并在开花期达到排放次高峰,此后逐渐下降。O_3浓度升高没有改变"双峰"排放动态,却降低了 CH_4的排放峰值速率,使整个季节 CH_4排放分别减少 33.7%(Ⅱ优 084)和 25.5%(扬稻 6 号)。O_3浓度升高抑制了土壤 CH_4排放,这主要是由于产甲烷菌可利用有机底物逐渐减少所致;相比淹水耕闲裸地,种植水稻后,稻根分泌物向土壤的输入使得 O_3污染的抑制作用大大减弱,甚至有促进排放的作用。因此,影响稻田土壤 CH_4排放季节变化特征的因素除自然气候(降水、温度)外,水稻品种、水分管理措施等都是重要因子,必须综合考虑这些因素。

地表 O_3浓度升高下旱地农田土壤 CH_4排放季节变化可能包括正排放峰与负吸收峰。Kou 等(2015)观察到冬小麦从返青拔节到成熟阶段农田土壤 CH_4排放呈现生长中前期为 2 个正排放峰和生长后期为 1 个负吸收峰的季节变化特征曲线;麦田全生育期 CH_4排放速率为 $-0.16 \sim 0.51\ mg \cdot m^{-2} \cdot h^{-1}$,除了峰值出现前后时段排放明显外,其他时段排放极低,最大峰值出现在拔节期,次高峰值出现在孕穗-抽穗期,O_3浓度升高没有改变 CH_4排放规律,但具有降低 CH_4排放速率和增加 CH_4吸收的特征。旱地麦田土壤 CH_4的排放主要受土壤水分和施肥影响,2 个峰值均出现在连续降水导致土壤饱和或滞水期间,且第 1 次降水发生在施用返青拔节施肥后不久,因麦苗小,对养分的吸收少,土壤更多养分储留有利于增加产甲烷厌氧微生物的活性,促进 CH_4释放(郑循华等,1996)。负吸收则是无降水春末夏初干旱造成土壤呈现强氧化环境,促进了甲烷氧化细菌的生长,进而增加了对 CH_4

的吸收所致。

尽管研究人员已开展了地表 O_3浓度对农田(水稻、小麦)土壤 CH_4季节性排放影响的研究,但限于数据资料偏少以及研究区域、植被类型与种类等代表性不足,尚不能准确评价地表 O_3浓度升高下陆地生态系统 CH_4排放的季节性变化,但可以初步获知地表 O_3浓度升高不会改变农田生态系统土壤 CH_4季节性排放模式,但通常具有抑制其排放速率的特点。今后需要继续开展各生态系统的实验研究,以期能阐明地表 O_3浓度升高对各生态系统土壤 CH_4排放季节性变化特征的影响。

6.2.3 甲烷排放通量

由于水稻田是 CH_4的重要排放源,而我国又是世界上最大的水稻种植区,水稻收割面积和产量分别占全球的22%和37%,所以稻田土壤 CH_4排放的研究在我国相对较多(表6.2),尚未见到森林和草地生态系统的相关研究。

表6.2 地表 O_3浓度升高对土壤 CH_4排放的影响研究汇总

地区	土地利用/植被类型	实验周期	平台类型	处理	O_3浓度/ppb	CH_4排放/($g\cdot m^{-2}$)	CH_4排放增幅/%	数据来源
中国江都	水稻	2012.6—2012.10	O_3-FACE	AO_3	40	11	—	Kou et al., 2015
				EO_3	60	8	-27	
	耕闲裸地			AO_3	40	2	—	
				EO_3	60	5.3	166.5	
	小麦	2011.11—2012.6		AO_3	38	0.15	—	
				EO_3	57	0.09	-40	
	耕闲裸地			AO_3	38	0.20	—	
				EO_3	57	0.16	-20	
中国江都	水稻(扬稻6号)	2012.6—2012.9	O_3-FACE	AO_3	33.7	15.2	—	Tang et al., 2015
				EO_3	42.6	11.3	-25.5	
	水稻(Ⅱ优084)			AO_3	33.7	18.3	—	
				EO_3	42.6	12.1	-33.7	
中国嘉兴	水稻	2007.6—2007.11	OTC	AO_3	19.7	—	—	Zheng et al., 2011
				$EO_{3\_}1$	69.6	—	-46.5	
				$EO_{3\_}2$	118.6	—	-38.3	
		2008.7—2008.11		AO_3	7.0	—	—	
				$EO_{3\_}1$	82.2	—	-50.6	
				$EO_{3\_}2$	138.3	—	-46.8	

现有研究表明,O_3浓度升高抑制了稻田土壤 CH_4排放(Zheng et al. ,2011; Kou et al. ,2015; Tang et al. ,2015)。Zheng 等(2011)利用 OTC 研究连续两年观测发现,O_3浓度升高使稻田土壤 CH_4累积排放量降幅达 38.3% ~50.6%。土壤 CH_4平均释放量与臭氧累积剂量(AOT40)呈显著负相关,与水稻产量、地上部生物量及地下部生物量呈显著正相关。Kou 等(2015)利用 O_3-FACE 研究发现,O_3浓度升高显著降低了分蘖期与灌浆-成熟期土壤 CH_4气体累积排放量,但开花-抽穗期无显著变化,最终导致全生育期 CH_4排放降低 27%。Tang 等(2015)同样利用 O_3-FACE 研究发现,O_3浓度升高显著降低了水稻(扬稻 6 号和Ⅱ优 084)分蘖期和开花期的土壤 CH_4排放量,平均降幅为 29.6%。O_3导致土壤 CH_4排放量的降低与总生物量、根生物量及最大分蘖数均呈正相关关系(Zheng et al. ,2011;Tang et al. ,2015)。此外,Kou 等(2015)报道 O_3污染促进了淹水耕闲裸地土壤 CH_4排放 166.5%,但对稻田 CH_4排放无显著影响。

地表 O_3浓度升高对旱地农田土壤 CH_4排放的研究目前只有一例。Kou 等(2015)研究发现,O_3污染降低了旱地麦田土壤 CH_4排放 40.8% 和耕闲裸地土壤 CH_4排放 16.8%。总之,基于现有稻田和旱地麦田的研究发现,地表 O_3浓度升高会抑制 CH_4的排放,影响程度与植物类型、植被覆盖程度、水分状况和气候变化等密切相关。

6.3 一氧化二氮

N_2O 是仅次于 CO_2、CH_4的重要温室气体(IPCC,2007)。工业革命前空气中 N_2O 浓度约为 270 ppb。自工业革命开始,大气中 N_2O 浓度日益增长,当前空气中 N_2O 浓度为 322 ppb,比工业革命前增高约 19%。在过去 30 年间,N_2O 浓度每年以 0.7 ppb 速率增长,且呈现出以 3 年为步长的振荡周期特点(IPCC,2013)。根据大气监测和对极地冰核的分析,推算出目前全球 N_2O 的总排放量要比工业革命前高(7±1)$Tg \cdot a^{-1}$,全球 N_2O 的排放源包括自然排放源(自然植被土壤、海洋和大气化学过程等)和人为排放源(工农业、生物体燃料、江河湖海等)。N_2O 的自然排放主要来源于陆地生态系统(约占 75%),且以热带地区排放最显著。人为排放源被普遍认为是导致全球 N_2O 排放增加与大气中 N_2O 增长的主因。

联合国政府间气候变化专门委员会(IPCC)第四次评估报告指出,全球 60% 的 N_2O 排放源于农田生态系统排放,其中农业生产占人为总排放量的 20%(IPCC,2007)。人为活动,如施用化肥、种植固氮作物和燃烧化石燃料排放的 NO_x,增加了矿化态氮(如 NH_4^+和 NO_3^-)的有效性,然后通过微生物参与的硝化或反硝化作用增加了陆地与海洋中的 N_2O 排放。此外,氮肥存储过程、工业生产过程(如油脂与硝酸生产)、秸秆燃烧和垃圾处理过程中也会直接排放少量 N_2O。全球由于施用化肥而从

农田排放的 N_2O 高达3.35 Tg，占人类活动总排放量的47%（Stocker et al.，2013）。据最新测算，目前人为活动排放的 N_2O 为（6.7±1.7）Tg N·a^{-1}［相当于（3.1±0.8）Gt CO_2·a^{-1}］，约占全部 N_2O 排放的40%，其中来源于农业活动的排放量相当于1.9 Gt CO_2·a^{-1}，工业过程包括化石燃料的燃烧量相当于0.8 Gt CO_2·a^{-1}（Montzka et al.，2011）。

陆地生态系统 N_2O 排放主要是在微生物参与下，通过土壤硝化和反硝化作用及植物自身的氮代谢过程产生（Parton et al.，1996）。无论是自然排放还是人为活动影响，土壤都被认为是主要的 N_2O 排放源，且受温度、土壤水分状况、土壤理化性状、土地利用方式以及是否施肥与施用方式等因素影响。

6.3.1 一氧化二氮日变化

农田生态系统是全球最重要的 N_2O 排放源，其产生与排放 N_2O 的过程，是陆地生态系统氮循环的重要过程和土壤氮库的主要输出途径。尽管目前有关 O_3浓度升高对土壤 N_2O 排放影响的研究主要集中在农田生态系统，但是针对 N_2O 排放的日变化研究仅见1例报道（李芩子，2011）。该研究利用OTC实验发现150 ppb O_3浓度熏蒸对小麦土壤 N_2O 排放日变化的影响受生长时期制约：在拔节-孕穗期呈单峰变化，在抽穗-扬花期、开花-灌浆期则无明显规律；O_3熏蒸没有改变日变化规律，但 O_3浓度升高抑制了生长前期 N_2O 的排放速率，促进生长后期 N_2O 的排放速率，但未达到显著水平。

6.3.2 一氧化二氮季节变化

地表 O_3浓度升高对陆地生态系统土壤 N_2O 季节性变化影响主要集中在农田（小麦、水稻、大豆）系统，森林和草地生态系统尚未见报道。旱作农田在我国农业生产中占据重要地位，土地资源丰富，并且化肥使用量大，是大气中 N_2O 的重要来源。因此，研究旱作农田土壤 N_2O 的排放显得尤为重要。Kou 等（2015）基于 O_3-FACE 稻麦轮作系统研究表明，冬小麦土壤 N_2O 排放从返青期后迅速增加，随着植物生长和气温的升高，N_2O 排放量逐渐增大，并在拔节初期达到峰值，然后又逐渐降低直至成熟期，呈“单峰”季节排放特点。总的来看，O_3浓度升高在整个生育期降低了麦田土壤 N_2O 最大排放速率67%，而对耕闲旱地土壤 N_2O 的最大排放速率无影响。

李芩子（2011）和吴杨周等（2015）利用OTC研究土壤 N_2O 排放也发现相似的“单峰”季节排放特征。李芩子（2011）发现，O_3浓度升高没有改变冬小麦土壤 N_2O 排放通量的季节变化特征，但低浓度 O_3（100 ppb）推迟了排放峰值（由返青末期到拔节期），而高浓度 O_3（150 ppb）没有改变峰值出现的时间。吴杨周等（2015）对大豆土壤 N_2O 排放的观测表明，N_2O 排放通量随着大豆的生长呈现逐渐升高的趋势，成熟期达到峰值；O_3浓度升高没有改变大豆生长季土壤 N_2O 排放通量的变化特征，这可能是由于大豆生长季降水偏少（干旱）从而导致固氮植物土壤 N_2O 排放对 O_3浓度升高响应不明显。

稻田 N_2O 的平均排放速率小于旱地，但其排放量也不容忽视。采用间歇灌溉措施的稻田 N_2O 排放多呈现“单峰”排放特征，而长期淹水的稻田 N_2O 排放则呈现“多峰”排放特征（Bhatia et al.，2011）。在我国，约有 57% 的稻田在水稻生长期间采用间歇灌溉措施，加大了稻田土壤 N_2O 的排放（Xing，1998）。Kou 等（2015）发现稻田土壤 N_2O 排放呈“单峰”特点：在水稻移栽前期（0～77 天）N_2O 排放较低，但中后期排放量先增加后降低。O_3浓度升高降低了淹水裸地最大 N_2O 排放速率 23%，但对水稻土壤最大 N_2O 排放无显著影响；而且 O_3浓度升高没有改变裸地和稻田整个生长季的土壤 N_2O 排放变化趋势。

稻田土壤 N_2O 的季节排放特点是前期淹水而后期落干导致土壤水分由淹水与饱和状态变成不饱和状态，且作物后期吸收土壤有效态氮的能力下降，两者共同导致前期土壤 N_2O 排放较低而后期增加。稻田淹水会抑制 N_2O 排放，而落干将促进 N_2O 排放（郑循华等，1996；蔡祖聪和 Mositer，1999）。土壤含水量通过影响土壤的氧化还原电位、土壤微生物的有效性等来对土壤硝化和反硝化作用产生影响，使得 N_2O 在土壤中的传输及其向大气中的排放发生变化。当土壤含水量处于一个既能促进硝化作用又能促进反硝化作用的特定范围时，土壤 N_2O 产生和排放达到最高值。

Tang 等（2015）利用 O_3-FACE 系统也发现，两个供试水稻品种（Ⅱ优 084 和扬稻 6 号）的土壤 N_2O 季节排放速率呈现“单峰”排放特征，表现为缓苗后先增加，分蘖末期达到峰值后快速下降到较小排放速率，一直到成熟期呈现一个近似平缓的曲线特征。O_3浓度升高并未改变 N_2O 排放的季节性变化规律，但具有降低平均季节 N_2O 排放速率的趋势。这种“单峰”季节排放特征主要与施用分蘖肥有关，施肥提供了充足的 N_2O 排放底物。尽管稻田 N_2O 排放季节性特征受肥料运筹、水分管理措施的影响，但现有的少量研究表明 O_3浓度升高未改变稻田土壤 N_2O 排放的季节性特征。

6.3.3 一氧化二氮排放通量

表 6.3 显示了目前典型小麦（非固氮作物）、大豆（固氮作物）和水稻土壤 N_2O 累积排放对 O_3浓度升高的响应特征。现有研究支持 O_3浓度升高具有降低农田土壤 N_2O 的累积排放趋势，但受不同作物类型或品种、O_3浓度、水分状况和植物覆盖程度等因素制约。

对于麦田来说，李芩子（2011）和吴扬周等（2015）基于 OTC 研究发现，与环境空气相比，O_3浓度升高到 100 ppb 和 150 ppb 时，N_2O 累积排放量在冬小麦返青期分别降低 37.8%和 8.8%,在拔节-孕穗期分别降低 15.0%和 39.1%,在抽穗-成熟期呈下降趋势。在整个生育期,100 ppb 的 O_3浓度对累积 N_2O 排放量的影响不显著,但 150 ppb 的 O_3浓度时则显著下降 25.6%。Kou 等(2015)基于 O_3-FACE 研究发现,O_3浓度升高显著降低了冬小麦从返青到成熟阶段麦田土壤累积 N_2O 排放量 16.7%,降低耕闲裸地土壤累积 N_2O 排放量 24.4%。

表 6.3　空气 O_3浓度增加对土壤 N_2O 排放通量的影响研究汇总

地区	土地利用/植被类型	实验周期	平台类型	处理	O_3浓度/ppb	N_2O 累积排放/($g\cdot m^{-2}$)	N_2O 累积排放增幅/%	数据来源
中国南京	小麦	2008.12—2009.5	OTC	AO_3	Am.	274.5	—	李芩子,2011;吴扬周等,2015
				$EO_{3\_}1$	100	222.6	-18.9	
				$EO_{3\_}2$	150	204.2	-25.6	
中国江都	小麦	2011.11—2012.6	O_3-FACE	AO_3	38	0.48	—	Kou et al., 2015
				EO_3	57	0.40	-16.7	
	耕闲裸地			AO_3	38	0.82	—	
				EO_3	57	0.62	-24.4	
	水稻	2012.6—2012.10		AO_3	40	0.80	—	
				EO_3	60	0.77	-3.75	
	耕闲裸地			AO_3	40	1.54	—	
				EO_3	60	1.27	-17.5	
中国南京	大豆	2010.7—2010.10	OTC	AO_3	Am.	32.9	—	李芩子,2011;吴扬周等,2015
				$EO_{3\_}1$	100	31.9	-3.0	
				$EO_{3\_}2$	150	32.3	-1.8	
中国江都	水稻(扬稻 6 号)	2012.6—2012.9	O_3-FACE	AO_3	33.7	—	—	Tang et al., 2015
				EO_3	42.6	—	-5.7	
	水稻(Ⅱ优 084)			AO_3	33.7	—	—	
				EO_3	42.6	—	-11.8	

然而,O_3浓度升高对固氮作物大豆土壤 N_2O 排放无明显抑制作用。基于全生育期的研究发现,100 ppb 和 150 ppb O_3浓度使大豆在三叶-分枝期和开花-结荚期土壤 N_2O 累积排放量均呈下降趋势,但在鼓粒-成熟期有所增加,而对整个大豆生长季土壤累积 N_2O 排放无显著影响(李芩子,2011;吴扬周等,2015)。

对于稻田来说,O_3浓度升高不利于水稻生长季稻田土壤 N_2O 累积排放。Tang 等(2015)基于 O_3-FACE 研究发现,O_3浓度升高降低了稻田土壤 N_2O 累积排放量

5.7%(扬稻6号)和11.8%(Ⅱ优084),但均未达到显著水平。Kou等(2015)基于同一平台研究也发现,O_3浓度升高显著降低了稻季耕闲裸地土壤累积N_2O排放量17.5%,但使水稻生长后期即灌浆-成熟期土壤N_2O排放由抑制作用逆转为促进效应,整个水稻生长季抑制了稻田土壤累积N_2O排放,但未达显著水平。总之,地表O_3浓度升高具有降低农田作物土壤N_2O排放的趋势。但目前研究仍是定性研究,代表性不足,尚无法结合现有研究结果开展定量估测农田土壤N_2O排放的工作。此外,针对森林与草地生态系统的土壤N_2O排放对地表O_3浓度升高的响应研究亟待开展。

6.4 国外相关研究进展

6.4.1 二氧化碳

当前,国外关于O_3浓度升高对陆地生态系统土壤CO_2排放的影响研究集中于森林和草地生态系统。在季节变化上,森林土壤CO_2排放在一年中呈现"单峰"(Kasurinen et al.,2004;Tingey et al.,2006)或"双峰"(King et al.,2001)两种变化模式,O_3浓度升高未改变这种季节变化模式。O_3浓度升高对森林土壤CO_2排放通量的影响结果并不一致,或促进(Andersen and Scagel,1997;Scagel and Andersen,1997;Andersen,2001;Kasurinen et al.,2004)、或抑制(Edwards,1991;Coleman et al.,1996;King et al.,2001)、或无影响(Tingey et al.,2006)。这种对O_3浓度升高的响应差异可能与树木类型、生长阶段、O_3浓度与熏蒸时间、水分与养分供应等有关。

相比森林系统的研究,O_3对草地生态系统CO_2排放的影响研究非常有限,主要有基于O_3-FACE系统的瑞士亚高山草甸草原(Volk et al.,2011)和英国北威尔士温带草原(Wang et al.,2019),以及基于OTC平台的泥炭草地(Toet et al.,2011)的3例研究。研究发现土壤CO_2排放的季节模式均呈"单峰"特征。O_3浓度升高具有抑制草地土壤CO_2排放的趋势,但并未达到显著水平。

6.4.2 甲烷

国外研究O_3浓度升高对土壤CH_4排放的影响主要集中在天然湿地,有极个别关于草地与稻田的报道。现有的5例关于O_3浓度升高对天然湿地泥炭土壤CH_4排放通量影响的研究结果并不一致。Rinnan等(2003)发现,连续7周100 ppb和200 ppb的O_3浓度熏蒸并未对土壤CH_4排放造成影响;Niemi等(2002)报道,100 ppb O_3浓度处理4~7周后,土壤CH_4排放增加了近1倍,而在50 ppb和150 ppb O_3浓度下无显著影响。Mörsky等(2008)发现,O_3浓度升高1倍仅在第1个生长季降低泥炭草地的土壤CH_4排放,而在此后3个生长季无影响。Toet等(2011)发现,O_3

浓度升高显著降低了北英格兰的泥炭草地夏季土壤 CH_4 排放，但对冬季排放无影响。最近 Wang 等（2019）发现，O_3 浓度升高 20 ppb 对英国北威尔士温带海洋性气候草地土壤 CH_4 排放无影响，但显著降低了 CH_4 吸收速率（14%）。泥炭草地与温带海洋性草原土壤的 CH_4 排放呈现“单峰”季节变化特征（Toet et al.，2011；Wang et al.，2019），而 O_3 浓度升高未对 CH_4 的季节排放规律及排放速率产生影响。

仅有 1 篇关于稻田的研究，显示 O_3 浓度升高下印度长期淹水稻田土壤 CH_4 排放呈现“单峰”季节变化特征（Bhatia et al.，2011）；其峰值出现在分蘖期，这与我国干湿交替水分管理模式下稻田土壤 CH_4 排放峰值出现在开花期的特点不同（Kou et al.，2015）。并且，O_3 浓度升高抑制了土壤 CH_4 的季节排放（Bhatia et al.，2011），介于当前有限的研究，还无法全面评价地表 O_3 浓度增加对陆地生态系统土壤 CH_4 排放的影响。

6.4.3 一氧化二氮

O_3 浓度升高对土壤 N_2O 季节性排放影响的研究，国外仅见 1 例印度农田生态系统（Bhatia et al.，2011）和 1 例英国北威尔士温带草地生态系统（Wang et al.，2019）的报道。Bhatia 等（2011）通过连续两年 OTC 熏蒸，发现中长期淹水稻田土壤 N_2O 排放的季节变化呈现“3 个峰”特征，且峰值均在施肥后 3～5 天出现；O_3 浓度升高未改变这种季节变化特征。这不同于我国间歇灌溉的管理模式下，稻田土壤 N_2O 排放出现“单峰”季节变化特征，且 O_3 浓度升高抑制了 N_2O 排放的特征（Kou et al.，2015；Tang et al.，2015）。温带海洋性气候影响下草原土壤 N_2O 排放呈现较弱的“单峰”季节变化特征（Wang et al.，2019），在每年 6 月中旬达到峰值，此后随气温降低一直到冬季略有下降，在来年春季随气候的升高而增加；O_3 浓度升高 20 ppb 对 N_2O 季节性排放特征无影响。

O_3 浓度升高对土壤 N_2O 排放通量影响的研究，国外仅有 3 例，结论也不完全一致。Decock 和 Six（2012）经过 12 天短期培养实验发现，O_3 浓度升高在较短时间内不会影响美国种植大豆土壤的 N_2O 累积排放量；但 Bhatia 等（2011）发现，O_3 浓度升高将降低印度长期淹水稻田 N_2O 累积排放 6%～13.7%。对于草地来说，O_3 浓度升高对英国北威尔士温带草地土壤 N_2O 排放通量无明显影响（Wang et al.，2019）。

6.5 小结

目前，O_3 浓度升高对农田、森林与草地等生态系统主要温室气体（CO_2、CH_4、N_2O）排放的研究国内外均偏少，且代表性不足，大量的研究工作亟待开展。国内为数不多的研究主要集中于农田生态系统，森林、草地等自然生态系统的研究几近空白。即使研究相对较多的农田生态系统，目前的研究仍只是定性研究，尚无法利用现有研究结果结合生态系统气体排放模型定量开展 O_3 浓度升高对农田系统温室气体排放（尤其是 CH_4、N_2O 排放）通量的研究。今后开展评价与估算地表 O_3 浓度升高下植物-土壤系统温室气体 CO_2、CH_4、N_2O 排放通量时，除考虑 O_3 浓度水平差异因素外，还应充分考虑植物类型及品种差异、植物覆盖程度、植物生长阶段、水分管理、气象因素（降水、雾霾、光照强度等）等因子的复合效应。

基于当前研究进展，未来应在三方面加强：① 覆盖大区域的地表 O_3 监测网络的建设。结合田间试验和建模，由样点到区域评估地表 O_3 浓度升高对草地、森林和农田生态系统温室气体排放的影响。② 长期定位研究。侧重 O_3 污染联合其他环境变化因子（如氮沉降、温度增加、干旱等）对土壤温室气体排放的复合影响研究。③ 地表 O_3 浓度升高下优势植物与农作物-土壤-大气系统温室气体时空周转研究，以期为判断和预测全球变化背景下陆地生态系统对地表 O_3 污染加剧的响应程度与趋势提供数据资料和科学依据。

参考文献

蔡祖聪，Mosier A R. 1999. 土壤水分状况对 CH_4 氧化，N_2O 和 CO_2 排放的影响. 土壤，6：289-298.

冯兆忠，李品，袁相洋，等. 2018. 我国地表臭氧生态环境效应研究进展. 生态学报，38(5)：1530-1541.

国家发展和改革委员会和联合国开发计划署（NDRC 和 UNDP）. 2004. 中华人民共和国气候变化初始国家信息通报，北京.

胡正华，李岑子，陈书涛，等. 2011. 臭氧浓度升高对土壤-冬小麦系统 CO_2 排放的影响. 环境科学，32(1)：46-50.

李芩子. 2011. 臭氧浓度升高对土壤-作物系统呼吸速率和 N_2O 排放的影响. 硕士学位论文. 南京：南京信息工程大学.

吴杨周，胡正华，李岑子，等. 2015. 地表臭氧浓度升高对旱作农田 N_2O 排放的影响. 环境科学，36(2)：636-643.

郑循华，王明星，王跃思. 1996. 稻麦轮作生态系统中土壤湿度对 N_2O 产生与排放的影响. 应用生态学报，7(3)：273-279.

Andersen C P. 2001. Understanding the role of ozone stress in altering below-ground processes. In：Trends in European Forest Tree Physiology Research. Netherlands：Springer，65-79.

Andersen C P，Scagel C F. 1997. Nutrient availability alters belowground respiration of ozone-exposed ponderosa pine. Tree Physiology，17：377-387.

Andersen C P. 2003. Source-sink balance and carbon allocation below ground in plants exposed to ozone. New Philologist, 157(2): 213-228.

Bhatia A, Ghosh A, Kumar V, et al. 2011. Effect of elevated tropospheric ozone on methane and nitrous oxide emission from rice soil in north India. Agriculture, Ecosystem and Environment, 144: 21-28.

Coleman M D, Dickson R E, Isebrands J G, et al. 1996. Root growth and physiology of potted and field-grown trembling aspen exposed to tropospheric ozone. Tree Physiology, 16: 145-152.

Decock C, Six J. 2012. Effects of elevated CO_2 and O_3 on N-cycling and N_2O emissions: A short-term laboratory assessment. Plant and Soil, 351: 277-292.

Edwards N T. 1991. Root and soil respiration responses to ozone in *Pinus taeda* L. seedlings. New Phytologist, 118: 315-321.

Ekblad A, Högberg P. 2001. Natural abundance of ^{13}C in CO_2 respired from forest soils reveals speed of link between tree photosynthesis and root respiration. Oecologia, 127: 305-308.

Hanson P J, Edwards N T, Garten C T, et al. 2000. Separating root and soil microbial contributions to soil respiration: A review of methods and observations. Biogeochemistry, 48: 115-146.

Högberg P, Nordgren A, Buchmann N, et al. 2001. Large-scale forest girdling shows that current photosynthesis drives soil respiration. Nature, 411: 789-792.

Horwath W R, Pregitzer K S, Paul E A. 1994. ^{14}C allocation in tree-soil systems. Tree Physiology, 14: 1163-1176.

IPCC (Intergovernmental Panel on Climate Change). 2013. The physical science basis. In: Stocker T F, Qin D, Plattner G-K, et al, eds. Contribution of Working Group I to the Fifth Assessment Report of the Intergovernmental Panel on Climate Change. Cambridge: Cambridge University Press.

IPCC. 2007. The physical science basis. In: Contribution of Working Group I to the Fourth Assessment Report of the Intergovernmental Panel on Climate Change. Cambridge: Cambridge University Press.

Jones D L, Hodge A, Kuzyakov Y. 2004. Plant and mycorrhizal regulation of rhizodeposition. New Phytologist, 163: 459-480.

Kasurinen A, Kokko-Gonzales P, Riikonen J, et al. 2004. Soil CO_2 efflux of two silver birch clones exposed to elevated CO_2 and O_3 levels during three growing seasons. Global Change Biology, 10: 1654-1665.

King J S, Preziger K S, Zak D R, et al. 2001. Fine-root biomass and fluxes of soil carbon in young stands of paper birch and trembling aspen as affected by elevated atmospheric CO_2 and tropospheric O_3. Oecologia, 128(2): 237–250.

Kou T J, Cheng X H, Zhu J G, et al. 2015. The influence of ozone pollution on CO_2, CH_4, and N_2O emissions from a Chinese subtropical rice–wheat rotation system under free-air O_3 exposure. Agriculture, Ecosystems and Environment, 204: 72–81.

Kou T J, Huang X H, Lam S K, et al. 2018a. Ozone pollution increases CO_2 and N_2O emissions in ozone-sensitive wheat system. Agronomy Journal, 110: 496–502.

Kou T J, Lai L K, Lam S K, et al. 2019. Increased carbon loss via root respiration and impaired root morphology under free-air ozone enrichment adversely affect rice (*Oryza sativa* L.) production. Experimental Agriculture, 55(3): 500–508.

Kou T J, Yu W W, Lam S K, et al. 2018b. Differential root responses in two cultivars of winter wheat (*Triticum aestivum* L.) to elevated ozone concentration under fully open-air field conditions. Journal of Agronomy and Crop Science, 204(3): 325–332.

Montzka S A, Dlugokencky E J, Butler J H. 2011. Non-CO_2 greenhouse gases and climate change. Nature, 476: 43–50.

Mörsky S K, Haapala J K, Rinnan R, et al. 2008. Long-term ozone effects on vegetation, microbial community and methane dynamics of boreal peatland microcosms in open-field studies. Global Change Biology, 14: 1891–1903.

Niemi R, Martikainen P J, Silvola J, et al. 2002. Ozone effects on sphagnum mosses, carbon dioxide exchange and methane emission in boreal peatland microcosms. Science of the Total Environment, 289: 1–12.

Parton W J, Mosier A R, Ojima D S, et al. 1996. Generalized model for N_2 and N_2O production from nitrification and denitrification. Global Biogeochemistry Cycles, 10: 401–412.

Raich J W, Potter C S, Bhagawati D. 2002. Interannual variability in global soil respiration, 1980–1994. Global Change Biology, 8: 800–812.

Rinnan R, Impio M, Silvola J, et al. 2003. Carbon dioxide and methane fluxes in boreal peatlands with different vegetation cover-effects of ozone or ultraviolet-B exposure. Oecologia, 137: 475–483.

Sass R L, Fisher F M, Wang Y B, et al. 1992. Methane emission from rice fields: The effect of floodwater management. Global Biogeochemical Cycles, 6: 249–262.

Scagel C F, Andersen C P. 1997. Seasonal changes in root and soil respiration of ozone-exposed ponderosa pine (*Pinus ponderosa*) grown in different substrates. New Phytologist, 136: 627-643.

Schlesinger W H, Andrews J A. 2000. Soil respiration and the global carbon cycle. Biogeochemistry, 48: 7-20.

Singh J S, Gupta S R. 1997. Plant decomposition and soil respiration in terrestrial ecosystems. Botanical Review, 43: 449-528.

Stocker T F, Qin D H, Plattner G K. 2013. Climate change 2013: The physical science basis. Contribution of working group I to the fifth assessment report of the Intergovernmental Panel on Climate Change. Cambridge: Cambridge University Press.

Tang H, Liu G, Zhu J, et al. 2015. Effects of elevated ozone concentration on CH_4 and N_2O emission from paddy soil under fully open-air field conditions. Global Change Biology, 21(4): 1727-1736.

Tingey D T, Johnson M G, Lee E H, et al. 2006. Effects of elevated CO_2 and O_3 on soil respiration under ponderosa pine. Soil Biology and Biochemistry, 38(7): 1764-1778.

Toet S, Ineson P, Peacock S, et al. 2011. Elevated ozone reduces methane emissions from peatland mesocosms. Global Change Biology, 17: 288-296.

Volk M, Oobrist D, Novak K, et al. 2011. Subalpine grassland carbon dioxide fluxes indicate substantial carbon losses under increased nitrogen deposition, but not at elevated ozone concentration seasonal CO_2 fluxes and CO_2-C balance. Global Change Biology, 17: 366-376.

Wang J, Hayes F, Chadwick D R, et al. 2019. Short-term responses of greenhouse gas emissions and ecosystem carbon fluxes to elevated ozone and N fertilization in a temperate grassland. Atmospheric Environment, 211: 204-213.

Xing G X. 1998. N_2O emission from cropland in China. Nutrient Cycling in Agroecosystems, 52: 249-254.

Zak D R, Pregitzer K S, King J S, et al. 2000. Elevated atmospheric CO_2, fine roots and the response of soil microorganisms: A review and hypothesis. New Phytologist, 147: 201-222.

Zheng F X, Wang X K, Lu F, et al. 2011. Effects of elevated ozone concentration on methane emission from a rice paddy in Yangtze River Delta, China. Global Change Biology, 17: 898-910.

第 7 章　地表臭氧对农林生产力的影响

李　品　彭金龙　冯兆忠

目前，O_3 浓度已经远超大部分植物的损伤阈值，且污染时期主要集中在春夏季，恰好与主要农作物（如水稻、小麦和夏玉米）和树木的生长季重合。前面第 4 章已经介绍了 O_3 对叶片生理过程的损伤。O_3 对植物的影响是一种级联反应（图 7.1），即从叶片到植株再到整个生态系统，最终影响作物产量、籽粒品质和树木的生产力（冯兆忠等，2018；Wilkinson et al.，2012；Feng et al.，2003，2015；Feng and Kobayashi，2009；Wang et al.，2007a，b；Hoshika et al.，2012）。本章着重探讨 O_3 对农林生产力的影响。

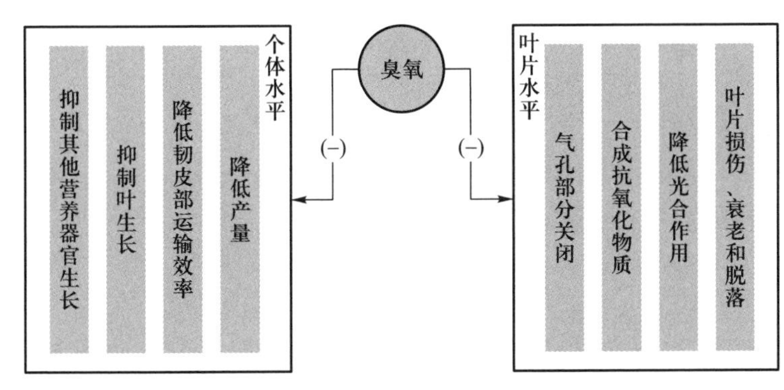

图 7.1　植物叶片和个体水平对 O_3 胁迫的通常响应模式（修改自 Wilkinson et al.，2012）

注：“（-）”表示 O_3 对其存在负效应。

7.1　地表臭氧对作物产量的影响

虽然我国在 20 世纪 90 年代初才正式开展 O_3 对农作物的效应研究（王勋陵等，1993；王春乙，1995），但发展较为迅速。通过 OTC 和 O_3-FACE 平台，研究者对我国小麦、水稻、大豆、玉米和油菜等主要农作物进行了大量研究（表 7.1），总体而言，作物产量随 O_3 浓度上升均呈现下降趋势，但不同作物以及同种作物不同品种的 O_3 敏感性存在一定差异。小麦、水稻和大豆是我国极其重要的 3 种粮食作物，受关注程度最高，以下也将具体谈论 O_3 污染对其产量的影响与机制。

表 7.1　不同 O_3 处理对我国主要农作物产量的影响

农作物	品种	研究地点	熏蒸方式	平均 O_3 浓度/ppb	熏蒸时间/($h \cdot d^{-1}$)	AOT40/(ppm·h)	产量下降/%	参考文献
水稻	嘉花2号	浙江嘉兴	OTC	75	8	4.3	10.3	Wang et al.,2012c
			OTC	100	8	29.5	18.8	
			OTC	150	8	6.9	16.4	
			OTC	200	8	82.6	40.4	
	3694 繁		OTC	100	8	19.9	26.7	Zhu et al.,2011
			OTC	150	8	41.4	38.6	
	嘉花 1 号	浙江嘉兴	OTC	100	8		10.1	郑启伟等,2007b
			OTC	200	8		53.1	
	粤晶丝苗 2 号	广东东莞	OTC	65.1	8	8.7	8.8	耿春梅等,2014
			OTC	96.1	8	18.1	18.2	
	中作 9321	河北固城	OTC	50	7		8.2	Feng et al.,2003
			OTC	100	7		26.1	
			OTC	200	7		49.1	
	汕优 63 号	江苏扬州	FACE	47	7	1.9	27.0	Wang et al.,2012b
	扬稻 6 号		FACE	47	7	2.0	6.0	
	两优培九	江苏扬州	FACE	59	7		15.0	Shi et al.,2009
	武育粳 15 号		FACE	59	7		10.3	
	扬稻 6 号		FACE	59	7		5.3	
	汕优 63 号		FACE	59	7		17.4	
	武育粳3号	江苏扬州	FACE	52.2	7	15.5	6.3	Pang et al.,2009
冬小麦	北农 9549	北京	OTC	68.1	8	12.5	27.4	耿春梅等,2014
			OTC	97.3	8	24.5	53.8	
	武育粳 185	浙江嘉兴	OTC	100	8	22.6	58.1	Wang et al.,2012c
			OTC	200	8	61.9	72.9	
	嘉 002		OTC	75	8	1.6	8.5	
			OTC	100	8	14.8	36.4	
			OTC	150	8	26.0	51.6	
	京冬 6 号	河北固城	OTC	50	7		10.5	Feng et al.,2003
			OTC	100	7		58.6	
			OTC	200	7		80.4	

续表

农作物	品种	研究地点	熏蒸方式	平均 O_3 浓度/ppb	熏蒸时间/$(h \cdot d^{-1})$	AOT40/(ppm·h)	产量下降/%	参考文献
冬小麦	扬麦 13	江苏南京	OTC	100	8		24.2	郑有飞等,2011
	良星 99	山东临沂	OTC	80	7		22.6	Li et al. ,2015a
			OTC	120	7		31.4	Li et al. ,2018
	烟农 19	江苏扬州	FACE	57.3	7	15.4	20.9	Zhu et al. ,2011
	扬麦 16		FACE	57.3	7	15.4	18.4	
	扬麦 15		FACE	57.3	7	15.4	15.1	
	扬辐麦 2 号		FACE	57.3	7	15.4	25.1	
油菜	泸优 19 号	浙江嘉兴	OTC	109.2	8	18.8	18.6	郑启伟等,2006
大豆	铁丰 31	辽宁沈阳	OTC	110	8		81.1	金东艳等,2009
	八月白	江苏南京	OTC	100.8	8		56.5	郑有飞等,2011
			OTC	150.8	8		61.3	
玉米	郑单 958	北京	OTC	98.8	10	54.4	32.1	Peng et al. ,2019

注:除 Wang 等(2012b)、金东艳等(2009)、郑有飞等(2011)、Li 等(2015a)、Li 等(2018)和所有 FACE 研究以自然大气环境 O_3 浓度为对照外,其他均以过滤后的大气环境 O_3 浓度为对照。Zhu 等(2011)和 Wang 等(2012c)中的 3694 繁和嘉花 2 号(100 ppb 处理为两年平均值)的研究结果为 3 年平均值,Li 等(2018)中的良星 99(80 ppb)为两年平均值。

7.1.1 小麦

小麦(*Triticum aestivum*)是世界三大谷物作物之一,同时也是我国第三大粮食作物,其中冬小麦面积最大,约占小麦总面积的 93.7%,春小麦面积约占 6.3%(中华人民共和国统计局,2018)。小麦富含淀粉、蛋白质、脂肪和矿物质,多为人类食用,仅有 1/6 作为动物饲料使用。全球近 2/3 的人口以小麦为主食。我国是最早种植小麦的国家之一,故常以冬小麦为主要研究对象(表 7.1)。目前,我国小麦的主产区主要包括 3 部分:① 北方冬小麦区:主要分布在秦岭淮河以北,长城以南,主要集中于河南、河北、山东、陕西和山西。该区冬小麦产量约占全国小麦总产量的 66.7%。② 南方冬小麦区:主要分布在秦岭淮河以南,主产区集中在江苏、四川、安徽和湖北。③ 春小麦区:主要分布在长城以北,该区气温普遍较低，生产季节短，故以一年一熟为主，主产地区包括黑龙江、新疆、甘肃和内蒙古。

小麦属于对 O_3 敏感的一类作物（Mills et al.，2007；Zhu et al.，2011）。基于 OTC 的实验发现，与对照（过滤后的大气，O_3 浓度 < 10 ppb）相比，200 ppb、100 ppb 和 50 ppb O_3 处理使冬小麦产量分别下降 80%、59% 和 11%（金明红等，2001）；基于 4 年的 O_3-FACE 田间实验发现，相比大气环境 O_3 浓度，1.5 倍大气环境 O_3 浓度使得小麦籽粒产量平均降低 21.5%（张如标，2012）。根据 AOT40 与产量的响应关系，小麦减产 5% 的 AOT40 阈值为 2.19 ppm・h，远低于水稻（5.27 ppm・h）和玉米（8.67 ppm・h）（Wang et al.，2012b；Peng et al.，2019）。冯兆忠等（2008）通过整合分析 O_3 对小麦的影响发现，大气 O_3 浓度增加到 77 ppb 时，可导致小麦产量在当前环境 O_3 浓度的基础上降低 26%，籽粒重、穗粒数和穗数分别降低 18%、11% 和 5%，收获指数减少 11%。因此，当前 O_3 污染已对小麦生产构成严重威胁。

从产量构成角度看，作物产量同时由籽粒数量和单个籽粒重决定。O_3 胁迫下，小麦减产主要体现在单个籽粒重的降低（冯兆忠等，2008）。不同产量构成因子对 O_3 的敏感性从大到小依次为单个籽粒重、穗粒数和穗数（Finnan et al.，1996）。另外，作物不同器官受 O_3 的影响程度也不同，对小麦籽粒的影响大于地上生物量（郑启伟等，2007a）。利用 O_3-FACE 平台，朱新开等（2011）发现，O_3 造成 5 个小麦品种的减产，主要是降低了单个籽粒重；其中的影响过程可能是 O_3 胁迫下小麦籽粒灌浆物质来源不足，灌浆速率下降，从而使籽粒长、宽、厚和体积缩小，库容变小，最终导致籽粒不饱满，充实度降低。从生理性状看，小麦幼穗形成期受到 O_3 胁迫时，其功能叶组织受损、Rubisco 酶含量和活性降低、光合作用能力下降以及光合产物运转受阻，使得穗轴变短、花粉母细胞分裂受阻、花粉粒败育和结实小花数减少，这些成为小麦减产的重要原因（Leisner and Ainsworth，2012）。

对于某些极其敏感的小麦品种，仅在当前环境 O_3 浓度下，其产量损失就高达 47%（Wahid et al.，1995）。Feng 等（2018a）利用 EDU（一种 O_3 保护剂，详见 3.3 节）评估了我国华北平原 15 个冬小麦品种的 O_3 敏感性，发现当前环境 O_3 浓度导致冬小麦平均产量下降 20%，其中耐受型品种（石优 20、石新 633 和乐 639）的产量下降率[（对照组产量-实验组产量）/实验组产量]低于 10%，敏感型品种（津麦 58、山农 22、石新 733、京冬 22、山农 22、石新 616 和河农 6049）的产量下降率超过 25%。这说明目前大气 O_3 污染水平已经严重威胁我国冬小麦生产。除此之外，表 7.1 还列出了其他 OTC 和 O_3-FACE 的研究结果，均显示 O_3 导致减产的程度在不同冬小麦品种中存在较大差异。同样实验条件背景下，当 O_3 浓度升高到 57.3 ppb，扬麦 15 和扬辐麦 2 号分别减产 15.1% 和 25.1%。品种间的 O_3 敏感性

差异还受 O_3 胁迫程度的影响。例如,以过滤后的大气环境 O_3 浓度为对照,在相对低的 O_3 暴露剂量时(AOT40 为 12.5 ~ 14.8 ppm·h),北农 9549 的减产幅度(27.4%)小于嘉 002(36.4%),但随着 O_3 暴露剂量上升(AOT40 为 24.5 ~ 26.0 ppm·h),北农 9549 的减产幅度(53.8%)略高于嘉 002(51.6%)。

另外,O_3 敏感性还受作物生育期的影响,通常小麦灌浆期对 O_3 浓度较敏感。Pleijel 等(1998)在春小麦不同生育期进行相同 O_3 剂量的处理实验,发现在开花期至成熟期(生殖生长阶段)进行 O_3 熏蒸引起的产量损失(-11%)远大于开花期前(营养生长阶段,-2%)。O_3 敏感性也受 O_3 暴露方式的影响。在相同的 O_3 暴露剂量下,按 O_3 浓度日动态变化的熏蒸方式引起小麦产量的损失显著大于按恒定 O_3 浓度的熏蒸方式(Meyer et al.,1997)。另外,Feng 等(2018b)发现,采用 OTC 实验的小麦 O_3 敏感性低于 O_3-FACE。因此,未来在开展区域 O_3 减产风险评估时,需要对作物品种差异、暴露时期和方式,以及暴露设施等对评估结果产生的不确定性进行分析。

7.1.2 水稻

水稻(*Oryza sativa*)在全世界范围内广泛种植,尤其是亚洲,属于世界三大主要粮食作物之一,为全球半数以上人口提供营养。目前,在我国三大主要粮食作物(水稻、小麦和玉米)中,水稻种植面积仅次于玉米,为 3 018.945 万 hm^2,产量占总粮食产量的 32.2%(中华人民共和国统计局,2018)。我国水稻主产区主要是东北地区、长江流域、珠江流域以及部分黄河地区。

相比小麦,水稻对 O_3 的敏感性较低(Mills et al.,2007,2018)。尽管如此,地表 O_3 浓度升高对我国水稻粮食生产仍有明显的抑制作用(表 7.1)。例如,O_3-FACE 研究表明,以自然大气环境 O_3 浓度为对照,O_3 浓度上升至 59 ppb 时可导致 4 种水稻品种(两优培九、武育粳 15 号、扬稻 6 号和汕优 63 号)平均减产 12%。白月明等(2001)认为,O_3 导致水稻的产量损失主要与穗粒数、穗粒重、一次枝梗数和千粒重的大幅下降以及空秕率的增加有关,且籽粒产量较总生物量对 O_3 更为敏感。李潘林(2013)发现,水稻每穗颖花数也可能是其产量下降的重要原因。郑启伟等(2007b)发现,升高 O_3 浓度(100 ppb)可使穗粒数、穗粒重、千粒重和产量分别降低 20.5%、18.5%、7.2% 和 10.1%。谢居清等(2006)报道,臭氧降低水稻产量过程中,一次枝梗数、二次枝梗数和穗长均会明显下降,并且小花败育率显著上升。

耿春梅等(2014)通过实验数据集成,给出我国水稻减产 5% 的 AOT40 损伤阈值为 4.95 ~ 9.50 ppm·h,说明水稻不同品种对 O_3 的敏感性存在较大差异。例如,相同实验处理下,汕优 63 号减产幅度是扬稻 6 号的 4 倍左右。相比常规水稻,

杂交水稻受 O_3 的影响更大。相比自然大气环境 O_3 浓度水平，1.5 倍大气环境 O_3 浓度使得杂交水稻最大减产幅度超过 20%，但其收获指数无显著变化，说明 O_3 胁迫对杂交水稻物质分配的影响较小（Shi et al.，2009；Pang et al.，2009）。另外，水稻生长对 O_3 的响应随生育进程推移有增加的趋势。陈涛（2009）发现，高浓度 O_3 导致 5 个水稻品种的分蘖期、拔节期、抽穗期和成熟期干物质累积量平均分别减少 8.7%、6.0%、11.1% 和 12.6%，生长后期干物质生产量大幅下降是造成最终生物产量降低的主要原因。与小麦不同，虽然水稻灌浆期对 O_3 的敏感性最高（陈展等，2007a），但该时期经受高浓度 O_3 暴露后，对其产量并未产生显著影响，说明水稻对 O_3 的耐受性可能强于小麦。研究还发现，水稻的 O_3 敏感性存在地域差异，敏感程度由北到南逐渐增加，地域变化顺序为河北定兴<浙江嘉兴<广东东莞（佟磊等，2015）。

7.1.3 大豆

大豆[*Glycine max*（Linn.）Merr.]通称黄豆，是一种重要的油料作物，广泛种植在美洲、中国和印度等地。大豆是我国重要的粮食来源，主要用作压榨油、人类食用和动物饲料，其中压榨油需求量最大（2016 年已突破 8 490 万 t），未来需求量将进一步增加（刘后平等，2019）。我国大豆的产区集中在东北平原、黄淮平原、长沙三角洲和江汉平原。根据大豆品种特性和耕作制度不同，可分为 5 个主要产区：① 内蒙古、东北三省为主的春大豆区；② 黄淮流域的夏大豆区；③ 长江流域的春、夏大豆区；④ 江南各省南部的秋作大豆区；⑤ 两广、云南南部的大豆多熟区。其中，东北春播大豆和黄淮夏播大豆分别是我国大豆种植面积最大和产量最高的两个地区。尽管我国大豆生产面积广袤，但是人均面积低，加之需求大，生产无法满足内需，导致我国已经成为世界上最大的大豆进口国（刘后平等，2019）。

大豆与小麦类似，均属于对 O_3 极其敏感的作物类型（Mills et al.，2018；Peng et al.，2019）。通常，高浓度 O_3 会影响同化物在大豆各器官中的分配，改变根冠比，降低光合固碳能力和韧皮部运输效率，进而引起植株同化物合成受阻和运输能力降低，影响豆荚干物质累积，最终降低产量（李彩虹等，2010）。Zhang 等（2017）研究发现，以过滤后的自然大气环境 O_3 浓度为对照，当前环境 O_3 污染可导致 4 种大豆（合丰 55、黑农 35、黑农 37 和绥农 22）平均减产 8.7%。再者，相比自然大气（50 ppb），在 100 ppb 和 150 ppb O_3 浓度下，大豆产量分别下降 23.76% 和 41.57%（曹嘉晨等，2017）。对于高度敏感的大豆品种铁丰 31，当 O_3 浓度为 110 ppb 时，其籽粒产量下降幅度高达 81.1%（表 7.1），粒数和荚数也分别减少 79.0% 和 35.2%，但百粒重无显著变化，说明 O_3 主要通过减少大豆开花数和阻碍花粉受精来降低产量（金东艳等，2009）。与营养生长期相比，大豆籽粒结实期对

O_3 的敏感性更大，主要原因是该时期是物质形成的重要阶段，O_3 胁迫加速了叶片衰老，导致光合产物合成降低与输出受阻（吴荣军等，2012；Zhang et al.，2014a）。

7.2 地表臭氧对作物品质的影响

相比作物产量，籽粒品质对 O_3 污染的响应研究较为缺乏。目前，对于作物籽粒品质的研究主要集中在水稻和小麦。表 7.2 展示了我国 3 种重要谷物作物（小麦、水稻和大豆）的主要营养品质指标对 O_3 的响应。

表 7.2 O_3 污染对小麦、水稻和大豆营养品质的影响

作物类型	实验设施	蛋白质含量	淀粉含量	氨基酸含量	粗脂肪含量	参考文献
小麦	OTC	+	-	+		郭建平等，2001a
		+	-	+		郑有飞等，2010
		+		+	+	王春乙等，2004
水稻	OTC	+		+		郭建平等，2001b
		+	-	+	-	王春乙等，2004
		+		+		Jing et al.，2016
大豆	OTC	+			-	黄辉等，2004
					-	王春乙等，2004
小麦	FACE	+				朱新开等，2010
		+	-（直链淀粉+；支链淀粉-）			刘晓成，2010
		+	-（直链淀粉+；支链淀粉-）			张如标，2012
水稻	FACE	+	-（直链淀粉-）			韩妍，2009
		+				Wang et al.，2012a
		+		+		Zhou et al.，2015

注："+"表示 O_3 对该指标有正效应，"-"表示负效应。

韩妍（2009）对 4 个供试品种稻米品质的测定表明，尽管 1.5 倍自然大气环境 O_3 浓度使糙米率、精米率和整精率略有下降，但糙米、精米和整精米的总产量均显著下降；O_3 导致稻米垩白粒、垩白大小和垩白度分别平均增加 6.1%、2.2% 和 5.75%，但未达到显著水平。对于蒸煮品质，O_3 导致稻米直链淀粉含量和胶稠度平均分别减少 3.9% 和 5.3%，糊化温度平均增加 0.4%，其中直链淀粉含量达显著水平。对于营养品质，O_3 导致稻米蛋白质含量平均显著增加 7.0%，K、Cu 和 Mn 浓度平均分别减少 0.3%、5.2% 和 2.5%，Fe、Zn、Ca 和 Mg 浓度平均分别增加

21.7%、0.8%、6.3%和8.8%，但未达到显著水平。对于淀粉黏滞性，O_3 导致稻米最高黏度时间、最高黏度、热浆黏度、崩解值和冷胶黏度平均分别降低 0.2%、4.2%、4.5%、3.7%和 1.4%，消减值平均增加 10.1%，食口性呈变劣趋势，但效应不显著。Wang 等（2012a）发现，O_3 显著提高了敏感品种汕优 63 的 K、Mg、Ca、Zn、Mn 和 Cu 浓度，显著降低了 K、Ca、Zn、Mn 和蛋白质的累积量，这表明在一定 O_3 浓度下，籽粒矿质营养元素的含量也会发生显著变化。另外，随 O_3 浓度增加，水稻籽粒中粗脂肪和 17 种氨基酸含量均呈上升趋势（王春乙等，2004）。

对于小麦来说，O_3 可显著增加籽粒蛋白质含量和矿质营养元素（P、K、Mg、Ca、Zn、Mn、Fe 和 Cu）浓度，显著降低淀粉含量、蛋白质含量和重金属 Cd 浓度，但对容重、S 和 Na 无显著影响（Broberg et al.，2015）。

O_3 改变作物品质的机制主要包括浓缩效应（即粮食总产量的下降幅度大于植物对养分的吸收）和早衰（即作物的生育期被提前，可促进营养物质向穗部转移，从而使其更容易在籽粒中沉积）（Feng et al.，2008；Shi et al.，2009）。例如，O_3 胁迫下，作物的光合碳同化能力下降严重，碳代谢途径受 O_3 胁迫的影响大于氮代谢，从而造成蛋白质含量上升（Pang et al.，2009；Pleijel and Uddling，2012）；另外，O_3 胁迫使水稻生育期提前，籽粒灌浆时间缩短，充实不良，最终使垩白增加（Wang et al.，2012a）。从人体营养学角度来看，尽管 O_3 降低作物产量，但其品质有所上升，因此 O_3 对人类能量摄取的影响可能比预期要小。

7.3 地表臭氧对树木生物量的影响

树木生物量的形成是通过光合作用进行同化物合成以及同化物在植物体内分配与累积而实现的，因此 O_3 对树木的作用是从微观结构、生化特性到个体生理功能、群体生长发育及生态系统等各个层次上产生一系列有害影响，最终导致树木的生物量形成及体内分配发生变化。与农作物相比，目前国内针对 O_3 对树木生物量的影响研究尚处于起步阶段。表 7.3 展示了不同 O_3 处理对我国不同树种以及 5 种不同基因型杨树的生物量（叶、茎和根）影响。所有实验均在开顶式气室（OTC）中进行，对水杉（*Metasequoia glyptostroboides*）、青冈栎（*Cyclobalanopsis glauca*）、香樟（*Cinnamomum camphora*）和元宝槭（*Acer truncatum*）的熏蒸周期长达 2 个生长季，其余树种的熏蒸周期均在 1 个生长季内，并且大部分实验树种为一年生树苗。

从表中可以看出，高浓度 O_3 下，不同树种的总生物量均呈现下降趋势，降低幅度因 O_3 浓度、熏蒸时间和树木种类而异。通常，落叶树种生物量受 O_3 影响的程度大于常绿树种，并且对 O_3 越敏感的树种，生物量降低幅度越大（Zhang et al.，2012a，b）。Li 等（2017）通过数据整合分析后发现，当 O_3 浓度升高到 109 ppb 时，相比于对照（O_3 浓度为 34 ppb），树木总生物量、茎和根生物量分别降低 14%、8%

表 7.3 不同 O_3 处理对我国各树种生物量(叶、茎和根)的影响

树种	拉丁名	植被类型	实验期间平均 O_3 浓度/ppb	总熏蒸时间/d	叶生物量变化/%	茎生物量变化/%	根生物量变化/%	总生物量变化/%	参考文献
元宝槭	*Acer truncatum*	落叶阔叶	122	170	-60	-62	-43	-56	Li et al. ,2015b
香樟	*Cinnamomum camphora*	常绿阔叶	58	159	-2	-4	-9	-6	Niu et al. ,2011
香樟	*Cinnamomum camphora*	常绿阔叶	88	159	-5	-14	-19	-14	Niu et al. ,2011
香樟	*Cinnamomum camphora*	常绿阔叶	150	47	-2	-2	-6	-13	杨田田等,2014; Zhang et al. ,2012b
全缘冬青	*Ilex integra*	常绿阔叶	150	47	-10	-11	+2	-7	杨田田等, 2014; 张巍巍等, 2011a
青冈栎	*Cyclobalanopsis glauca*	常绿阔叶	150	47	+3	-2	-10	-6	杨田田等, 2014; Zhang et al. ,2012b
枫香树	*Liquidambar formosana*	落叶阔叶	150	47	-21	-19	-24	-21	杨田田等, 2014; Zhang et al. ,2012b
鹅掌楸	*Liriodendron chinense*	落叶阔叶	150	47	-28	-23	-32	-26	杨田田等, 2014; Zhang et al. ,2012b
鹅掌楸	*Liriodendron chinense*	落叶阔叶	80	57	-24	-22	-32	-26	Zhang et al. ,2011
木荷	*Schima superba*	常绿阔叶	150	47	-14	-7	-10	-11	杨田田等, 2014; Zhang et al. ,2012b
湿地松	*Pinus elliottii*	常绿针叶	150	85	+1	-3	-1	-1	张巍巍等,2011b
流苏树	*Chionanthus retusus*	落叶阔叶	70	65	+6	-1	-9	-1	Zhang et al. ,2012a
红瑞木	*Cornus alba*	落叶阔叶	70	65	+8	+40	-18	-0.1	Zhang et al. ,2012a
白杜	*Euonymus maackii*	落叶阔叶	70	65	-56	-1	-15	-14	Zhang et al. ,2012a
石楠	*Photinia serratifolia*	常绿阔叶	70	65	-6	+8	-5	-1	Zhang et al. ,2012a
石楠	*Photinia serratifolia*	常绿阔叶	150	47		-5	+6	-3	Zhang et al. ,2012b
舟山新木姜子	*Neolitsea sericea*	常绿阔叶	150	47	+13	+7	-7	-2	Zhang et al. ,2012b; 杨田田等, 2014
水杉	*Metasequoia glyptostroboides*	落叶针叶	55	163	-7	-5	-7	-7	Zhang et al. ,2014b

续表

树种	拉丁名	植被类型	实验期间平均 O_3 浓度/ppb	总熏蒸时间/d	叶生物量变化/%	茎生物量变化/%	根生物量变化/%	总生物量变化/%	参考文献
杨树 84K	*Populus alba* × *Populus glandulosa*	落叶阔叶	109	135				-33	Hu et al. ,2015
杨树 107	*Populus euramericana* cv. ‘74/76’	落叶阔叶	91	96	-9	+6	-35	-15	Shang et al. ,2017
杨树 90	*Populus deltoides* × *Populus cathayana* cv. Senhai 2	落叶阔叶	109	135				-41	Hu et al. ,2015
杨树 546	*Populus deltoides* cv. ‘55/56’ × *Populus deltoides* cv. ‘Imperial’	落叶阔叶	91	96	-9	-6	-59	-25	Shang et al. ,2017
杨树 156	*Populus deltoides* × *Populus cathayana*	落叶阔叶	109	135				-33	Hu et al. ,2015
青杨	*Populus cathayana*	落叶阔叶	80	95				-29	辛月等, 2016
银杏	*Ginkgo biloba*	落叶阔叶	85	92		-9		-14	Xu et al. ,2015
油松	*Pinus tabulaeformis*	常绿针叶				-29		-35	Xu et al. ,2015
蒙古栎	*Quercus mongolica*	落叶阔叶				-40		-45	Xu et al. ,2015
华山松	*Pinus armandii*	常绿阔叶				-18		-30	Xu et al. ,2015
银中杨	*Populus alba* Berolinensis	落叶阔叶	61	28	-15	-27	-67	-45	Xu et al. ,2019
梓树	*Catalpa ovata*	落叶阔叶	61	28	0	-14	-18	-14	Xu et al. ,2020

注:“+”和“-”分别表示该指标在 O_3 胁迫下增加和降低。

和 13%（Li et al.，2017）。值得注意的是，O_3 对树苗的短期影响与对成年树木的长期影响存在一定差异。因此，未来关注 O_3 胁迫对不同林龄树种生物量影响的长期研究变得尤为重要。

O_3 导致树木生物量降低的原因主要包括：首先，O_3 胁迫造成叶片气孔部分关闭，抵御 O_3 进入细胞的同时也降低了光合底物 CO_2 的摄入，从而引起光合速率降低，导致生物量减少；其次，进入植物体内的 O_3 会破坏叶肉细胞及光合作用系统（Gao et al.，2016），且植物在解毒修复过程中对碳的需求增大，从而减少了植物叶片同化物向其他营养器官的转移，导致非叶器官（茎和根）的碳固定下降；再次 O_3 胁迫还会加快老叶的衰老，将其储藏物质以补偿性方式转移供给新叶生长，进一步抑制了茎和侧枝的生长。

O_3 引起根系碳分配减少（陈展等，2007b），细根周转率增加、根长缩短、地下生物量降低，改变地上与地下的碳分配格局（Li et al.，2020）。与植物地上部分相比，根系对 O_3 胁迫的响应更早，其生物量下降也更明显，即 O_3 敏感性更高（Shang et al.，2017）。长期暴露于自然环境 O_3 浓度下的森林生态系统，一方面，由于 O_3 的累积效应导致地上和地下生物量降低，伴随着向土壤供给的凋落物数量下降及其成分发生改变，将对土壤碳库输入及土壤微生物生物量和活性产生显著负效应，对地下生态过程产生极大影响，从而导致整个生态系统的结构和功能发生明显改变。另一方面，树木长期处在 O_3 胁迫中，会产生生态驯化过程以及适应特征，树木生长趋于减少根部的碳分配量来抵御环境胁迫（Wittig et al.，2009），而这种同化物分配关系的改变将导致根系与整株植物功能关系的改变。并且，O_3 还会改变物种之间的竞争关系。例如，被子（落叶）树种比裸子（常绿）树种更易受到 O_3 伤害（Wittig et al.，2009；Li et al.，2017），随着 O_3 浓度升高，很可能给裸子植物创造了在落叶林中立足的机会（空缺生态位），进而改变混交林的群落组成。因此，从长期的生态效应来看，O_3 胁迫对光合产物分配的改变较之对光合能力及生物量积累的影响具有更重要的生态学意义。

关于 O_3 浓度升高对碳在各个器官的运输和分配的影响目前有两种假说。一种假说认为，O_3 降低了植物叶片的碳源与碳库能力。因为叶片是 O_3 伤害的直接位点，O_3 改变气孔功能，从而改变植株的同化能力和水分利用效率；同时，O_3 降低光合酶的含量和活性，加快叶绿素降解，导致光合有效叶面积的减少和早衰，从而显著降低植株的光合能力。另一方面，叶片作为碳库增加了对同化物的需求。高浓度 O_3 胁迫下，叶肉细胞尤其是栅栏组织的损伤引发植株修复代谢消耗的增加；同时，抗氧化系统的增强必然加大叶片对同化物的需求。这使得同化物向外运输的能力降低，从而导致叶片中同化产物的积累，进而引起光合的反馈抑制。另外，韧皮部对同化物的装载运输（phloem loading）是碳库分配的第一道关口，而 O_3 对其过程产生直接影响。植物通过增加反馈阻力和水汽阻力来抵御 O_3 伤害的同时,自身的韧皮部装载能力也随之降低,导致同化物向外运输能力的降低程度要大于碳同化率,使得分配给根部的总碳量降低(Grantz and Yang,2000)。

另一种假说认为,O_3 通过直接降低光合速率来影响生产力,因为光合速率对外界环境变化的反应是生理响应中极其敏感的(分钟尺度)(Shang et al.,2017),生产力的降低将改变整个森林生态系统的碳分配结构和功能。无论哪种假说,在考虑 O_3 对碳源、碳库和能量平衡的影响时,都需要将植物敏感性、生育时期、O_3 暴露的时间和浓度以及不同器官的差异考虑在内。

参考文献

白月明,郭建平,刘玲,等.2001.臭氧对水稻叶片伤害、光合作用及产量的影响.气象,27(6):17-22.

曹嘉晨,郑有飞,赵辉,等.2017.地表臭氧浓度升高对冬小麦和大豆生长和产量的影响.生态毒理学报,12(2):129-136.

陈涛.2009.近地层臭氧浓度升高对水稻产量和物质生产与分配的影响.硕士学位论文.扬州:扬州大学.

陈展,王效科,冯兆忠,等.2007b.臭氧对生态系统地下过程的影响.生态学杂志,26(1):121-125.

陈展,王效科,谢居清,等.2007a.水稻灌浆期臭氧暴露对产量形成的影响.生态毒理学报,2(2):208-213.

冯兆忠,彭金龙,Vicent C,等.2018.中国植物臭氧可见症状的鉴定.北京:中国环境出版社.

冯兆忠,小林和彦,王效科,等.2008.小麦产量形成对大气臭氧浓度升高响应的整合分析.科学通报,1(24):3080-3085.

耿春梅,王宗爽,任丽红,等.2014.大气臭氧浓度升高对农作物产量的影响.环境科学研究,27(3):239-245.

郭建平,王春乙,白月明,等.2001a.大气中臭氧浓度变化对冬小麦生理过程和籽粒品质的影响.应用气象学报,12(2):255-256.

郭建平,王春乙,温民,等.2001b.大气中 O_3 浓度变化对水稻影响的试验研究.作物学报,27(6):822-826.

韩妍.2009.近地层臭氧浓度升高对稻米品质的影响.硕士学位论文.扬州:扬州大学.

黄辉,王春乙,白月明,等.2004.大气中 O_3 和 CO_2 增加对大豆复合影响的试验研究.大气科学,28(4):601-612.

金东艳,赵天宏,付宇,等.2009.臭氧浓度升高对大豆光合作用及产量的影响.大豆科学,28(4):632-635.
金明红,冯宗炜,张福珠.2001.大气 O_3 浓度变化对农作物影响的实验研究.博士学位论文.北京:中国科学院研究生院.
李彩虹,李勇,乌云塔娜,等.2010.高浓度臭氧对大豆生长发育及产量的影响.应用生态学报,21(9):2347-2352.
李潘林.2013.臭氧胁迫对Ⅱ优084不同素质秧苗生长和产量的影响——FACE研究.硕士学位论文.扬州:扬州大学.
刘后平,王雪梅,邓浩月.2019.供给侧结构性改革下的国产大豆供给问题研究.江苏农业科学,47(17):318-323.
刘晓成.2010.FACE条件下 O_3 浓度增高对小麦籽粒产量和品质的影响.硕士学位论文.扬州:扬州大学.
任林汉,张琪.1974.空气污染使农作物减产.科技简报,18:22-23.
佟磊,王效科,肖航,等.2015.我国近地层臭氧污染对水稻和冬小麦产量的影响概述.生态毒理学报,10(3):161-169.
王春乙,白月明,郑昌玲,等.2004. CO_2 和 O_3 浓度倍增对作物影响的研究进展.气象学报.62(5):875-881.
王春乙.1995.臭氧对农作物的影响研究.应用气象学报,6(3):343-349.
王勋陵,陈鑫阳,鲁晓云.1993.钙对臭氧伤害小麦的防护作用.西北植物学报,3:163-169.
吴荣军,姚娟,郑有飞,等.2012.地表臭氧含量增加和UV-B辐射增强对大豆生物量和产量的影响.中国农业气象,33(2):207-214.
谢居清,郑启伟,王效科,等.2006.臭氧对原位条件下水稻叶片光合、穗部性状及产量构成的影响.西北农业学报,15(3):27-30.
辛月,尚博,陈兴玲,等.2016.氮沉降对臭氧胁迫下青杨光合特性和生物量的影响.环境科学,37(9):3642-3649.
杨田田,张巍巍,胡恩柱,等.2014. O_3 浓度升高对南方城市绿化树种氮素的影响.环境科学,35(10):3896-3902.
张如标.2012.大气 O_3 浓度增高对小麦籽粒品质及其相关酶活性的影响.硕士学位论文.扬州:扬州大学 .
张巍巍,牛俊峰,冯兆忠,等.2011a.全缘冬青幼苗(*Ilex integra* Thunb.)对大气 O_3 浓度升高的响应.环境科学,32(8):2414-2421.
张巍巍,牛俊峰,王效科,等.2011b.大气臭氧浓度增加对湿地松幼苗的影响.环境科学,32(6):1710-1716.

郑启伟,王效科,冯兆忠,等.2007b.用旋转布气法开顶式气室研究臭氧对水稻生物量和产量的影响.环境科学,28(1):170-175.

郑启伟,王效科,冯兆忠,等.2007a.臭氧和模拟酸雨对冬小麦气体交换、生长和产量的复合影响.环境科学学报,27(9):1542-1548.

郑启伟,王效科,冯兆忠,等.2006.不同臭氧熏气方式对油菜光合速率、生物量和产量的影响.生态毒理学报,1(4):323-329.

郑有飞,刘宏举,吴荣军,等.2010.地表臭氧胁迫对冬小麦籽粒品质的影响研究.农业环境科学学报,29(4):619-624.

郑有飞,刘瑞娜,吴荣军,等.2011.地表臭氧胁迫对大豆干物质生产和分配的影响.中国农业气象,32(1):73-80.

郑有飞,胡会芳,吴荣军,等.2013.地表太阳辐射减弱和臭氧浓度增加对冬小麦生长和产量的影响.生态学报,33(2):532-541.

中华人民共和国统计局.2018.中国统计年鉴.北京:中国统计出版社.

朱新开,刘晓成,孙陶芳,等.2010.开放式 O_3 浓度增高对小麦籽粒蛋白的影响.应用生态学报,21(10):2551-2557.

朱新开,刘晓成,孙陶芳,等.2011.FACE 条件下 O_3 浓度增高对小麦产量和籽粒充实的影响.中国农业科学,44(6):1100-1108.

Broberg M C, Feng Z Z, Xin Y, et al. 2015. Ozone effects on wheat grain quality—A summary. Environmental Pollution, 197: 203-213.

Feng Z Z, Kobayashi K. 2009. Assessing the impacts of current and future concentrations of surface ozone on crop yield with meta-analysis. Atmospheric Environment, 43: 1510-1519.

Feng Z Z, Hu E Z, Wang X K, et al. 2015. Ground-level O_3 pollution and its impacts on food crops in China: A review. Environmental Pollution, 199: 42-48.

Feng Z Z, Jiang L J, Calatayud V, et al. 2018a. Intraspecific variation in sensitivity of winter wheat(*Triticum aestivum* L.) to ambient ozone in northern China as assessed by ethylenediurea(EDU). Environmental Science and Pollution Research, 25: 29208-29218.

Feng Z Z, Kobayashi K, Ainsworth EA. 2008. Impact of elevated ozone concentration on growth, physiology, and yield of wheat(*Triticum aestivum* L.): A meta-analysis. Global Change Biology, 14: 2696-21.

Feng Z Z, Uddling J, Tang H Y, et al. 2018b. Comparison of crop yield sensitivity to ozone between open-top chamber and free-air experiments. Global Change Biology, 24: 2231-2238.

Feng Z W, Jin M H, Zhang F Z, et al. 2003. Effects of ground-level ozone(O_3) pollution on the yields of rice and winter wheat in the Yangtze River Delta. Journal of Environmental Sciences, 15:360-362.

Finnan J M, Jones M B, Burke J I. 1996. A time-concentration study on the effects of ozone on spring wheat(*Triticum aestivum* L). 1. Effects on yield. Agriculture Ecosystems and Environment, 57:159-167.

Gao F, Calatayud V, García-Breijo F, et al. 2016. Effects of elevated ozone on physiological, anatomical and ultrastructural characteristics of four common urban tree species in China. Ecological Indicators, 67:367-379.

Grantz D A, Yang S. 2000. Ozone impacts on allometry and root hydraulic conductance are not mediated by source limitation or developmental age. Journal of Experimental Botany, 51:919-927.

Hoshika Y, Watanabe M, Inada N, et al. 2012. Ozone-induced stomatal sluggishness develops progressively in Siebold's beech(*Fagus crenata*). Environmental Pollution, 166:152-156.

Hu E Z, Gao F, Xin Y, et al. 2015. Concentration- and flux-based ozone dose-response relationships for five poplar clones grown in North China. Environmental Pollution, 207:21-30.

Jing L, Dombinov V, Shen S, et al. 2016. Physiological and genotype-specific factors associated with grain quality changes in rice exposed to high ozone. Environmental Pollution, 210:397-408.

Leisner C P, Ainsworth E A. 2012. Quantifying the effects of ozone on plant reproductive growth and development. Global Change Biology, 18:606-616.

Li P, Feng Z, Catalayud V, et al. 2017. A meta-analysis on growth, physiological, and biochemical responses of woody species to ground-level ozone highlights the role of plant functional types. Plant Cell and Environment, 40:2369-2380.

Li P, Yin R, Shang B. 2020. Interactive effects of ozone exposure and nitrogen addition on tree root traits and biomass allocation pattern: An experimental case study and a literature meta-analysis. Science of the Total Environment, 710:136379.

Li L, Manning W J, Tong L. 2015b. Chronic drought stress reduced but not protected Shantung maple(*Acer truncatum* Bunge) from adverse effects of ozone(O_3) on growth and physiology in the suburb of Beijing, China. Environmental Pollution, 201:34-41.

Li C H, Meng J, Guo L Y, et al. 2015a. Effects of ozone pollution on yield and quality of winter wheat under flixweed competition. Environmental and Experimental Botany,

129:77-84.

Li C H,Song Y J,Guo L Y,et al. 2018. Nitric oxide alleviates wheat yield reduction by protecting photosynthetic system from oxidation of ozone pollution. Environmental Pollution,236:296-303.

Meyer U, Kollner B, Willenbrink J, et al. 1997. Physiological changes on agricultural crops induced by different ambient ozone exposure regimes. 1. Effects on photosynthesis and assimilate allocation in spring wheat. New Phytologist,136:645-652.

Mills G,Gimeno A B,Bermejo V,et al. 2007. A synthesis of AOT40-based response functions and critical levels of ozone for agricultural and horticultural crops. Atmospheric Environment,41:2630-2643.

Mills G,Sharps K,Simpson D,et al. 2018. Closing the global ozone yield gap:Quantification and cobenefits for multistress tolerance. Global Change Biology,24:4869-4893.

Niu J F,Zhang W W,Feng Z Z,et al. 2011. Impact of elevated O_3 on visible foliar symptom,growth and biomass of *Cinnamomum camphora* seedlings under different nitrogen loads. Journal of Environmental Monitoring,13:2873-2879.

Pang J,Kobayashia K,Zhu J G. 2009. Yield and photosynthetic characteristics of flag leaves in Chinese rice (*Oryza sativa* L.) varieties subjected to free-air release of ozone. Agriculture Ecosystems and Environment,132:203-211.

Peng J L,Shang B,Xu Y S,et al. 2019. Ozone exposure- and flux-yield response relationships for maize. Environmental Pollution,252:1-7.

Pleijel H,Danielsson H,Gelang J,et al. 1998. Growth stage dependence of the grain yield response to ozone in spring wheat(*Triticum aestivum* L.). Agriculture Ecosystems and Environment,70:61-68.

Pleijel H,Uddling J. 2012. Yield vs. Quality trade-offs for wheat in response to carbon dioxide and ozone. Global Change Biology,18(2):596-605.

Reinert R A,Gray T N. 1997. Growth of radish,tomato and pepper following exposure to NO_2,SO_2 and O_3 singly or in combination. Hortscience,12:402-402.

Shang B,Feng Z Z,Li P,et al. 2017. Ozone exposure- and flux-based response relationships with photosynthesis,leaf morphology and biomass in two poplar clones. Science of the Total Environment,603-604:185-195.

Shi G Y,Yang L X,Wang Y X,et al. 2009. Impact of elevated ozone concentration on yield of four Chinese rice cultivars under fully open-air field conditions. Agriculture, Ecosystems and Environment,131:178-184.

Wahid A,Maggs R,Shamsi S R,et al. 1995. Air pollution and its impacts on wheat yield in the Pakistan Punjab. Environmental Pollution, 88: 147–154.

Wang X K, Zheng Q W, Yao F F, et al. 2007a. Assessing the impact of ambient ozone on growth and yield of a rice (*Oryza sativa* L.) and a wheat (*Triticum aestivum* L.) cultivar grown in the Yangtze Delta, China, using three rates of application of ethylenediurea (EDU). Environmental Pollution, 148: 390–395.

Wang Y X, Yang L X, Han Y, et al. 2012a. The impact of elevated tropospheric ozone on grain quality of hybrid rice: A free-air gas concentration enrichment (FACE) experiment. Field Crops Research, 129: 81–89.

Wang Y X, Yang L X, Kobayashi K, et al. 2012b. Investigations on spikelet formation in hybrid rice as affected by elevated tropospheric ozone concentration in China. Agriculture Ecosystems and Environment, 150: 63–71.

Wang X K, Manning W, Feng Z W, et al. 2007b. Ground-level ozone in China: Distribution and effects on crop yields. Environmental Pollution, 147: 394–400.

Wilkinson S, Mills G, Illidge R, et al. 2012. How is ozone pollution reducing our food supply? Journal of Experimental Botany, 63: 527–536.

Wang X K, Zhang Q Q, Zheng F X, et al. 2012c. Effects of elevated O_3 concentration on winter wheat and rice yields in the Yangtze River Delta, China. Environmental Pollution, 171: 118–125.

Wittig V E, Ainsworth E A, Naidu S L, et al. 2009. Quantifying the impact of current and future tropospheric ozone on tree biomass, growth, physiology and biochemistry: A quantitative meta-analysis. Global Change Biology, 15: 396–424.

Xu S, He X. Y, Chen W, et al. 2015. Differential sensitivity of four urban tree species to elevated O_3. Urban Forestry and Urban Greening, 14: 1166–1173.

Xu S, Li B, Li P, et al. 2019. Soil high Cd exacerbates the adverse impact of elevated O_3 on *Populus alba* 'Berolinensis' L. Ecotoxicology and Environmental Safety, 174: 35–42.

Xu S, He X Y, Du Z, et al. 2020. Tropospheric ozone and cadmium do not have interactive effects on growth, photosynthesis and mineral nutrients of *Catalpa ovata* seedlings in the urban areas of Northeast China. Science of the Total Environment, 704: 135307.

Yuan X Y, Calatayud V, Jiang L J, et al. 2015. Assessing the effects of ambient ozone in China on snap bean genotypes by using ethylenediurea (EDU). Environmental Pollution, 205: 199–208.

Zhang L, Su B Y, Xu H, et al. 2012a. Growth and photosynthetic responses of four landscape shrub species to elevated ozone. Photosynthetica,50:67–76.

Zhang W W,Feng Z Z,Wang X K,et al. 2012b. Responses of native broadleaved woody species to elevated ozone in subtropical China. Environmental Pollution,163:149–157.

Zhang W W,Feng Z Z,Wang X K,et al. 2014b. Impacts of elevated ozone on growth and photosynthesis of *Metasequoia glyptostroboides* Hu et Cheng. Plant Science,226:182–188.

Zhang W W,Niu J F,Wang X K,et al. 2011. Effects of ozone exposure on growth and photosynthesis of the seedlings of *Liriodendron chinense*(Hemsl.)Sarg,a native tree species of subtropical China. Photosynthetica,49:29–36.

Zhang W W,Wang G H,Liu X B,et al. 2014a. Effects of elevated O_3 exposure on seed yield,N concentration and photosynthesis of nine soybean cultivars(*Glycine max*(L.) Merr.)in Northeast China. Plant Science,226:172–181.

Zhang W W,Feng Z Z,Wang X K,et al. 2017. Quantification of ozone exposure- and stomatal uptake-yield response relationships for soybean in Northeast China. Science of the Total Environment,599–600:710–720.

Zhu X K,Feng Z Z,Sun T F,et al. 2011. Effects of elevated ozone concentration on yield of four Chinese cultivars of winter wheat under fully open-air field conditions. Global Change Biology,17:2697–2706.

Zhou X,Zhou J,Wang Y,et al. 2015. Elevated tropospheric ozone increased grain protein and amino acid content of a hybrid rice without manipulation by planting density. Journal of the Science of Food and Agriculture,95(1):72–78.

第 8 章　地表臭氧的区域效应评估

冯兆忠　彭金龙

20 世纪 70 年代以来，随着 O_3 地面监测网络和卫星监测网络的逐步建立，地表 O_3 浓度的变化规律及其对生态环境的不利影响逐渐被揭示。许多学者也运用全球大气化学模型模拟 O_3 的长期变化趋势（Fiore et al.，2009；Young et al.，2013）。20 世纪 90 年代以前，O_3 浓度较高的地区主要集中在美国和欧洲的一些发达国家和地区（Chan et al.，1998）。然而，随着亚洲工业化和城市化进程的加快，O_3 前体物（尤其是 NO_x）的排放量急剧增加，导致亚洲大部分地区的地表 O_3 浓度显著上升，O_3 主要污染区已经从北美洲和欧洲转移到亚洲（Granier et al.，2011；Cooper et al.，2014）。

污染区快速转移以及发展中国家对 O_3 监测的有限性，迫切需要对以下问题进行评估：发展中国家的 O_3 浓度增加程度如何以及未来的变化趋势？全球人类和植被遭受 O_3 污染最严重的区域在哪（即地域间的 O_3 敏感性分级）？伴随着目前对 O_3 前体物（如 NO_x 和 VOCs）排放的严格控制，全球 O_3 浓度是否会迅速下降？O_3 污染对气候、人类健康和作物/生态系统生产力损伤的准确阈值是多少？为了回答以上几个关键问题，国际全球大气化学计划（IGAC）组织策划了地表 O_3 评估报告（TOAR），旨在评估全球 O_3 的生态环境效应。下面我们将逐步探讨 O_3 区域效应的评估方法与我国的相关研究结果。

8.1　臭氧区域效应的评估方法

为了获得植物损伤与 O_3 暴露之间的定量关系，通常的方法是设置不同的 O_3 浓度梯度，建立 O_3 指标与植物生产参数的响应关系。O_3 指标主要分为 O_3 暴露剂量指标和气孔 O_3 吸收通量（POD_Y，小时气孔 O_3 通量高于 Y nmol · m^{-2} · s^{-1} 的累积通量）指标两类。O_3 暴露剂量指标可分为两种：一种是对植物暴露期间的小时 O_3 浓度值求平均值，主要包括 M7（9:00—16:00 的小时 O_3 浓度平均值）和 M12（8:00-20:00 的小时 O_3 浓度平均值）（Hogsett et al.，1988）；另一种是对小时 O_3 浓度值赋予不同的权重，主要包括 AOT40（白天小时 O_3 浓度超过 40 ppb 部分的累积值）、SUM06（小时 O_3 浓度大于 60 ppb 的累积值）和 W126（所有小时 O_3 浓度在特定时间段内用 Sigmoidal 函数加权求和值）（Fuhrer et al.，1997；US-EPA，1996），其中 AOT40 最为常用（Mills et al.，2007）。赋予不同权重的方法更受研究者的青睐，主要原因是植物对 O_3 具有一定的抵抗能力，即当 O_3 浓度高于一定阈值后才会造成损害。

由于 O_3 对植物的损伤程度直接取决于自身的 O_3 吸收通量和解毒能力，而 21 世纪发展起来的叶片气孔 O_3 吸收通量方法在 O_3 区域评估中日益受到重视与广泛应用(Emberson et al. ,2000; Pleijel et al. ,2004;Fuhrer et al. ,2016)。它的主要特点是考虑到生物学和环境因子对植物气孔 O_3 吸收的影响，主要计算过程是通过模型模拟植物小时尺度的气孔导度值(Jarvis 气孔导度模型)(Jarvis,1976)，然后计算每小时的 O_3 气孔吸收通量，最终得到植物生长季内的累积通量。下面将对一些常用评估指标进行详细介绍。

8.1.1 M12

M12 过去曾广泛用于表征作物 O_3 暴露量，用其构建作物的 O_3 暴露响应关系，即建立 M12 与作物相对产量间的回归关系(Heck et al. ,1988; Jäger et al. ,1992)。后来美国学者创建了其他 O_3 累积评估方法，如 SUM06 和 W126，可以更好地反映作物产量损失(即响应关系的解释度/R^2 更大)，进而得到更多关注。自此，便很少有研究者用 M12 作为评估作物或树木 O_3 伤害的指标。

8.1.2 SUM06

SUM06 是指小时 O_3 浓度大于 60 ppb 的累积值。

具体计算公式为：$\mathrm{SUM06} = \sum_{i=1}^{n} [\mathrm{O_3}]$

其中，$[\mathrm{O_3}]$ 为大于 60 ppb 的小时平均 O_3 浓度(单位为 ppb)。

8.1.3 W126

W126 是指所有小时 O_3 浓度在特定时段内用 sigmoidal 函数(即 S 形生长曲线)加权求和值，随着 O_3 浓度的上升，每小时 O_3 浓度赋予的权重逐渐增加(0 ~ 1 范围内)。具体计算公式为：

$$W_i = 1/[1+4\,403\times\exp(126\times C_i/1\,000)]$$

$$\mathrm{W126} = \sum_{i=1}^{n} W_i \times C_i$$

其中，W_i 为 i 小时平均 O_3 浓度的权重因子(波动范围为 0 ~ 1)；C_i 为 i 小时平均 O_3 浓度(单位为 ppb)。

8.1.4 AOT40

通常，植物对 O_3 的响应具有一定的响应阈值，即高于一定浓度的 O_3 才会对植物造成损伤。因此，《远距离跨界空气污染公约》(LRTAP,2017)开发并推荐使用一种基于欧洲植物生态系统的 O_3 风险评估方法：将阈值设定为 40 ppb，并计算 AOT40。具体计算方式如下：

$$\mathrm{AOT40}=\sum_{i=1}^{n}([\mathrm{O_3}]-40)\times\Delta t$$

其中，$[O_3]$为小时 O_3 浓度值；$\Delta t = 1$ h。

8.1.5 POD_Y

气孔 O_3 吸收通量（POD_Y）是将生物学和环境因子纳入 O_3 风险评估中，即采用小时 O_3 浓度、温度（T）、大气饱和水汽压差（VPD，根据温度和相对湿度计算得到）、光合有效辐射（PAR）、土壤水势（SWP）或植物有效水分（PAW）和植物生长发育时期（物候）等因子参数化 Jarvis 气孔导度模型，并结合模拟的小时气孔导度（g_{sto}）计算平均小时叶片气孔 O_3 吸收通量，然后按某个阈值 Y（$\mathrm{nmol\cdot m^{-2}\cdot s^{-1}}$）计算得到特定时间段内的累积通量。相关计算步骤如下。

（1）饱和水汽压差（VPD）

$$VPD=\left(1-\frac{RH}{100}\right)\times0.611\times\exp\left(\frac{17.502\times T}{T+240.97}\right)$$

其中，RH 为大气相对湿度；T 为大气温度，单位为℃。

（2）Jarvis 气孔导度模型

$$g_{\mathrm{sto}}=g_{\mathrm{max}}\times[\min(f_{\mathrm{phen}},f_{\mathrm{O_3}})]\times f_{\mathrm{light}}\times\max[f_{\mathrm{min}},(f_{\mathrm{temp}}\times f_{VPD}\times f_{\mathrm{sw}})]$$

其中，g_{sto}为叶片的实际 O_3 气孔导度（$\mathrm{mmol\ O_3\cdot m^{-2}\cdot s^{-1}}$）；$g_{\mathrm{max}}$为某物种的最大 O_3 气孔导度；f_{phen}、$f_{\mathrm{O_3}}$、f_{light}、f_{temp}、f_{VPD}和f_{sw}分别表示物候、O_3、光合有效辐射、温度、饱和水汽压差和土壤水分对 g_{max}的相对影响，波动范围为 0～1；f_{min}为相对最小气孔导度，设为 0.01。具体参数化方法请见 LRTAP（2017）。

（3）小时气孔 O_3 通量 F_{st}

$$F_{\mathrm{st}}=[\mathrm{O_3}]\times g_{\mathrm{sto}}\times\frac{r_c}{r_b+r_c}$$

其中，$[O_3]$为植物冠层的 O_3 浓度；r_b为叶片边界层抗 O_3 阻力；r_c为叶片表层抗 O_3 阻力；g_{sto}为叶片的实际 O_3 气孔导度。因 r_b取决于风速和叶片形状，O_3 熏蒸采用开顶式气室的研究，植物生长环境具有高速气流，一般可以忽略 r_b，故上述 F_{st}计算公式进一步简化为：

$$F_{\mathrm{st}}=[\mathrm{O_3}]\times g_{\mathrm{sto}}$$

（4）植物的小时气孔 O_3 通量高于某一临界吸收通量 Y（$\mathrm{nmol\cdot m^{-2}\cdot s^{-1}}$）的累积吸收通量 POD_Y 计算如下：

$$\mathrm{POD}_Y=\sum_{i=1}^{n}\max[F_{\mathrm{st}}-Y,0]\times\Delta t$$

其中，F_{st}为气孔 O_3 通量；Y 为某一阈值，会因温度、土壤湿度等因素在不同植物间进行调节，进而反映了不同树种间气孔差异的特点；$\Delta t=1$ h。

POD_Y 的简化版本,命名为 POD_YIAM,已经被成功开发且可以应用到区域及全球尺度上,包括综合评价模型等。这一评估方法与 POD_Y 相似,但排除了土壤水分和物候对气孔通量的影响。

8.1.6 季节性百分比

对季节性的 O_3 浓度数据进行百分位(5th,25th,50th,75th,95th,98^{th}和 99th)分析可以从一定程度上反映 O_3 浓度分布情况以及不同季节 O_3 暴露浓度和剂量的关系,还能为 O_3 剂量计算方法的选择提供参考依据。

8.1.7 计算周期

根据不同植物类型及其生长季的差异,上述 O_3 评估指标计算周期通常可分为以下几种。

(1) 3 个月,08:00—20:00

农作物(如小麦和水稻)3 个月 O_3 累积期便可以反映出 O_3 对植株生长的影响,且这种影响主要集中在开花期。由于园艺作物在不同地区可进行多次重复种植,生长季的时间段难以确定,故应挑选特定的时间段(不超过 3 个月)进行评估。

(2) 3 个月,白天晴天辐射>50 $W \cdot m^{-2}$

只有白天晴天辐射量大于 50 $W \cdot m^{-2}$ 对应的小时 O_3 浓度才被纳入计算范围,因为此时植物叶片气孔一般处于开放状态,大气 O_3 能有效被植物所吸收。适用植物类型同(1)。

(3) 6 个月,08:00—20:00

通常适用于森林和生命期较长的多年生植被,如草原。

(4) 6 个月,白天晴天辐射量>50 $W \cdot m^{-2}$

适用植物类型同(3)。

(5) 7 个月,08:00—20:00

适用于评估温带或亚热带气候区内落叶林和半天然植被受 O_3 暴露的影响,不能应用于一些生育期小于 7 个月的森林植被。

(6) 7 个月,白天晴天辐射量>50 $W \cdot m^{-2}$

适用植物类型同(5)。

(7) 12 个月,08:00—20:00

主要适用于一年生的植被,如地中海常绿森林、热带/亚热带湿润气候地区森林等。

(8) 12 个月,白天晴天辐射量>50 $W \cdot m^{-2}$

适用植物类型同(7)。

8.1.8 臭氧指标算法的比较

利用监测站点实测 O_3 浓度数据计算上述部分指标发现，我国不同地域间的AOT40 和 W126 存在较大差异，从大到小依次为：北部地区＝东部地区≥南部地区>东北部地区≥西北部地区≥西南部地区（Li et al.，2018）。城市地区与非城市地区也有明显差异：对于东部（图 8.1c）和南部地区（图 8.1d），城市地区的 O_3 风险（M12 和 M24，M24 即指 24 h 平均 O_3 浓度）比非城市地区高；对于北部（图 8.1a）、西南部（图 8.1e）和西北部（图 8.1f）地区，非城市地区的 O_3 风险（M12 和 M24）比城市地区高；对于 AOT40 和 W126，东部和南部的城市地区高于非城市地区，而西北部相反（图 8.1f）。另外，在各地域，城市地区与非城市地区之间的高 O_3 浓度的发生频率（N100，小时 O_3 浓度大于 100 ppb 的小时数）无显著差异（图 8.1）。

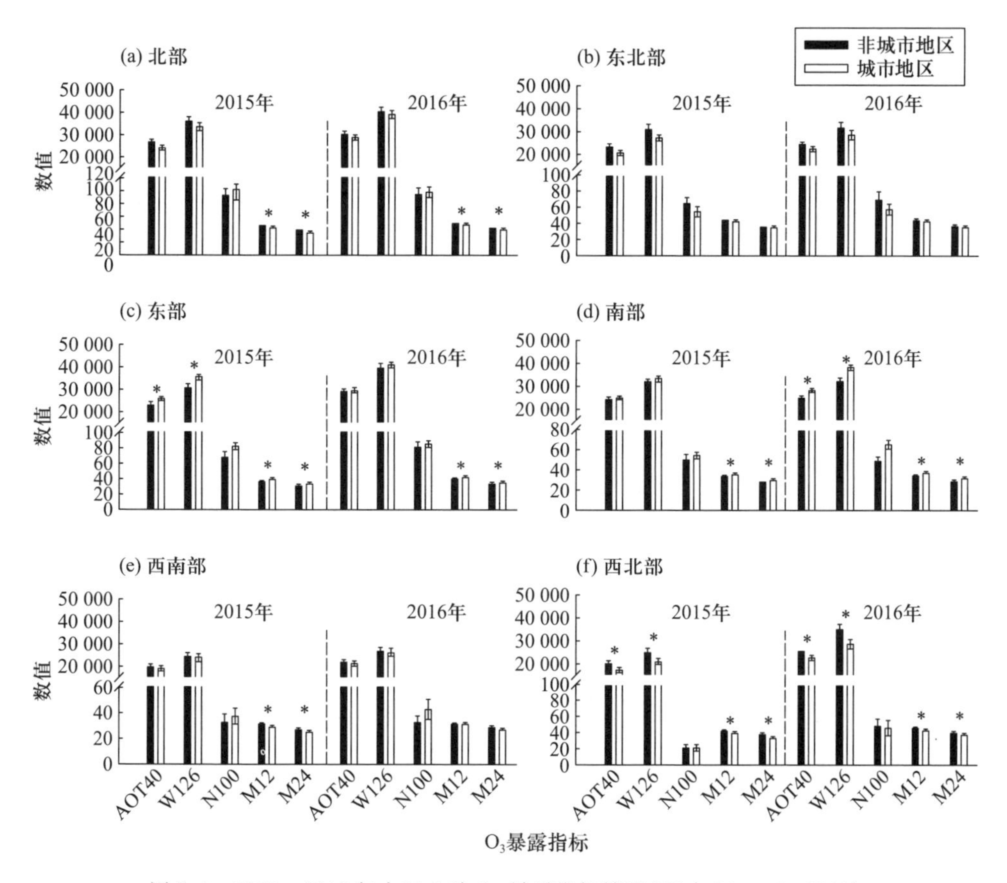

图 8.1　2015—2016 年中国 5 种 O_3 暴露指标情况（引自 Li et al.，2018）

注：AOT40、W126、N100、M12 和 M24，单位分别为 ppb · h、ppb · h、h、ppb 和 ppb；

* 表示城市地区和非城市地区之间存在显著差异，$P<0.05$。

Tang 等(2014)评估 2000 年全国水稻的 POD_6(小时气孔 O_3 吸收通量超过 6 $nmol \cdot m^{-2} \cdot s^{-1}$的累积值)发现,对于单季稻,长江中下游 POD_6 较高,东北地区极低,接近零。双季早稻的 POD_6 分布情况与单季稻类似,但是双季晚稻的高 POD_6 地区基本集中在我国南部。

8.2 臭氧对我国粮食产量的区域影响

由于人口增长,全球粮食需求量在 2050 年将翻一番(Tilman et al.,2011),我国到 2030 年对水稻、小麦和玉米的需求量也将分别增至 218 t、125 t 和 315 t(Chen et al.,2014)。粮食安全与人类健康密不可分,故粮食产量在未来必须增加不能减少。然而,高浓度的 O_3 污染可导致作物产量严重下降,包括小麦(Zhu et al.,2011)、水稻(Shi et al.,2009)、大豆(李彩虹等,2010; Zhang et al.,2017)、玉米(Peng et al.,2019)、油菜(白月明等,2003)和菠菜(白月明等,2004)等重要作物。两项整合分析的研究结果表明,以活性炭过滤 O_3 的空气为对照,高浓度 O_3(约 70 ppb)可导致大豆和小麦分别减产 24% 和 29%(Morgan et al.,2003; Feng et al.,2008)。Tai 等(2014)通过模型研究发现,我国粮食作物(水稻、小麦、玉米和大豆)相比美国和欧洲对 O_3 污染更为敏感。Pleijel 等(2019)对野外实验数据的整合分析也发现,我国小麦对 O_3 的敏感性远高于北美洲,且我国地表 O_3 污染会在相当长一段时间内持续加重(Zeng et al.,2019)。因此,关注 O_3 污染对我国粮食产量的区域影响具有重大意义。

对我国 O_3 污染引起产量损失的区域评估发现,长江三角洲地区小麦和水稻平均产量损失为 5.9%,导致总经济损失达 13.44 亿元;油菜产量损失为 5.9%,经济损失达 2.61 亿元(姚芳芳等,2008)。全国范围内估算,水稻减产 5.2% ~ 18.4%;小麦减产 10.5% ~ 37.3%;玉米减产 1.8% ~ 6.4%;豆类减产 5.3% ~ 18.9%;薯类减产 2.9% ~ 10.5%;油菜减产 3.2% ~ 11.3%(耿春梅等,2014)。值得注意的是,近年来随着我国地表 O_3 浓度监测网络的逐渐扩大与完善,区域 O_3 减产风险评估的准确性也在不断提高。例如,Feng 等(2019a)首次采用我国 1 497 个 O_3 监测站点的实测数据,基于国内 O_3 暴露剂量(AOT40)响应方程,对 2015 年 O_3 减产风险进行评估发现,我国水稻和小麦的产量在 2015 年受到环境 O_3 浓度水平的影响分别减产 8% 和 6%。Zhao 等(2020)评估 2015—2017 年大气 O_3 污染对冬小麦、玉米和水稻的产量影响发现,冬小麦减产幅度最大的地区是河北(29.7% ~55.3%),玉米减产幅度最大的是北京市(12.4% ~13.4%),单季水稻减产幅度最大的是上海(8.3% ~ 18.0%),双季早稻减产幅度最大的是安徽(2.7% ~ 14.9%),双季晚稻减产幅度最大的是湖北(5.5% ~10.4%)。

表 8.1 列出了我国主要地区的粮食受损情况与经济损失。更进一步,Hu 等

表 8.1　2015—2017 年臭氧导致的农作物的总产量损失和经济损失(引自 Zhao et al.,2020)

作物	地区	产量损失/万吨			经济损失/亿美元		
		2015 年	2016 年	2017 年	2015 年	2016 年	2017 年
冬小麦	河南	1 304.0	1 842.4	2 831.1	47.34	66.89	102.80
	山东	1 094.5	1 352.1	2 241.9	39.74	49.09	81.40
	河北	605.2	949.5	1 409.5	21.97	34.47	51.17
	江苏	384.8	360.4	775.3	13.97	13.09	28.15
	中国	3 947.4	5 387.3	8 816.6	143.32	195.60	320.11
玉米	山东	222.0	197.8	334.7	6.83	6.09	10.30
	河北	146.0	175.1	327.0	4.49	5.39	10.06
	河南	137.0	164.3	323.9	4.21	5.06	9.97
	内蒙古	158.3	154.0	221.9	4.87	4.74	6.83
	中国	1 258.4	1 327.5	2 098.8	38.72	40.85	64.58
单季水稻	江苏	268.3	280.6	232.4	10.98	11.48	9.51
	安徽	31.6	120.4	131.5	1.29	4.93	5.38
	四川	95.1	97.4	124.5	3.89	3.98	5.10
	中国	950.9	1 100.5	1 134.0	38.91	45.04	46.41
双季早稻	湖南	32.0	34.1	50.8	1.31	1.40	2.08
	江西	19.9	32.8	50.3	0.81	1.34	2.06
	广东	17.5	18.1	25.1	0.71	0.74	1.03
	中国	116.0	121.0	180.0	4.75	4.95	7.37
双季晚稻	湖南	83.7	85.2	58.2	3.43	3.49	2.38
	江西	44.0	61.0	48.7	1.8	2.50	1.99
	广东	46.7	37.6	53.7	1.91	1.54	2.20
	中国	256.1	265.1	220.6	10.48	10.85	9.03

(2020)和 Feng 等(2020)以县为单位对我国华北平原(主要粮食生产区和 O_3 高浓度污染区)进行了高精度的评估,发现在 2014—2017 年,小麦(玉米)产量分别损失 18.5%(8.2%)、22.7%(9.2%)、26.2%(10.4%)和 30.8%(13.4%),造成年经济损失达 438.6 亿元(163.6 亿元)、594.2 亿元(186.6 亿元)、701.8 亿元(131.8 亿元)和 864.6 亿元(167.9 亿元)。另外,基于 AOT40 和 POD_{12}(小时气孔

O_3 吸收通量高于阈值 12 nmol · m^{-2} · s^{-1} 的累积气孔通量)的方法评估发现,2015—2016 年全国冬小麦平均产量损失分别为 10.4% 和 17.6%(Feng et al.,2019b)。在 O_3 风险评估中,与 AOT40 不同(仅考虑环境 O_3 浓度,即浓度越高减产越多),气孔 O_3 吸收通量模型将生物学因素和环境因子纳入考虑范围(LRTAP,2017),因此后者的评估结果更加准确可信,这表明以往基于植物外界环境 O_3 浓度的 O_3 暴露剂量法(如 AOT40 和 SUM06)对作物产量损失存在过高估计的情况。

表 8.2 ~ 表 8.5 列出了目前环境 O_3 污染对我国主要粮食作物(小麦、水稻、玉米、大豆和油菜)产量的区域影响,包括不同年份和区域的减产情况。评估结果因不同 O_3 评估指标的使用而存在巨大差异。例如,SUM06 和 AOT40 的评估结果显示,1990 年因环境 O_3 污染导致冬小麦减产率分别为 13% 和 12%,约为 M7/M12 评估结果(6%)的 2 倍(Wang and Mauzerall,2004)(表 8.2)。而且,不同地域之间因 O_3 浓度差异,评估结果也不同。对于小麦和玉米,其减产损失属北方地区最为严峻(如河南、河北、山东和山西,表 8.2 和表 8.4)。由于双季水稻种植区主要集中在我国南方,故南方诸省受害程度较高(如湖北、湖南和浙江,表 8.3),而单季水稻受损严重区仍集中在北方(表 8.3)。

然而,尽管气孔 O_3 吸收通量模型在我国小麦(Feng et al.,2012)、水稻(张继双等,2016)、玉米(Peng et al.,2019)和大豆(Zhang et al.,2017)等重要作物中已经建立,但我国国土面积广袤,粮食产区分布范围广泛,且作物品种繁多,地域间(如南北方)和作物品种间 O_3 敏感性差异极大(佟磊等,2015;Feng et al.,2016;Jiang et al.,2018)。使用目前基于单一品种或较少品种开发的 O_3 气孔通量模型来对包含众多品种的区域进行风险评估仍存在一定的偏差。因此,应采用待评估区域的代表性品种建立其 O_3 通量模型,以提高 O_3 减产评估的精度。

表 8.2 臭氧对小麦产量的影响

作物	地域范围	O_3 浓度数据来源	年份	评估指标	产量损失率/%	参考文献
冬小麦	全国	模拟	1990	AOT40	1.7	Aunan et al.,2000
冬小麦	全国	模拟	1990	AOT40	12.0	Wang and Mauzerall,2004
冬小麦	全国	模拟	1990	M7/M12	1.6	Aunan et al.,2000
冬小麦	全国	模拟	1990	M7/M12	6.0	Wang and Mauzerall,2004
冬小麦	全国	模拟	1990	SUM06	0.0	Aunan et al.,2000
冬小麦	全国	模拟	1990	SUM06	13.0	Wang and Mauzerall,2004

续表

作物	地域范围	O_3 浓度数据来源	年份	评估指标	产量损失率/%	参考文献
冬小麦	全国	模拟	2000	AOT40	6.4	Tang et al.,2013
冬小麦	全国	模拟	2000	POD_{12}	10.3	Tang et al.,2013
冬小麦	全国	模拟	2000	POD_6	14.9	Tang et al.,2013
冬小麦	全国	实测	2015	AOT40	17.1	Feng et al.,2019b
冬小麦	全国	实测	2015	POD_{12}	10.6	Feng et al.,2019b
冬小麦	全国	实测	2016	AOT40	18.1	Feng et al.,2019b
冬小麦	全国	实测	2016	POD_{12}	10.2	Feng et al.,2019b
冬小麦	全国	模拟	2020	AOT40	13.4	Aunan et al.,2000
冬小麦	全国	模拟	2020	AOT40	41.0	Wang and Mauzerall,2004
冬小麦	全国	模拟	2020	AOT40	14.8	Tang et al.,2013
冬小麦	全国	模拟	2020	M7/M12	2.9	Aunan et al.,2000
冬小麦	全国	模拟	2020	M7/M12	7.0	Wang and Mauzerall,2004
冬小麦	全国	模拟	2020	POD_{12}	19.2	Tang et al.,2013
冬小麦	全国	模拟	2020	POD_6	23.0	Tang et al.,2013
冬小麦	全国	模拟	2020	SUM06	2.3	Aunan et al.,2000
冬小麦	全国	模拟	2020	SUM06	63.0	Wang and Mauzerall,2004
冬小麦	长江三角洲	实测	2003	AOT40	17.1	姚芳芳等,2008
冬小麦	长江三角洲	实测	2015	AOT40	26.4	Zhao et al.,2018
冬小麦	华北平原	实测	2014	AOT40	18.5	Hu et al.,2020
冬小麦	华北平原	实测	2015	AOT40	22.7	Hu et al.,2020
冬小麦	华北平原	实测	2016	AOT40	26.2	Hu et al.,2020
冬小麦	华北平原	实测	2017	AOT40	30.8	Hu et al.,2020
冬小麦	安徽	实测	2015	AOT40	5.2	Zhao et al.,2020
冬小麦	安徽	实测	2016	AOT40	13.6	Zhao et al.,2020
冬小麦	安徽	实测	2017	AOT40	32.0	Zhao et al.,2020
冬小麦	安徽	实测	2018	AOT40	31.2	Zhao et al.,2020
冬小麦	甘肃	实测	2015	AOT40	24.8	Zhao et al.,2020
冬小麦	甘肃	实测	2016	AOT40	24.4	Zhao et al.,2020
冬小麦	甘肃	实测	2017	AOT40	29.2	Zhao et al.,2020
冬小麦	甘肃	实测	2018	AOT40	32.4	Zhao et al.,2020
冬小麦	贵州	实测	2015	AOT40	8.8	Zhao et al.,2020

续表

作物	地域范围	O_3 浓度数据来源	年份	评估指标	产量损失率/%	参考文献
冬小麦	贵州	实测	2016	AOT40	6.4	Zhao et al.,2020
冬小麦	贵州	实测	2017	AOT40	7.6	Zhao et al.,2020
冬小麦	贵州	实测	2018	AOT40	11.2	Zhao et al.,2020
冬小麦	河北	实测	2015	AOT40	29.6	Zhao et al.,2020
冬小麦	河北	实测	2016	AOT40	39.2	Zhao et al.,2020
冬小麦	河北	实测	2017	AOT40	48.4	Zhao et al.,2020
冬小麦	河北	实测	2018	AOT40	55.6	Zhao et al.,2020
冬小麦	河南	实测	2015	AOT40	27.2	Zhao et al.,2020
冬小麦	河南	实测	2016	AOT40	34.4	Zhao et al.,2020
冬小麦	河南	实测	2017	AOT40	43.2	Zhao et al.,2020
冬小麦	河南	实测	2018	AOT40	50.8	Zhao et al.,2020
冬小麦	湖北	实测	2015	AOT40	16.4	Zhao et al.,2020
冬小麦	湖北	实测	2016	AOT40	19.6	Zhao et al.,2020
冬小麦	湖北	实测	2017	AOT40	21.2	Zhao et al.,2020
冬小麦	湖北	实测	2018	AOT40	19.6	Zhao et al.,2020
冬小麦	江苏	实测	2015	AOT40	24.4	Zhao et al.,2020
冬小麦	江苏	实测	2016	AOT40	24.4	Zhao et al.,2020
冬小麦	江苏	实测	2017	AOT40	37.2	Zhao et al.,2020
冬小麦	江苏	实测	2018	AOT40	32.4	Zhao et al.,2020
冬小麦	山东	实测	2015	AOT40	31.2	Zhao et al.,2020
冬小麦	山东	实测	2016	AOT40	36.0	Zhao et al.,2020
冬小麦	山东	实测	2017	AOT40	46.8	Zhao et al.,2020
冬小麦	山东	实测	2018	AOT40	47.6	Zhao et al.,2020
冬小麦	山西	实测	2015	AOT40	18.8	Zhao et al.,2020
冬小麦	山西	实测	2016	AOT40	28.0	Zhao et al.,2020
冬小麦	山西	实测	2017	AOT40	49.6	Zhao et al.,2020
冬小麦	山西	实测	2018	AOT40	48.8	Zhao et al.,2020
冬小麦	陕西	实测	2015	AOT40	18.4	Zhao et al.,2020
冬小麦	陕西	实测	2016	AOT40	32.4	Zhao et al.,2020
冬小麦	陕西	实测	2017	AOT40	30.8	Zhao et al.,2020
冬小麦	陕西	实测	2018	AOT40	31.6	Zhao et al.,2020

续表

作物	地域范围	O_3 浓度数据来源	年份	评估指标	产量损失率/%	参考文献
冬小麦	四川	实测	2015	AOT40	15.6	Zhao et al.,2020
冬小麦	四川	实测	2016	AOT40	12.0	Zhao et al.,2020
冬小麦	四川	实测	2017	AOT40	13.2	Zhao et al.,2020
冬小麦	四川	实测	2018	AOT40	21.2	Zhao et al.,2020
冬小麦	天津	实测	2015	AOT40	22.4	Zhao et al.,2020
冬小麦	天津	实测	2016	AOT40	32.4	Zhao et al.,2020
冬小麦	天津	实测	2017	AOT40	29.6	Zhao et al.,2020
冬小麦	天津	实测	2018	AOT40	37.2	Zhao et al.,2020
冬小麦	新疆	实测	2015	AOT40	10.0	Zhao et al.,2020
冬小麦	新疆	实测	2016	AOT40	14.0	Zhao et al.,2020
冬小麦	新疆	实测	2017	AOT40	14.8	Zhao et al.,2020
冬小麦	新疆	实测	2018	AOT40	20.4	Zhao et al.,2020
冬小麦	云南	实测	2015	AOT40	14.8	Zhao et al.,2020
冬小麦	云南	实测	2016	AOT40	14.8	Zhao et al.,2020
冬小麦	云南	实测	2017	AOT40	20.0	Zhao et al.,2020
冬小麦	云南	实测	2018	AOT40	26.0	Zhao et al.,2020
冬小麦	浙江	实测	2015	AOT40	21.2	Zhao et al.,2020
冬小麦	浙江	实测	2016	AOT40	19.2	Zhao et al.,2020
冬小麦	浙江	实测	2017	AOT40	26.4	Zhao et al.,2020
冬小麦	浙江	实测	2018	AOT40	25.6	Zhao et al.,2020
冬小麦	重庆	实测	2015	AOT40	14.0	Zhao et al.,2020
冬小麦	重庆	实测	2016	AOT40	8.8	Zhao et al.,2020
冬小麦	重庆	实测	2017	AOT40	6.8	Zhao et al.,2020
冬小麦	重庆	实测	2018	AOT40	11.2	Zhao et al.,2020
春小麦	全国	模拟	1990	AOT40	9.1	Aunan et al.,2000
春小麦	全国	模拟	1990	AOT40	3.0	Wang and Mauzerall,2004
春小麦	全国	模拟	1990	M7/M12	3.2	Aunan et al.,2000
春小麦	全国	模拟	1990	M7/M12	0.8	Wang and Mauzerall,2004
春小麦	全国	模拟	1990	SUM06	0.1	Aunan et al.,2000
春小麦	全国	模拟	1990	SUM06	0.5	Wang and Mauzerall,2004
春小麦	全国	模拟	2020	AOT40	29.3	Aunan et al.,2000

续表

作物	地域范围	O_3 浓度数据来源	年份	评估指标	产量损失率/%	参考文献
春小麦	全国	模拟	2020	AOT40	22.0	Wang and Mauzerall,2004
春小麦	全国	模拟	2020	M7/M12	8.2	Aunan et al.,2000
春小麦	全国	模拟	2020	M7/M12	2.0	Wang and Mauzerall,2004
春小麦	全国	模拟	2020	SUM06	29.3	Aunan et al.,2000
春小麦	全国	模拟	2020	SUM06	30.0	Wang and Mauzerall,2004

注:表中评估指标是响应方程中的自变量;产量损失率是指在某区域中种植上述某种作物因大气环境 O_3 污染导致的减产程度,以无 O_3 污染水平为对照;模拟和实测分别表示通过模型和实际监测获得的区域 O_3 浓度数据。

表 8.3　O_3 对水稻产量的影响

作物	地域范围	O_3 浓度数据来源	年份	评估指标	产量损失率/%	参考文献
单季水稻	全国	模拟	1990	M7/M12	1.5	Aunan et al.,2000
单季水稻	全国	模拟	1990	M7/M12	4.0	Wang and Mauzerall,2004
单季水稻	全国	模拟	2020	M7/M12	4.5	Aunan et al.,2000
单季水稻	全国	模拟	2020	M7/M12	8.0	Wang and Mauzerall,2004
单季水稻	安徽	实测	2015	AOT40	2.5	Zhao et al.,2020
单季水稻	安徽	实测	2016	AOT40	9.0	Zhao et al.,2020
单季水稻	安徽	实测	2017	AOT40	8.5	Zhao et al.,2020
单季水稻	安徽	实测	2018	AOT40	10.3	Zhao et al.,2020
单季水稻	福建	实测	2015	AOT40	2.0	Zhao et al.,2020
单季水稻	福建	实测	2016	AOT40	3.5	Zhao et al.,2020
单季水稻	福建	实测	2017	AOT40	6.4	Zhao et al.,2020
单季水稻	福建	实测	2018	AOT40	4.6	Zhao et al.,2020
单季水稻	广西	实测	2015	AOT40	3.5	Zhao et al.,2020
单季水稻	广西	实测	2016	AOT40	3.8	Zhao et al.,2020
单季水稻	广西	实测	2017	AOT40	2.7	Zhao et al.,2020
单季水稻	广西	实测	2018	AOT40	3.0	Zhao et al.,2020
单季水稻	贵州	实测	2015	AOT40	2.3	Zhao et al.,2020
单季水稻	贵州	实测	2016	AOT40	3.0	Zhao et al.,2020
单季水稻	贵州	实测	2017	AOT40	2.0	Zhao et al.,2020
单季水稻	贵州	实测	2018	AOT40	2.3	Zhao et al.,2020

续表

作物	地域范围	O_3 浓度数据来源	年份	评估指标	产量损失率/%	参考文献
单季水稻	河北	实测	2015	AOT40	10.6	Zhao et al.,2020
单季水稻	河北	实测	2016	AOT40	11.3	Zhao et al.,2020
单季水稻	河北	实测	2017	AOT40	17.1	Zhao et al.,2020
单季水稻	河北	实测	2018	AOT40	14.3	Zhao et al.,2020
单季水稻	湖北	实测	2015	AOT40	8.9	Zhao et al.,2020
单季水稻	湖北	实测	2016	AOT40	10.6	Zhao et al.,2020
单季水稻	湖北	实测	2017	AOT40	6.4	Zhao et al.,2020
单季水稻	湖北	实测	2018	AOT40	9.5	Zhao et al.,2020
单季水稻	河南	实测	2015	AOT40	8.5	Zhao et al.,2020
单季水稻	河南	实测	2016	AOT40	12.9	Zhao et al.,2020
单季水稻	河南	实测	2017	AOT40	15.4	Zhao et al.,2020
单季水稻	河南	实测	2018	AOT40	14.7	Zhao et al.,2020
单季水稻	黑龙江	实测	2015	AOT40	2.5	Zhao et al.,2020
单季水稻	黑龙江	实测	2016	AOT40	1.2	Zhao et al.,2020
单季水稻	黑龙江	实测	2017	AOT40	2.0	Zhao et al.,2020
单季水稻	黑龙江	实测	2018	AOT40	1.4	Zhao et al.,2020
单季水稻	湖南	实测	2015	AOT40	6.4	Zhao et al.,2020
单季水稻	湖南	实测	2016	AOT40	7.7	Zhao et al.,2020
单季水稻	湖南	实测	2017	AOT40	6.0	Zhao et al.,2020
单季水稻	湖南	实测	2018	AOT40	6.9	Zhao et al.,2020
单季水稻	吉林	实测	2015	AOT40	5.6	Zhao et al.,2020
单季水稻	吉林	实测	2016	AOT40	6.0	Zhao et al.,2020
单季水稻	吉林	实测	2017	AOT40	5.9	Zhao et al.,2020
单季水稻	吉林	实测	2018	AOT40	3.3	Zhao et al.,2020
单季水稻	江苏	实测	2015	AOT40	12.0	Zhao et al.,2020
单季水稻	江苏	实测	2016	AOT40	12.7	Zhao et al.,2020
单季水稻	江苏	实测	2017	AOT40	10.8	Zhao et al.,2020
单季水稻	江苏	实测	2018	AOT40	10.6	Zhao et al.,2020
单季水稻	江西	实测	2015	AOT40	3.4	Zhao et al.,2020
单季水稻	江西	实测	2016	AOT40	6.3	Zhao et al.,2020
单季水稻	江西	实测	2017	AOT40	5.1	Zhao et al.,2020

续表

作物	地域范围	O_3 浓度数据来源	年份	评估指标	产量损失率/%	参考文献
单季水稻	江西	实测	2018	AOT40	6.9	Zhao et al.,2020
单季水稻	辽宁	实测	2015	AOT40	10.0	Zhao et al.,2020
单季水稻	辽宁	实测	2016	AOT40	9.0	Zhao et al.,2020
单季水稻	辽宁	实测	2017	AOT40	11.1	Zhao et al.,2020
单季水稻	辽宁	实测	2018	AOT40	6.5	Zhao et al.,2020
单季水稻	内蒙古	实测	2015	AOT40	8.3	Zhao et al.,2020
单季水稻	内蒙古	实测	2016	AOT40	8.9	Zhao et al.,2020
单季水稻	内蒙古	实测	2017	AOT40	10.3	Zhao et al.,2020
单季水稻	内蒙古	实测	2018	AOT40	9.1	Zhao et al.,2020
单季水稻	宁夏	实测	2015	AOT40	10.4	Zhao et al.,2020
单季水稻	宁夏	实测	2016	AOT40	10.3	Zhao et al.,2020
单季水稻	宁夏	实测	2017	AOT40	11.0	Zhao et al.,2020
单季水稻	宁夏	实测	2018	AOT40	8.7	Zhao et al.,2020
单季水稻	山东	实测	2015	AOT40	13.2	Zhao et al.,2020
单季水稻	山东	实测	2016	AOT40	12.9	Zhao et al.,2020
单季水稻	山东	实测	2017	AOT40	15.0	Zhao et al.,2020
单季水稻	山东	实测	2018	AOT40	12.1	Zhao et al.,2020
单季水稻	陕西	实测	2015	AOT40	7.7	Zhao et al.,2020
单季水稻	陕西	实测	2016	AOT40	10.0	Zhao et al.,2020
单季水稻	陕西	实测	2017	AOT40	11.9	Zhao et al.,2020
单季水稻	陕西	实测	2018	AOT40	10.3	Zhao et al.,2020
单季水稻	上海	实测	2015	AOT40	14.7	Zhao et al.,2020
单季水稻	上海	实测	2016	AOT40	12.1	Zhao et al.,2020
单季水稻	上海	实测	2017	AOT40	18.0	Zhao et al.,2020
单季水稻	上海	实测	2018	AOT40	8.3	Zhao et al.,2020
单季水稻	四川	实测	2015	AOT40	5.9	Zhao et al.,2020
单季水稻	四川	实测	2016	AOT40	5.9	Zhao et al.,2020
单季水稻	四川	实测	2017	AOT40	7.7	Zhao et al.,2020
单季水稻	四川	实测	2018	AOT40	7.2	Zhao et al.,2020
单季水稻	新疆	实测	2015	AOT40	4.6	Zhao et al.,2020
单季水稻	新疆	实测	2016	AOT40	5.2	Zhao et al.,2020

续表

作物	地域范围	O_3 浓度数据来源	年份	评估指标	产量损失率/%	参考文献
单季水稻	新疆	实测	2017	AOT40	8.9	Zhao et al. ,2020
单季水稻	新疆	实测	2018	AOT40	6.4	Zhao et al. ,2020
单季水稻	云南	实测	2015	AOT40	1.4	Zhao et al. ,2020
单季水稻	云南	实测	2016	AOT40	1.2	Zhao et al. ,2020
单季水稻	云南	实测	2017	AOT40	0.9	Zhao et al. ,2020
单季水稻	云南	实测	2018	AOT40	1.4	Zhao et al. ,2020
单季水稻	浙江	实测	2015	AOT40	10.6	Zhao et al. ,2020
单季水稻	浙江	实测	2016	AOT40	8.5	Zhao et al. ,2020
单季水稻	浙江	实测	2017	AOT40	8.5	Zhao et al. ,2020
单季水稻	浙江	实测	2018	AOT40	6.4	Zhao et al. ,2020
单季水稻	重庆	实测	2015	AOT40	5.2	Zhao et al. ,2020
单季水稻	重庆	实测	2016	AOT40	6.9	Zhao et al. ,2020
单季水稻	重庆	实测	2017	AOT40	11.6	Zhao et al. ,2020
单季水稻	重庆	实测	2018	AOT40	12.1	Zhao et al. ,2020
双季晚稻	全国	模拟	1990	M7/M12	1.5	Aunan et al. ,2000
双季晚稻	全国	模拟	1990	M7/M12	5.0	Wang and Mauzerall,2004
双季晚稻	全国	模拟	2020	M7/M12	4.4	Aunan et al. ,2000
双季晚稻	全国	模拟	2020	M7/M12	10.0	Wang and Mauzerall,2004
双季晚稻	安徽	实测	2015	AOT40	10.8	Zhao et al. ,2020
双季晚稻	安徽	实测	2016	AOT40	7.8	Zhao et al. ,2020
双季晚稻	安徽	实测	2017	AOT40	8.7	Zhao et al. ,2020
双季晚稻	安徽	实测	2018	AOT40	2.8	Zhao et al. ,2020
双季晚稻	福建	实测	2015	AOT40	5.5	Zhao et al. ,2020
双季晚稻	福建	实测	2016	AOT40	7.1	Zhao et al. ,2020
双季晚稻	福建	实测	2017	AOT40	2.8	Zhao et al. ,2020
双季晚稻	福建	实测	2018	AOT40	2.1	Zhao et al. ,2020
双季晚稻	广东	实测	2015	AOT40	8.0	Zhao et al. ,2020
双季晚稻	广东	实测	2016	AOT40	9.1	Zhao et al. ,2020
双季晚稻	广东	实测	2017	AOT40	6.3	Zhao et al. ,2020
双季晚稻	广东	实测	2018	AOT40	7.7	Zhao et al. ,2020
双季晚稻	广西	实测	2015	AOT40	4.8	Zhao et al. ,2020

续表

作物	地域范围	O_3 浓度数据来源	年份	评估指标	产量损失率/%	参考文献
双季晚稻	广西	实测	2016	AOT40	5.1	Zhao et al.,2020
双季晚稻	广西	实测	2017	AOT40	4.8	Zhao et al.,2020
双季晚稻	广西	实测	2018	AOT40	4.4	Zhao et al.,2020
双季晚稻	海南	实测	2015	AOT40	4.4	Zhao et al.,2020
双季晚稻	海南	实测	2016	AOT40	3.9	Zhao et al.,2020
双季晚稻	海南	实测	2017	AOT40	1.0	Zhao et al.,2020
双季晚稻	海南	实测	2018	AOT40	3.6	Zhao et al.,2020
双季晚稻	湖北	实测	2015	AOT40	9.7	Zhao et al.,2020
双季晚稻	湖北	实测	2016	AOT40	5.5	Zhao et al.,2020
双季晚稻	湖北	实测	2017	AOT40	10.4	Zhao et al.,2020
双季晚稻	湖北	实测	2018	AOT40	10.4	Zhao et al.,2020
双季晚稻	湖南	实测	2015	AOT40	7.6	Zhao et al.,2020
双季晚稻	湖南	实测	2016	AOT40	5.7	Zhao et al.,2020
双季晚稻	湖南	实测	2017	AOT40	8.3	Zhao et al.,2020
双季晚稻	湖南	实测	2018	AOT40	8.0	Zhao et al.,2020
双季晚稻	江西	实测	2015	AOT40	8.7	Zhao et al.,2020
双季晚稻	江西	实测	2016	AOT40	5.5	Zhao et al.,2020
双季晚稻	江西	实测	2017	AOT40	6.2	Zhao et al.,2020
双季晚稻	江西	实测	2018	AOT40	4.5	Zhao et al.,2020
双季晚稻	云南	实测	2015	AOT40	1.2	Zhao et al.,2020
双季晚稻	云南	实测	2016	AOT40	0.6	Zhao et al.,2020
双季晚稻	云南	实测	2017	AOT40	1.2	Zhao et al.,2020
双季晚稻	云南	实测	2018	AOT40	0.7	Zhao et al.,2020
双季晚稻	浙江	实测	2015	AOT40	7.5	Zhao et al.,2020
双季晚稻	浙江	实测	2016	AOT40	7.6	Zhao et al.,2020
双季晚稻	浙江	实测	2017	AOT40	7.6	Zhao et al.,2020
双季晚稻	浙江	实测	2018	AOT40	11.6	Zhao et al.,2020
双季早稻	全国	模拟	1990	M7/M12	1.1	Aunan et al.,2000
双季早稻	全国	模拟	1990	M7/M12	3.0	Wang and Mauzerall,2004
双季早稻	全国	模拟	2020	M7/M12	3.7	Aunan et al.,2000
双季早稻	全国	模拟	2020	M7/M12	7.0	Wang and Mauzerall,2004

续表

作物	地域范围	O_3 浓度数据来源	年份	评估指标	产量损失率/%	参考文献
双季早稻	安徽	实测	2015	AOT40	14.9	Zhao et al.,2020
双季早稻	安徽	实测	2016	AOT40	14.6	Zhao et al.,2020
双季早稻	安徽	实测	2017	AOT40	5.0	Zhao et al.,2020
双季早稻	安徽	实测	2018	AOT40	2.7	Zhao et al.,2020
双季早稻	福建	实测	2015	AOT40	6.5	Zhao et al.,2020
双季早稻	福建	实测	2016	AOT40	4.9	Zhao et al.,2020
双季早稻	福建	实测	2017	AOT40	1.9	Zhao et al.,2020
双季早稻	福建	实测	2018	AOT40	2.0	Zhao et al.,2020
双季早稻	广东	实测	2015	AOT40	5.2	Zhao et al.,2020
双季早稻	广东	实测	2016	AOT40	4.7	Zhao et al.,2020
双季早稻	广东	实测	2017	AOT40	3.3	Zhao et al.,2020
双季早稻	广东	实测	2018	AOT40	3.3	Zhao et al.,2020
双季早稻	广西	实测	2015	AOT40	2.3	Zhao et al.,2020
双季早稻	广西	实测	2016	AOT40	2.6	Zhao et al.,2020
双季早稻	广西	实测	2017	AOT40	1.5	Zhao et al.,2020
双季早稻	广西	实测	2018	AOT40	2.7	Zhao et al.,2020
双季早稻	海南	实测	2015	AOT40	0.1	Zhao et al.,2020
双季早稻	海南	实测	2016	AOT40	1.0	Zhao et al.,2020
双季早稻	海南	实测	2017	AOT40	0.5	Zhao et al.,2020
双季早稻	海南	实测	2018	AOT40	0.4	Zhao et al.,2020
双季早稻	湖北	实测	2015	AOT40	9.5	Zhao et al.,2020
双季早稻	湖北	实测	2016	AOT40	9.0	Zhao et al.,2020
双季早稻	湖北	实测	2017	AOT40	6.4	Zhao et al.,2020
双季早稻	湖北	实测	2018	AOT40	7.2	Zhao et al.,2020
双季早稻	湖南	实测	2015	AOT40	5.6	Zhao et al.,2020
双季早稻	湖南	实测	2016	AOT40	5.7	Zhao et al.,2020
双季早稻	湖南	实测	2017	AOT40	3.9	Zhao et al.,2020
双季早稻	湖南	实测	2018	AOT40	3.6	Zhao et al.,2020
双季早稻	江西	实测	2015	AOT40	5.7	Zhao et al.,2020
双季早稻	江西	实测	2016	AOT40	6.6	Zhao et al.,2020
双季早稻	江西	实测	2017	AOT40	4.0	Zhao et al.,2020

续表

作物	地域范围	O_3 浓度数据来源	年份	评估指标	产量损失率/%	参考文献
双季早稻	江西	实测	2018	AOT40	2.4	Zhao et al. ,2020
双季早稻	云南	实测	2015	AOT40	3.8	Zhao et al. ,2020
双季早稻	云南	实测	2016	AOT40	4.0	Zhao et al. ,2020
双季早稻	云南	实测	2017	AOT40	2.8	Zhao et al. ,2020
双季早稻	云南	实测	2018	AOT40	3.5	Zhao et al. ,2020
双季早稻	浙江	实测	2015	AOT40	8.6	Zhao et al. ,2020
双季早稻	浙江	实测	2016	AOT40	8.3	Zhao et al. ,2020
双季早稻	浙江	实测	2017	AOT40	6.2	Zhao et al. ,2020
双季早稻	浙江	实测	2018	AOT40	8.2	Zhao et al. ,2020
水稻	长江三角洲	实测	2003	AOT40	3.0	姚芳芳等,2008
水稻	长江三角洲	实测	2015	AOT40	16.3	Zhao et al. ,2018

注:表中评估指标是响应方程中的自变量;本表中产量损失率是指在某区域中种植上述某种作物因大气环境 O_3 污染导致的减产程度,以无 O_3 污染水平为对照;模拟和实测分别表示通过模型和实际监测获得的区域 O_3 浓度数据。

表 8.4 O_3 对玉米产量的影响

作物	地域范围	O_3 浓度数据来源	年份	评估指标	产量损失率/%	参考文献
春玉米	全国	模拟	1990	AOT40	1.0	Wang and Mauzerall,2004
春玉米	全国	模拟	1990	M7/M12	8.0	Wang and Mauzerall,2004
春玉米	全国	模拟	1990	SUM06	3.5	Wang and Mauzerall,2004
春玉米	全国	模拟	2020	AOT40	24.0	Wang and Mauzerall,2004
春玉米	全国	模拟	2020	M7/M12	16.0	Wang and Mauzerall,2004
春玉米	全国	模拟	2020	SUM06	39.0	Wang and Mauzerall,2004
夏玉米	全国	模拟	1990	AOT40	4.0	Wang and Mauzerall,2004
夏玉米	全国	模拟	1990	M7/M12	8.0	Wang and Mauzerall,2004
夏玉米	全国	模拟	1990	SUM06	9.2	Wang and Mauzerall,2004
夏玉米	全国	模拟	2020	AOT40	45.0	Wang and Mauzerall,2004
夏玉米	全国	模拟	2020	M7/M12	16.0	Wang and Mauzerall,2004
夏玉米	全国	模拟	2020	SUM06	64.0	Wang and Mauzerall,2004
玉米	华北平原	实测	2014	AOT40	8.2	Feng et al. ,2020
玉米	华北平原	实测	2015	AOT40	9.2	Feng et al. ,2020

续表

作物	地域范围	O_3 浓度数据来源	年份	评估指标	产量损失率/%	参考文献
玉米	华北平原	实测	2016	AOT40	10.4	Feng et al.,2020
玉米	华北平原	实测	2017	AOT40	13.4	Feng et al.,2020
玉米	安徽	实测	2015	AOT40	1.8	Zhao et al.,2020
玉米	安徽	实测	2016	AOT40	4.6	Zhao et al.,2020
玉米	安徽	实测	2017	AOT40	4.1	Zhao et al.,2020
玉米	安徽	实测	2018	AOT40	6.2	Zhao et al.,2020
玉米	北京	实测	2015	AOT40	12.5	Zhao et al.,2020
玉米	北京	实测	2016	AOT40	13.0	Zhao et al.,2020
玉米	北京	实测	2017	AOT40	13.1	Zhao et al.,2020
玉米	北京	实测	2018	AOT40	13.3	Zhao et al.,2020
玉米	福建	实测	2015	AOT40	1.4	Zhao et al.,2020
玉米	福建	实测	2016	AOT40	1.7	Zhao et al.,2020
玉米	福建	实测	2017	AOT40	4.4	Zhao et al.,2020
玉米	福建	实测	2018	AOT40	3.8	Zhao et al.,2020
玉米	甘肃	实测	2015	AOT40	5.0	Zhao et al.,2020
玉米	甘肃	实测	2016	AOT40	5.4	Zhao et al.,2020
玉米	甘肃	实测	2017	AOT40	7.1	Zhao et al.,2020
玉米	甘肃	实测	2018	AOT40	6.7	Zhao et al.,2020
玉米	广东	实测	2015	AOT40	5.1	Zhao et al.,2020
玉米	广东	实测	2016	AOT40	4.1	Zhao et al.,2020
玉米	广东	实测	2017	AOT40	5.1	Zhao et al.,2020
玉米	广东	实测	2018	AOT40	5.1	Zhao et al.,2020
玉米	广西	实测	2015	AOT40	2.8	Zhao et al.,2020
玉米	广西	实测	2016	AOT40	3.1	Zhao et al.,2020
玉米	广西	实测	2017	AOT40	2.6	Zhao et al.,2020
玉米	广西	实测	2018	AOT40	2.8	Zhao et al.,2020
玉米	贵州	实测	2015	AOT40	1.1	Zhao et al.,2020
玉米	贵州	实测	2016	AOT40	2.0	Zhao et al.,2020
玉米	贵州	实测	2017	AOT40	0.9	Zhao et al.,2020
玉米	贵州	实测	2018	AOT40	1.3	Zhao et al.,2020
玉米	河北	实测	2015	AOT40	8.2	Zhao et al.,2020

续表

作物	地域范围	O_3 浓度数据来源	年份	评估指标	产量损失率/%	参考文献
玉米	河北	实测	2016	AOT40	9.0	Zhao et al.,2020
玉米	河北	实测	2017	AOT40	13.7	Zhao et al.,2020
玉米	河北	实测	2018	AOT40	14.6	Zhao et al.,2020
玉米	河南	实测	2015	AOT40	6.8	Zhao et al.,2020
玉米	河南	实测	2016	AOT40	8.4	Zhao et al.,2020
玉米	河南	实测	2017	AOT40	13.0	Zhao et al.,2020
玉米	河南	实测	2018	AOT40	14.0	Zhao et al.,2020
玉米	黑龙江	实测	2015	AOT40	2.2	Zhao et al.,2020
玉米	黑龙江	实测	2016	AOT40	1.2	Zhao et al.,2020
玉米	黑龙江	实测	2017	AOT40	1.8	Zhao et al.,2020
玉米	黑龙江	实测	2018	AOT40	2.2	Zhao et al.,2020
玉米	湖北	实测	2015	AOT40	6.4	Zhao et al.,2020
玉米	湖北	实测	2016	AOT40	6.1	Zhao et al.,2020
玉米	湖北	实测	2017	AOT40	3.0	Zhao et al.,2020
玉米	湖北	实测	2018	AOT40	5.7	Zhao et al.,2020
玉米	湖南	实测	2015	AOT40	5.1	Zhao et al.,2020
玉米	湖南	实测	2016	AOT40	4.9	Zhao et al.,2020
玉米	湖南	实测	2017	AOT40	3.5	Zhao et al.,2020
玉米	湖南	实测	2018	AOT40	4.6	Zhao et al.,2020
玉米	吉林	实测	2015	AOT40	4.9	Zhao et al.,2020
玉米	吉林	实测	2016	AOT40	5.7	Zhao et al.,2020
玉米	吉林	实测	2017	AOT40	5.3	Zhao et al.,2020
玉米	吉林	实测	2018	AOT40	4.9	Zhao et al.,2020
玉米	江苏	实测	2015	AOT40	7.4	Zhao et al.,2020
玉米	江苏	实测	2016	AOT40	5.5	Zhao et al.,2020
玉米	江苏	实测	2017	AOT40	4.7	Zhao et al.,2020
玉米	江苏	实测	2018	AOT40	5.3	Zhao et al.,2020
玉米	江西	实测	2015	AOT40	3.0	Zhao et al.,2020
玉米	江西	实测	2016	AOT40	3.4	Zhao et al.,2020
玉米	江西	实测	2017	AOT40	3.4	Zhao et al.,2020
玉米	江西	实测	2018	AOT40	5.5	Zhao et al.,2020

续表

作物	地域范围	O_3 浓度数据来源	年份	评估指标	产量损失率/%	参考文献
玉米	辽宁	实测	2015	AOT40	6.6	Zhao et al.,2020
玉米	辽宁	实测	2016	AOT40	7.5	Zhao et al.,2020
玉米	辽宁	实测	2017	AOT40	9.0	Zhao et al.,2020
玉米	辽宁	实测	2018	AOT40	7.6	Zhao et al.,2020
玉米	内蒙古	实测	2015	AOT40	6.6	Zhao et al.,2020
玉米	内蒙古	实测	2016	AOT40	6.6	Zhao et al.,2020
玉米	内蒙古	实测	2017	AOT40	8.2	Zhao et al.,2020
玉米	内蒙古	实测	2018	AOT40	8.6	Zhao et al.,2020
玉米	宁夏	实测	2015	AOT40	7.3	Zhao et al.,2020
玉米	宁夏	实测	2016	AOT40	7.9	Zhao et al.,2020
玉米	宁夏	实测	2017	AOT40	9.5	Zhao et al.,2020
玉米	宁夏	实测	2018	AOT40	8.8	Zhao et al.,2020
玉米	青海	实测	2015	AOT40	6.7	Zhao et al.,2020
玉米	青海	实测	2016	AOT40	6.2	Zhao et al.,2020
玉米	青海	实测	2017	AOT40	6.2	Zhao et al.,2020
玉米	青海	实测	2018	AOT40	5.7	Zhao et al.,2020
玉米	山东	实测	2015	AOT40	9.7	Zhao et al.,2020
玉米	山东	实测	2016	AOT40	8.6	Zhao et al.,2020
玉米	山东	实测	2017	AOT40	11.0	Zhao et al.,2020
玉米	山东	实测	2018	AOT40	10.9	Zhao et al.,2020
玉米	山西	实测	2015	AOT40	6.2	Zhao et al.,2020
玉米	山西	实测	2016	AOT40	5.3	Zhao et al.,2020
玉米	山西	实测	2017	AOT40	14.1	Zhao et al.,2020
玉米	山西	实测	2018	AOT40	13.8	Zhao et al.,2020
玉米	陕西	实测	2015	AOT40	5.4	Zhao et al.,2020
玉米	陕西	实测	2016	AOT40	8.1	Zhao et al.,2020
玉米	陕西	实测	2017	AOT40	10.3	Zhao et al.,2020
玉米	陕西	实测	2018	AOT40	9.0	Zhao et al.,2020
玉米	上海	实测	2015	AOT40	8.7	Zhao et al.,2020
玉米	上海	实测	2016	AOT40	4.2	Zhao et al.,2020
玉米	上海	实测	2017	AOT40	6.8	Zhao et al.,2020

续表

作物	地域范围	O_3 浓度数据来源	年份	评估指标	产量损失率/%	参考文献
玉米	上海	实测	2018	AOT40	5.3	Zhao et al.,2020
玉米	四川	实测	2015	AOT40	2.0	Zhao et al.,2020
玉米	四川	实测	2016	AOT40	2.9	Zhao et al.,2020
玉米	四川	实测	2017	AOT40	2.4	Zhao et al.,2020
玉米	四川	实测	2018	AOT40	3.2	Zhao et al.,2020
玉米	天津	实测	2015	AOT40	7.1	Zhao et al.,2020
玉米	天津	实测	2016	AOT40	8.1	Zhao et al.,2020
玉米	天津	实测	2017	AOT40	9.3	Zhao et al.,2020
玉米	天津	实测	2018	AOT40	12.1	Zhao et al.,2020
玉米	西藏	实测	2015	AOT40	1.1	Zhao et al.,2020
玉米	西藏	实测	2016	AOT40	1.1	Zhao et al.,2020
玉米	西藏	实测	2017	AOT40	1.3	Zhao et al.,2020
玉米	西藏	实测	2018	AOT40	1.1	Zhao et al.,2020
玉米	新疆	实测	2015	AOT40	1.4	Zhao et al.,2020
玉米	新疆	实测	2016	AOT40	2.2	Zhao et al.,2020
玉米	新疆	实测	2017	AOT40	3.1	Zhao et al.,2020
玉米	新疆	实测	2018	AOT40	2.0	Zhao et al.,2020
玉米	云南	实测	2015	AOT40	0.4	Zhao et al.,2020
玉米	云南	实测	2016	AOT40	0.8	Zhao et al.,2020
玉米	云南	实测	2017	AOT40	0.3	Zhao et al.,2020
玉米	云南	实测	2018	AOT40	0.7	Zhao et al.,2020
玉米	浙江	实测	2015	AOT40	6.8	Zhao et al.,2020
玉米	浙江	实测	2016	AOT40	3.9	Zhao et al.,2020
玉米	浙江	实测	2017	AOT40	4.4	Zhao et al.,2020
玉米	浙江	实测	2018	AOT40	4.2	Zhao et al.,2020
玉米	重庆	实测	2015	AOT40	2.4	Zhao et al.,2020
玉米	重庆	实测	2016	AOT40	3.1	Zhao et al.,2020
玉米	重庆	实测	2017	AOT40	4.0	Zhao et al.,2020
玉米	重庆	实测	2018	AOT40	5.1	Zhao et al.,2020

注:表中评估指标是响应方程中的自变量;本表中产量损失率是指在某区域中种植上述某种作物因大气环境 O_3 污染导致的减产程度,以无 O_3 污染水平为对照;模拟和实测分别表示通过模型和实际监测获得的区域 O_3 浓度数据。

表 8.5　O_3 对大豆和油菜产量的影响

作物	地域范围	O_3 浓度数据来源	年份	评估指标	产量损失率/%	参考文献
大豆	全国	模拟	1990	AOT40	15.0	Wang and Mauzerall,2004
大豆	全国	模拟	1990	M7/M12	11.7	Aunan et al. ,2000
大豆	全国	模拟	1990	M7/M12	23.0	Wang and Mauzerall,2004
大豆	全国	模拟	1990	SUM06	1.9	Aunan et al. ,2000
大豆	全国	模拟	1990	SUM06	19.0	Wang and Mauzerall,2004
大豆	全国	模拟	2020	AOT40	37.0	Wang and Mauzerall,2004
大豆	全国	模拟	2020	M7/M12	20.9	Aunan et al. ,2000
大豆	全国	模拟	2020	M7/M12	33.0	Wang and Mauzerall,2004
大豆	全国	模拟	2020	SUM06	17.8	Aunan et al. ,2000
大豆	全国	模拟	2020	SUM06	45.0	Wang and Mauzerall,2004
油菜	长江三角洲	实测	2003	AOT40	5.9	姚芳芳等,2008

注:表中评估指标是响应方程中的自变量;本表中产量损失率是指在某区域中种植上述某种作物因大气环境 O_3 污染导致的减产程度,以无 O_3 污染水平为对照;模拟和实测分别表示通过模型和实际监测获得的区域 O_3 浓度数据。

8.3　臭氧对我国森林生产力的区域影响

森林生态系统在陆地碳循环中扮演着极其重要的角色,它吸收大气 CO_2,是陆地生态系统中最主要的碳汇区域,对于缓解全球变暖具有重大意义(Pan et al. ,2011)。森林生产力作为表征森林生态系统结构和功能变化的关键指标,与光照、热量和水分等气候条件以及大气成分变化紧密相关。然而,针对不同区域和不同森林类型的研究发现,90%以上的植物损伤是由 O_3 污染引起的。预计到 21 世纪末,陆地上 50%的森林生态系统将暴露于高浓度 O_3(>60 ppb)环境中,森林生产力将受到进一步的严峻挑战(任巍和田汉勤,2007)。除此之外,O_3 还是一种重要的温室气体,可截留太阳辐射,改变气候,并且耦合气候变化和水分等多个环境因子,对森林生态系统生产力的过程和格局产生多方位的影响。因此,O_3 作为空气污染物,其本身形成过程和传输过程的不稳定性以及对气候变化影响的复杂性,使得研究 O_3 对森林生产力的影响成为一个巨大的挑战。

生态系统模型与区域综合分析是评估和预测 O_3 对生态系统生产力影响的重要举措(Ren et al. ,2007,2011;Tian et al. ,2011),分为静态模拟和动态模拟。静态模拟是指运用统计分析的方法,建立 O_3 浓度与植物生产力之间的函数经验关系,并结合植物的分布信息和生产力状况以及 O_3 浓度来进行该区域的 O_3 风险评估。例如,Feng 等(2019a)利用 AOT40 与阔叶林生物量之间的响应方程对我国 2015 年森林净初级生产力进行评估发现,常绿阔叶林和落叶阔叶林的净生物量分别降低 13% 和 11%,造成总经济损失达 522.5 亿美元。然而,上述评估中仅将环境 O_3 浓度作为唯一自变量输入,忽略了植物自身对 O_3 的响应特性以及环境因子的干扰,评估结果具有较大的不确定性。因此,为提高评估结果的可靠性,除了进一步建立关键树种的气孔 O_3 通量模型,未来还应将已开发的树种 O_3 通量模型(如杨树)(Hu et al.,2015)应用到森林生态系统的评估中。

动态模拟则突破了静态模拟的局限性,除了需要基本的 O_3 浓度数据外,还需要大量的实验观测数据(如光合作用、物质分配和生长等),是将生理生化过程考虑其中而发展起来的机理模拟研究(Tian et al.,2011)。Ren 等(2011)基于陆地生态系统动态模型(dynamic land ecosystem model, DLEM),对我国森林数据(1961—2005 年)评估发现,环境 O_3 浓度使全国范围内森林净固碳量减少 7.7%,且不同森林类型的净碳交换量(NCE,$Pg\ C \cdot a^{-1}$)的下降幅度存在巨大差异:北方落叶阔叶林下降 21.8%,北方落叶针叶林下降 5.2%,温带落叶阔叶林下降 21.1%,温带常绿阔叶林下降 7.6%,温带常绿针叶林下降 0.4%,温带落叶针叶林下降 6.2%,热带落叶阔叶林下降 43.1%,热带常绿阔叶林下降 9.6%。

鉴于目前持续升高的环境 O_3 浓度以及森林生态系统在生态安全格局中的重要地位,未来需要综合运用各种手段和方法[如清查资料对比法、整合(meta)分析法、空间替代时间法、遥感法、静态和动态模型法等],对不同功能类型的森林进行深入研究,准确评估未来 O_3 污染和气候变化情景下的森林生态风险。

参考文献

白月明,王春乙,郭建平,等. 2003. 油菜产量响应臭氧胁迫的试验研究. 农业环境科学学报,22(3):279-282.

白月明,王春乙,温民,等. 2004. 臭氧浓度和熏气时间对菠菜生长和产量的影响. 中国农业科学,37(12):1971-1975.

耿春梅,王宗爽,任丽红,等. 2014. 大气臭氧浓度升高对农作物产量的影响. 环境科学研究,27(3):239-245.

李彩虹,李勇,乌云塔娜,等. 2010. 高浓度臭氧对大豆生长发育及产量的影响. 应用生态学报,21(9):2347-2352.

任巍,田汉勤. 2007. 臭氧污染与陆地生态系统生产力. 植物生态学报,31(2):219-230.

佟磊,王效科,肖航,等. 2015. 我国近地层臭氧污染对水稻和冬小麦产量的影响概述.生态毒理学报,10(3):161-169.
姚芳芳,王效科,逯非,等.2008.臭氧对农业生态系统影响的综合评估:以长江三角洲为例.生态毒理学报,3(2):189-195.
张继双,唐昊冶,刘钢,等.2016.亚热带地区水稻(*Oryza sativa* L.)气孔臭氧通量和产量的响应关系.农业环境科学学报,35(10):1857-1866.
Aunan K,Berntsen T K,Seip H M.2000.Surface ozone in China and its possible impact on agricultural crop yields.Ambio,29:294-301.
Chan L Y,Chan C Y,Qin Y.1998.Surface ozone pattern in Hong Kong.Journal of Applied Microbiology,37(10):1153-1165.
Chen X,Cui Z,Fan M,et al.2014.Producing more grain with lower environmental costs.Nature,514:486-489.
Cooper O R,Parrish D D,Ziemke J,et al.2014.Global distribution and trends of tropospheric ozone:An observation-based review.Elementa-Science of the Anthropocene,2:000029.
Emberson L D,Wieser G,Ashmore M R.2000.Modelling of stomatal conductance and ozone flux of Norway spruce:Comparison with field data.Environmental Pollution,109:393-402.
Fuhrer J,Skarby L,Ashmore M.1997.Critical levels for ozone effects on vegetation in Europe.Environmental Pollution,97:91-106.
Feng Z Z,De Marco A,Anav A,et al.2019a.Economic losses due to ozone impacts on human health,forest productivity and crop yield across China.Environment International,131:104966.
Feng Z Z,Kobayashi K,Li P,et al.2019b.Impacts of current ozone pollution on wheat yield in China as estimated with observed ozone,meteorology and day of flowering.Atmospheric Environment,217:116945.
Feng Z Z,Kobayashi K,Ainsworth E A.2008.Impact of elevated ozone concentration on growth,physiology,and yield of wheat(*Triticum aestivum* L.):A meta-analysis.Global Change Biology,14:2696-2708.
Feng Z Z,Tang H Y,Uddling J,et al.2012.A stomatal ozone flux-response relationship to assess ozone induced yield loss of winter wheat in subtropical China.Environmental Pollution,164:16-23.
Feng Z Z,Wang L,Pleijel H,et al.2016.Differential effects of ozone on photosynthesis of winter wheat among cultivars depend on antioxidative enzymes rather than stomatal conductance.Science of the Total Environment,572:404-411.

Feng Z Z, Hu T J, Tai A P K, et al. 2020. Yield and economic losses in maize caused by ambient ozone in the North China Plain (2014—2017). Science of the Total Environment, 722: 137958.

Fuhrer J, Martin M V, Mills G, et al. 2016. Current and future ozone risks to global terrestrial biodiversity and ecosystem processes. Ecology and Evolution, 6: 8785–8799.

Fiore A M, Dentener F J, Wild O, et al. 2009. Multimodel estimates of intercontinental source–receptor relationships for ozone pollution. Journal of Geophysical Research: Atmospheres, 114: D04301.

Granier C, Bessagnet B, Bond T, et al. 2011. Evolution of anthropogenic and biomass burning emissions of air pollutants at global and regional scales during the 1980—2010 period. Climatic Change, 109: 163–190.

Heck W W, Taylor O C, Tingey D T. 1988. Assessment of Crop Loss from Air Pollutants. London: Elsevier Applied Science.

Hu E Z, Gao F, Xin Y, et al. 2015. Concentration- and flux-based ozone dose–response relationships for five poplar clones grown in North China. Environmental Pollution, 207: 21–30.

Hu T J, Liu S, Xu Y, et al. 2020. Assessment of O_3-induced yield and economic losses for wheat in the North China Plain from 2014 to 2017, China. Environmental Pollution, 258: 113828.

Hogsett W E, Tingey D T, Lee E H. 1988. Ozone exposure indices: Concepts for development and evaluation of their use. In: Heck W ed. Assessment of Crop Loss From Air Pollutants. London: Elsevier Science Publishers, 107–138.

Jarvis P G. 1976. The interpretation of the variations in leaf water potential and stomatal conductance found in canopies in the field. Philosophical Transactions of the Royal Society B: Biological Sciences, 273: 593–610.

Jäger H J, Unsworth M H, De Temmerman L et al, eds. 1992. Effects of Air Pollution on Agricultural Crops in Europe—Results of the European Open-Top Chamber Project. Commission of the European Communities, Brussels Air Pollution Research Report 46.

Jiang L J, Feng Z Z, Dai L L, et al. 2018. Large variability in ambient ozone sensitivity across 19 ethylenediurea-treated Chinese cultivars of soybean is driven by total ascorbate. Journal of Environmental Sciences, 64: 10–22.

Li P, De Marco A, Feng Z, et al. 2018. Nationwide ground-level ozone measurements in China suggest serious risks to forests. Environmental Pollution, 237: 803–813.

LRTAP. 2017. Mapping critical levels for vegetation, chapter Ⅲ of manual on methodologies and criteria for modelling and mapping critical loads and levels and air pollution effects, risks and trends. UNECE convention on long-range transboundary air pollution. www. icpmapping. org.

Mills G, Buse A, Gimeno B, et al. 2007. A synthesis of AOT40-based response functions and critical levels of ozone for agricultural and horticultural crops. Atmospheric Environment, 41: 2630-2643.

Morgan P B, Ainsworth E A, Long S P. 2003. How does elevated ozone impact soybean? A meta-analysis of photosynthesis, growth and yield. Plant Cell and Environment, 26: 1317-1328.

Pan Y D, Birdsey R A, Fang J Y, et al. 2011. A large and persistent carbon sink in the world's forests. Science, 333: 988-993.

Peng J L, Shang B, Xu Y S, et al. 2019. Ozone exposure- and flux-yield response relationships for maize. Environmental Pollution, 252: 1-7.

Pleijel H, Danielsson H, Ojanpera K, et al. 2004. Relationships between ozone exposure and yield loss in European wheat and potato—A comparison of concentration- and flux-based exposure indices. Atmospheric Environment, 38: 2259-2269.

Pleijel H, Broberg M C, Uddling J. 2019. Ozone impact on wheat in Europe, Asia and North America—A comparison. Science of the Total Environment, 664: 908-914.

Ren W, Tian H Q, Liu M, et al. 2007. Effects of tropospheric ozone pollution on net primary productivity and carbon storage in terrestrial ecosystems of China. Journal of Geophysical Research: Atmospheres, 112: D22S09.

Ren W, Tian H Q, Tao B, et al. 2011. Impacts of tropospheric ozone and climate change on net primary productivity and net carbon exchange of China's forest ecosystems. Global Ecology and Biogeography, 20: 391-406.

Shi G Y, Yang L X, Wang Y X, et al. 2009. Impact of elevated ozone concentration on yield of four Chinese rice cultivars under fully open-air field conditions. Agriculture Ecosystems and Environment 131: 178-184.

Tang H Y, Pang J, Zhang G X, et al. 2014. Mapping ozone risks for rice in China for years 2000 and 2020 with flux-based and exposure-based doses. Atmospheric Environment, 86: 74-83.

Tang H, Takigawa M, Liu G, et al. 2013. A projection of ozone-induced wheat production loss in China and India for the years 2000 and 2020 with exposure-based and flux-based approaches. Global Chang Biology, 19: 2739-2752.

Tai A P K, Martin M V, Heald C L. 2014. Threat to future global food security from climate change and ozone air pollution. Nature Climate Change, 4: 817-821.

Tian H Q, Melillo J, Lu C Q, et al. 2011. China's terrestrial carbon balance: Contributions from multiple global change factors. Global Biogeochemical Cycles, 25: GB1007.

Tilman D, Balzer C, Hill J, et al. 2011. Global food demand and the sustainable intensification of agriculture. Proceedings of the National Academy of Sciences of the United States of America, 108: 20260-20264.

US-EPA. 1996. Air Quality Criteria for Ozone and Related Photochemical Oxidants, Volume II of III. North Carolina, Research Triangle Park: National Center for Environmental Assessment, Office of Research and Development.

Wang X P, Mauzerall D L. 2004. Characterizing distributions of surface ozone and its impact on grain production in China, Japan and South Korea: 1990 and 2020. Atmospheric Environment, 38: 4383-4402.

Young P J, Archibald A T, Bowman K W, et al. 2013. Pre-industrial to end 21st century projections of tropospheric ozone from the Atmospheric Chemistry and Climate Model Intercomparison Project (ACCMIP). Atmospheric Chemistry and Physics, 13: 2063-2090.

Zeng Y Y, Cao Y F, Qiao X, et al. 2019. Air pollution reduction in China: Recent success but great challenge for the future. Science of the Total Environment, 663: 329-337.

Zhang W W, Feng Z Z, Wang X K, et al. 2017. Quantification of ozone exposure- and stomatal uptake-yield response relationships for soybean in Northeast China. Science of the Total Environment, 599-600: 710-720.

Zhao H, Zheng Y, Zhang Y, et al. 2020. Evaluating the effects of surface O_3 on three main food crops across China during 2015—2018. Environ Pollution, 258: 113794.

Zhao H, Zheng Y F, Wu X Y. 2018. Assessment of yield and economic losses for wheat and rice due to ground-level O_3 exposure in the Yangtze River Delta, China. Atmospheric Environment, 191: 241-248.

Zhu X K, Feng Z Z, Sun T F, et al. 2011. Effects of elevated ozone concentration on yield of four Chinese cultivars of winter wheat under fully open-air field conditions. Global Change Biology, 17: 2697-2706.

第9章　地表臭氧与其他环境因子的交互作用

李　品　袁相洋　冯兆忠

在自然环境下生长的植物往往受到 O_3 和其他环境因子的共同影响。随着全球气候变化和大气污染的加剧,这些交互作用程度大大增加且趋于复杂。植物对两个或两个以上环境因子交互作用的响应过程不仅取决于环境因子作用的先后次序、强度和持续时间,而且受到植物种类、生长时期及本身生理代谢差异的影响。目前,单一环境因子对植物的影响已开展了较多研究,但对两种及两种以上因子的交互作用影响研究较少,研究结果也有很大的不确定性,因此很难准确评估接近自然环境条件下的由多种环境因子交互作用而产生的种种生态学效应。本节对国内开展的 O_3 与 CO_2 升高、O_3 与干旱、O_3 与氮沉降、O_3 与升温对植物复合影响的研究进行了总结,为深入开展地表 O_3 与其他环境因子的交互作用研究提供一定的理论借鉴和科学参考。

9.1　地表臭氧与二氧化碳的交互作用

O_3 和 CO_2 等温室气体浓度随着人类活动的加剧呈现逐年增加的趋势,O_3 浓度从工业革命前的不到 10 ppb 上升到现在 50 ppb 左右,并正以每年 0.5% ~ 2.0% 的速度持续增加;目前大气中 CO_2 浓度已由 1860 年的 280 ppm 升高至 410 ppm 左右,并以每年约 2 ppm 的速率升高,预计到 2030 年将增加到 550 ppm (IPCC,2013)。上面章节的研究证实 O_3 浓度升高表现出抑制植物生长的负效应,而 CO_2 浓度增加提高植物的光合作用能力,表现出促进植物生长的正效应。二者对植物相反的效应是否意味着 CO_2 浓度升高可以缓解 O_3 浓度升高对植物造成的伤害呢?目前国内主要对大豆(*Glycine max* L.)、冬/春小麦(*Triticum aestivum* L.)、水稻(*Oryza sativa*)、玉米(*Zea mays* L.)等作物和银杏(*Ginkgo biloba*)、油松(*Pinus tabulaeformis*)、蒙古栎(*Quercus mongolica*)、华山松(*Pinus armandi*)、毛竹(*Phyllostachys edulis*)等绿化树木开展了 O_3 和 CO_2 交互效应的相关研究,但研究结果不尽一致,详见表 9.1。O_3 和 CO_2 浓度同时升高对各种作物和树木等不同植物类型的影响不是两者单独作用的简单叠加。二者的交互作用比较复杂,作用程度与不同物种对 O_3 和 CO_2 的敏感性、O_3 和 CO_2 的浓度、持续时间和植物生长阶段密切相关。

当 O_3 和 CO_2 通过气孔同时进入植物体内时,植物从光合作用、碳同化、解毒修复到光合产物分配等整个生理机能发生直接或间接的响应、反馈和适应。图 9.1

表 9.1 我国目前 O_3 与 CO_2 交互作用对作物和绿化树木影响的研究汇总

研究内容	物种	拉丁名	植物类型	实验设施	O_3处理浓度/ppb	CO_2处理浓度/ppm	实验持续期/d	O_3响应	CO_2响应	O_3+CO_2响应	参考文献
光合系统指标											
光合能力	水稻	*Oryza sativa*	C3 作物	FACE	AA×1.6	AA+200	70	↓↓	↑	↓	邵在胜等,2014
光合能力	玉米	*Zea mays* L.	C4 作物	OTC	80	550	32	↓	↑	n. s.	赵天宏等,2008
光合能力	蒙古栎	*Quercus mongolica*	落叶阔叶	OTC	80	700	105	↓	n. s.	↓	Yan et al. ,2010
净光合速率	华山松	*Pinus armandi*	常绿针叶	OTC	80	700	90	↓↓	↑	↓	王兰兰等,2010
净光合速率	油松	*Pinus tabulaeformis*	常绿针叶	OTC	80	700	90	↓	n. s.	↓	Xu et al. ,2012; Xu et al. ,2014
叶绿素	大豆	*Glycine max* L.	C3 作物	OTC	80	700	75	↓↓	↓	n. s.	赵天宏等,2003a
叶绿体超微结构	大豆	*Glycine max* L.	C3 作物	OTC	80	700	75	↓↓	↑↑	↑	赵天宏等,2003b
抗氧化指标											
活性氧产生速率	春小麦	*Triticum aestivum* L.	C3 作物	OTC	80	550	41	↑	↓	↓	赵天宏等,2009
活性氧产生速率	玉米	*Zea mays* L.	C4 作物	OTC	80	550	32	↑	↓	n. s.	赵天宏等,2008
活性氧产生速率	蒙古栎	*Quercus mongolica*	落叶阔叶	OTC	80	700	105	↑↑	n. s.	n. s.	颜坤等,2010; Yan et al. ,2010
相对电导率	春小麦	*Triticum aestivum* L.	C3 作物	OTC	80	550	41	↑	↓	↑	赵天宏等,2009
过氧化氢	春小麦	*Triticum aestivum* L.	C3 作物	OTC	80	550	41	↑	↓	↑	赵天宏等,2009
过氧化氢	银杏	*Ginkgo biloba*	落叶阔叶	OTC	80	700	80	↑	n. s.	↑	Lu et al. ,2009
过氧化氢	油松	*Pinus tabulaeformis*	常绿针叶	OTC	80	700	90	n. s.	n. s.	n. s.	Xu et al. ,2014
膜脂过氧化程度	春小麦	*Triticum aestivum* L.	C3 作物	OTC	80	550	41	↑	↓	↓	赵天宏等,2009

续表

研究内容	物种	拉丁名	植物类型	实验设施	O_3处理浓度/ppb	CO_2处理浓度/ppm	实验持续期/d	O_3响应	CO_2响应	O_3+CO_2响应	参考文献
膜脂过氧化程度	毛竹 四季竹	*Phyllostachys edulis* *Oligostachyum lubricum*	常绿阔叶	OTC	100	700	90	↑↑	↓	n. s.	庄明浩等,2012,2013
膜脂过氧化程度	蒙古栎	*Quercus mongolica*	落叶阔叶	OTC	80	700	105	↑↑	n. s.	n. s.	颜坤等,2010; Yan et al. ,2010
膜脂过氧化程度	银杏	*Ginkgo biloba*	落叶阔叶	OTC	80	700	80	↑	n. s.	↑	Lu et al. ,2009
膜脂过氧化程度	油松	*Pinus tabulaeformis*	常绿针叶	OTC	80	700	90	↑	n. s.	n. s.	Xu et al. ,2014
抗坏血酸	银杏	*Ginkgo biloba*	落叶阔叶	OTC	80	700	80	↑	n. s.	↑	Lu et al. ,2009
过氧化物酶	油松	*Pinus tabulaeformis*	常绿针叶	OTC	80	700	60	↑	↑	n. s.	Li et al. ,2007
抗氧化酶	春小麦	*Triticum aestivum* L.	C3 作物	OTC	80	550	41	↓	↑	↑	赵天宏等,2009
抗氧化酶	玉米	*Zea mays* L.	C4 作物	OTC	80	550	32	↓	↑	n. s.	赵天宏等,2008
抗氧化酶	毛竹 四季竹	*Phyllostachys edulis* *Oligostachyum lubricum*	常绿阔叶	OTC	100	700	90	↓↓	↑	↑	庄明浩等,2012,2013
抗氧化酶	蒙古栎	*Quercus mongolica*	落叶阔叶	OTC	80	700	105	↓↓	n. s.	n. s.	颜坤等,2010; Yan et al. ,2010
抗氧化酶	银杏	*Ginkgo biloba*	落叶阔叶	OTC	80	700	80	↑	n. s.	↑	Lu et al. ,2009
总酚	春小麦	*Triticum aestivum* L.	C3 作物	OTC	80	550	40	↑↑	↑	n. s.	Li et al. ,2008
总酚	玉米	*Zea mays* L.	C4 作物	OTC	80	550	26	n. s.	↑	n. s.	Li et al. ,2008
黄酮	春小麦	*Triticum aestivum* L.	C3 作物	OTC	80	550	12	↓	↓	↓↓	Li et al. ,2008
黄酮	玉米	*Zea mays* L.	C4 作物	OTC	80	550	26	n. s.	↑	↑	Li et al. ,2008
3-吲哚乙酸	银杏	*Ginkgo biloba*	落叶阔叶	OTC	80	700	100	↓↓	↑↑	↓	Li et al. ,2011
3-吲哚乙酸	油松	*Pinus tabulaeformis*	常绿针叶	OTC	80	700	60	↓	↑	↓	Li et al. ,2007

续表

研究内容	物种	拉丁名	植物类型	实验设施	O_3处理浓度/ppb	CO_2处理浓度/ppm	实验持续期/d	O_3响应	CO_2响应	O_3+CO_2响应	参考文献
吲哚乙酸氧化酶	油松	*Pinus tabulaeformis*	常绿针叶	OTC	80	700	60	n. s.	↓	↑	Li et al. ,2007
脱落酸	银杏	*Ginkgo biloba*	落叶阔叶	OTC	80	700	100	↑↑	n. s.	↑	Li et al. ,2011
赤霉素	银杏	*Ginkgo biloba*	落叶阔叶	OTC	80	700	100	↓↓	n. s.	↑	Li et al. ,2011
细胞分裂素	银杏	*Ginkgo biloba*	落叶阔叶	OTC	80	700	100	n. s.	n. s.	n. s.	Li et al. ,2011
可溶性多糖和蛋白	毛竹 四季竹	*Phyllostachys edulis* *Oligostachyum lubricum*	常绿阔叶	OTC	100	700	90	↓↓	↑	↑	庄明浩等,2012,2013
异戊二烯	银杏	*Ginkgo biloba*	落叶阔叶	OTC	80	700	105	↑	↑	↑↑	Li et al. ,2009
异戊二烯	油松	*Pinus tabulaeformis*	常绿针叶	OTC	80	700	90	↑	n. s.	n. s.	Xu et al. ,2012
单萜烯	银杏	*Ginkgo biloba*	落叶阔叶	OTC	80	700	105	↑	↑	n. s.	Li et al. ,2009
总非挥发萜类	银杏	*Ginkgo biloba*	落叶阔叶	OTC	80	700	105	↑	↑↑	↑	Huang et al. ,2008
化感物质丁布	冬小麦	*Triticum aestivum* L.	C3 作物	OTC	60	550	21	↑↑	↑↑	n. s.	张晓影等,2013
生长及生物量指标											
株高	油松	*Pinus tabulaeformis*	常绿针叶	OTC	80	700	90	↓	n. s.	n. s.	Xu et al. ,2012
主枝	银杏	*Ginkgo biloba*	落叶阔叶	OTC	80	700	100	↓	n. s.	n. s.	徐文铎等,2008; Li et al. ,2011
侧枝	银杏	*Ginkgo biloba*	落叶阔叶	OTC	80	700	100	↓	n. s.	n. s.	徐文铎等,2008; Li et al. ,2011
基径	银杏	*Ginkgo biloba*	落叶阔叶	OTC	80	700	100	↓	n. s.	↓↓	徐文铎等,2008
基径	油松	*Pinus tabulaeformis*	常绿针叶	OTC	80	700	90	↓	n. s.	n. s.	Xu et al. ,2012
单叶鲜重	蒙古栎	*Quercus mongolica*	落叶阔叶	OTC	80	700	90	↓	↑↑	↑↑	王兰兰等,2011
单叶干重	蒙古栎	*Quercus mongolica*	落叶阔叶	OTC	80	700	90	↓	↑↑	n. s.	王兰兰等,2011

续表

研究内容	物种	拉丁名	植物类型	实验设施	O_3处理浓度/ppb	CO_2处理浓度/ppm	实验持续期/d	O_3响应	CO_2响应	O_3+CO_2响应	参考文献
单叶干重	银杏	*Ginkgo biloba*	落叶阔叶	OTC	80	700	90	↓↓	↑	n. s.	徐文铎等,2008;Huang et al. ,2008;Li et al. ,2011
叶干重	油松	*Pinus tabulaeformis*	常绿针叶	OTC	80	700	90	↓↓	n. s.	n. s.	Xu et al. ,2012,2014
叶干重	大豆	*Glycine max* L.	C3 作物	OTC	80	700	75	↓↓	↑↑	n. s.	白月明等,2003;王春乙等,2004;黄辉等,2005
单叶面积	蒙古栎	*Quercus mongolica*	落叶阔叶	OTC	80	700	90	↓	n. s.	n. s.	王兰兰等,2011
单叶面积	银杏	*Ginkgo biloba*	落叶阔叶	OTC	80	700	90	↓↓	↑	n. s.	徐文铎等,2008;Li et al. ,2011
总生物量	冬小麦	*Triticum aestivum* L.	C3 作物	OTC	60	550	21	↓	↑	↓	张晓影等,2013
总生物量	水稻	*Oryza sativa*	C3 作物	FACE	AA×1.6	AA+200	70	↓↓	↑	n. s.	赵轶鹏等,2015
总生物量,产量	大豆	*Glycine max* L.	C3 作物	OTC	80	700	75	↓↓	↑↑	n. s.	白月明等,2003;王春乙等,2004;黄辉等,2005
籽粒产量	玉米	*Zea mays* L.	C4 作物	OTC	80	550	32	↓	↑	n. s.	赵天宏等,2008
粗蛋白	大豆	*Glycine max* L.	C3 作物	OTC	80	700	75	↑↑	↓↓	↓	白月明等,2005
籽粒粗脂肪	大豆	*Glycine max* L.	C3 作物	OTC	80	700	75	↓↓	↓↓	↑	白月明等,2005
籽粒品质	水稻	*Oryza sativa*	C3 作物	FACE	AA×1.6	AA+200	70	↑	↓	n. s.	Wang et al. ,2014

注:OTC,开顶式气室;FACE,开放式气体浓度增加系统;AA,当前环境O_3浓度或CO_2浓度;与对照相比,升高O_3、升高CO_2、升高O_3+CO_2的响应:↑ 表示显著增加($P<0.05$),↑↑ 表示极显著增加($P<0.01$),↓ 表示显著降低($P<0.05$),↓↓ 表示极显著降低($P<0.01$),n. s. 表示没有显著效应。

显示了 O_3 和 CO_2 交互作用对 CO_2 同化和光合产物分配的概念模型。气孔导度首先影响进入植物体内的 O_3 和 CO_2 量，O_3 一方面破坏光合系统降低植物 CO_2 同化速率，另一方面解毒修复系统（抗氧化系统）的激活消耗一部分碳水化合物，从而降低光合产物在植物各器官的分配，特别是减少分配到根部的碳（Shang et al.，2017），从而导致植物对其他胁迫的敏感性增加。而 CO_2 浓度升高一方面通过提高同化速率产生更多可利用的碳水化合物提供给植物进行解毒修复和生物量分配；另一方面，CO_2 浓度升高可降低植物气孔导度（增加水分利用效率）从而减少 O_3 吸收量和水分损失；另外，充足的 CO_2 可加强核酮糖-1,5-二磷酸羧化酶/加氧酶（Rubisco）酶活性，增加初级和次级代谢物的浓度（表 9.1），从而提高植物对氧化胁迫的抗性，在一定程度上缓解 O_3 对植物生理机能的抑制作用从而减少 O_3 对植株的伤害。但值得注意的是，FACE 实验的结果表明 CO_2 施肥效应随着时间的延续可能变得不那么明显，对于 O_3 污染引起的损害可能也不像最初模型预测的那样能够得到完全或者部分补偿。

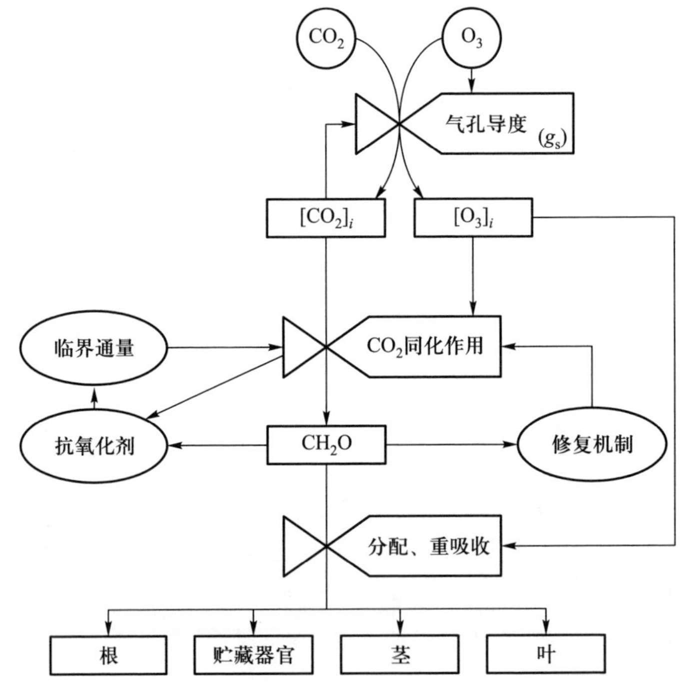

图 9.1　O_3 和 CO_2 交互作用对 CO_2 同化和光合产物分配的概念模型（改绘自 Fuhrer and Booker，2003）

大量研究证实，CO_2 浓度升高在光合代谢、抗氧化系统以及生长发育等方面能部分缓解 O_3 浓度升高带来的负效应（表 9.1）。当 CO_2 的正效应对 O_3 负效应的补偿作用较大时，二者交互作用表现为显著正效应；反之，当 CO_2 的正效应不足以补偿 O_3 的负效应时，二者交互作用表现为一定程度的伤害缓解但效应不显著，或者是负效应占据主导。这种补偿作用的大小与植物对 O_3 和 CO_2 响应的敏感性关系密切。从表 9.1 来看，C3 作物比 C4 植物，落叶阔叶树比常绿阔叶（针叶）树对 O_3 和 CO_2 的响应更敏感，因此在相同浓度处理下比较相同指标，敏感植物受到的 O_3 负效应更大，往往导致 CO_2 正效应的补偿作用失效，从而反映出交互作用下光合代谢能力（邵在胜等，2014）、抗氧化物质含量（Li et al.，2011）以及产量和品质（白月明等，2005）的显著降低。例如，张晓影等（2013）研究发现，高浓度 CO_2 虽然能减轻 O_3 对小麦营养生长的抑制，但并不能减轻 O_3 对小麦产量的负效应。因为在生殖生长（尤其是开花）期间，O_3 对生殖过程如花粉萌发、花粉管生长、受精及胚的生长造成直接伤害作用，导致高浓度 CO_2 减轻 O_3 胁迫对小麦产量影响的效应很小。

O_3 浓度升高对植物光合作用、气体交换、抗氧化系统、生长和生物量的负面影响及其机理在前面的章节已有详述。CO_2 浓度升高减缓 O_3 对植物的胁迫效应有两种机理：一是 CO_2 浓度升高引起气孔关闭，减少了 O_3 吸收，促进叶绿体的发育并保持其结构的完整性（赵天宏等，2003a）；产生更多的 NADPH（烟酰胺腺嘌呤二核苷酸磷酸，又叫辅酶Ⅱ），增加了 Rubisco 的活性，通过上调光合速率来缓解 O_3 对光合系统的损伤和同化速率的抑制；二是 CO_2 浓度升高引起碳同化速率提高产生的“过量”碳水化合物能促进植物次生代谢物质的形成和分泌，增加了抗氧化物质（抗氧化酶、总酚、内源激素、挥发性有机化合物、可溶性糖等）的含量和活性（Li et al.，2007，2009，2011），抑制植物叶片活性氧代谢速率和膜脂过氧化程度（赵天宏等，2009；庄明浩等，2013），增强植物的防御能力从而减少 O_3 的伤害（白月明等，2005）。因此，二者交互作用对植物的效应是正向还是负向，主要取决于 CO_2 浓度升高的保护作用与 O_3 浓度升高的伤害作用之间相互抵消的程度。

然而，也有研究表明，CO_2 浓度升高未能改善 O_3 对植物的负面作用（Paoletti et al.，2007）。高浓度 CO_2 诱导叶片气孔关闭，使得叶片气孔阻力明显增大，蒸腾速率显著降低，抑制光合产物的合成和积累（白月明等，2005）。CO_2 对植物的正效应会随着胁迫时间的延长而减小（植物的驯化和适应作用），而 O_3 对植物的负效应却是一个累积的过程，长期暴露在 O_3 污染下的植物气孔响应能力会变得迟缓甚至失效（Sun et al.，2012），并会直接造成植物不可逆（细胞程序性死亡）的氧化损伤，导致植物死亡。

植物对 CO_2 和 O_3 交互作用的响应具有种间特异性，而目前关于二者复合效应对植物影响的途径、过程以及植物的响应机制等仍了解尚少，许多研究仍处于零散探索阶段。随着城市的快速发展，CO_2 和 O_3 浓度升高的交互效应将会在城市绿化植物中凸显，而目前的研究多集中于农作物，需要加强二者交互作用对绿化树木的影响研究。

9.2 地表臭氧与干旱的交互作用

地表 O_3 浓度和干旱频率的持续增加成为限制植物生长的重要因素。在植物旺盛生长时期，充足的光照和高温往往导致 O_3 浓度爆发性地升高，并常常伴随着干旱的发生，从而使得植物同时受到高浓度 O_3 和干旱的双重胁迫。O_3 通过气孔扩散进入植物组织内部，产生并积累活性氧自由基（ROS），促发细胞程序性死亡。干旱破坏植物抗氧化系统对 ROS 的解毒和修复功能，导致 ROS 累积。两种胁迫对植物的影响都是积累 ROS 并引发氧化胁迫，使植物的光合作用和生理代谢机能受到限制，最终阻碍植物生长，导致生物量降低。然而，目前已有研究发现 O_3 和干旱胁迫对植物的复合效应可能是协同加重植物损伤，也可能是拮抗减轻植物伤害，或者无显著交互效应（详见表 9.2）。因此，二者的交互影响存在复杂的作用过程（高峰等，2017）。

国内 O_3 和干旱复合胁迫对植物影响的研究始于 Xu 等（2007）对冬小麦（*Triticum aestivum*）生理和生长的研究。目前的文献报道 O_3 和干旱交互作用对植物影响的研究涉及冬小麦（*Triticum aestivum*）（Xu et al.，2007；Biswas and Jiang，2011）、元宝槭（*Acer truncatum*）（文志等，2014；Li et al.，2015）、杨树 546（*Populus deltoides* cv. '55/56' ×*P. deltoides* cv. 'Imperial'）（Yuan et al.，2016；Gao et al.，2017；Xu et al.，2020）、醉香含笑（*Michelia macclurei*）、香樟（*Cinnamomum camphora*）、红花荷（*Rhodoleia championii*）、壳菜果（*Mytilaria laosensis*）（Ye et al.，2014a）、金银忍冬（*Lonicera maackii*）（Xu et al.，2017）、海南蒲桃（*Syzygium hainanense*）、糖胶树（*Alstonia scholaris*）（郝云亭等，2014）、长芒杜英（*Elaeocarpus apiculatus*）、黧蒴锥（*Castanopsis fissa*）（李秋静等，2015）；研究内容主要集中在光合作用、气体交换、生理生化及生长指标等响应上（表 9.2）。例如，Li 等（2015）在北京郊区利用 OTC 系统，进行了为期 2 年的 O_3 浓度升高和干旱胁迫对元宝槭影响的控制实验，结果显示在实验结束时，O_3 浓度升高和干旱都显著降低了比叶重、气孔导度、饱和光合速率、地上和地下生物量；O_3 浓度升高在干旱作用下比 O_3 单独作用使得饱和光合速率、气孔导度和总生物量分别多降低 24%、16% 和 8%。

植物应对 O_3 和干旱胁迫的最初防御门户是气孔。一方面，干旱诱导植物气孔关闭，从而降低对 O_3 的吸收量和水分蒸发，形成物理防御抵制 O_3 吸收和水汽散失。但是干旱关闭气孔的保护作用也阻碍了植物对 CO_2 的吸收，进而导致植物生长受限。另一方面，O_3 引起气孔响应滞后甚至失灵，使植物对于两种胁迫的响应变得迟钝，进而加重植物的蒸散失水和 O_3 毒害。因此，O_3 和干旱胁迫对植物的复合影响是由多种因素共同决定的，不仅取决于两种胁迫作用的先后次序、持续时间和作用强度，而且受到植物本身生理代谢差异的影响。

表 9.2　我国目前 O_3 与干旱交互作用对作物和绿化树木影响的研究汇总

研究内容	物种	拉丁名	实验设施	O_3 处理/ppb	干旱处理	干旱对 O_3 的影响	参考文献
光合速率,气孔导度,总生物量	元宝槭	*Acer truncatum*	OTC	NF+60,NF+100	减水 30% ~ 40%	加重	Li et al. ,2015
气孔	元宝槭	*Acer truncatum*	OTC	NF+118	减水 50% ~ 60%	缓解	文志等,2014
光合速率 异戊二烯释放	杨树 546	*Populus deltoides* cv. '55/56' × *P. deltoides* cv. 'Imperial'	OTC	NF+40	减水 60%	缓解	Yuan et al. ,2016
光合速率 生物量	杨树 546	*Populus deltoides* cv. '55/56' × *P. deltoides* cv. 'Imperial'	OTC	NF+40	减水 60%	缓解	Gao et al. ,2017
生长、碳氮库、分配	杨树 546	*Populus deltoides* cv. '55/56' × *P. deltoides* cv. 'Imperial'	OTC	NF+40	减水 60%	无影响	Shang et al. ,2019
叶片转录组	杨树 546	*Populus deltoides* cv. '55/56' × *P. deltoides* cv. 'Imperial'	OTC	NF+40	减水 60%	缓解	Zhang et al. ,2019
水分利用效率	杨树 546	*Populus deltoides* cv. '55/56' × *P. deltoides* cv. 'Imperial'	OTC	NF+40	减水 55%	无影响	Xu et al. ,2020
叶片化学属性(可溶性糖、叶 N、木质素、单宁)	杨树 546	*Populus deltoides* cv. '55/56' × *P. deltoides* cv. 'Imperial'	OTC	NF+40	减水 60%	缓解	Li et al. ,2020a

续表

研究内容	物种	拉丁名	实验设施	O_3处理/ppb	干旱处理	干旱对O_3的影响	参考文献
生物量(叶、茎、根)	醉香含笑 香樟 红花荷 壳菜果	*Michelia macclurei* *Cinnamomum camphora* *Rhodoleia championii* *Mytilaria laosensis*	OTC	20,40,160	隔两天浇一次	无影响	Ye et al. ,2014a
叶绿素,可溶性糖和蛋白,脯氨酸,膜脂过氧化,抗氧化酶	醉香含笑 香樟 红花荷	*Michelia macclurei* *Cinnamomum camphora* *Rhodoleia championii*	OTC	150	隔两天浇一次	无影响	Ye et al. ,2014b
光合速率,气孔导度,抗氧化酶,膜脂过氧化	金银忍东	*Lonicera maackii*	OTC	80	减水30%~50%	缓解	Xu et al. ,2017
光合速率	海南蒲桃 糖胶树	*Syzygium hainanense* *Alstonia scholaris*	OTC	75	减水40%~50%	加重	郝云亭等,2014
叶绿素荧光	长芒杜英 壳菜果 黧蒴锥	*Elaeocarpus apiculatus* *Mytilaria laosensis* *Castanopsis fissa*	OTC	150	减水50%	无影响	李秋静等,2015
生理生长	冬小麦	*Triticum aestivum* L.	OTC	125	减水60%~65%	加重	Xu et al. ,2007
生理生化,产量	冬小麦 圆锥小麦	*Triticum aestivum* L. *Triticum turgidum* L.	OTC	83	减水58%	加重或者缓解	Biswas and Jiang,2011

注：OTC,开顶式气室；NF,未过滤空气；NF+,未过滤空气再加一定浓度臭氧。

植物应对 O_3 和干旱胁迫的第二道防御门户是抗氧化系统，包括通过活性氧(ROS)的信号传导、产生及清除来控制其受到的毒害作用。O_3 和干旱胁迫对植物所诱导的氧化应激不同：O_3 进入叶片内部迅速转换为 ROS，导致氧化胁迫(Rao et al.,2000)；干旱也可导致氧化胁迫，但干旱胁迫下植物的应激更多的是利用 ROS 作为内部信号分子(Yao et al.,2013)。因此，O_3 胁迫下 ROS 会不断累积，而在干旱胁迫下 ROS 只是作为逆境胁迫的响应因子存在于叶绿体中。双重胁迫诱导大量 ROS 产生，使许多细胞成分(如细胞液、蛋白质、碳水化合物、核酸等)受到氧化伤害，进而激发与防御有关的抗氧化物质进行解毒作用，如抗坏血酸(AsA)、谷胱甘肽(GSH)、维生素 A、超氧化物歧化酶(SOD)和过氧化氢酶(CAT)以及 AsA-GSH 循环途径中抗坏血酸过氧化物酶(APX)、单脱水抗坏血酸还原酶(MDAR)、脱氢抗坏血酸还原酶(DHAR)和谷胱甘肽还原酶(GR)等构成细胞器中重要的抗氧化防御体系。O_3 暴露下植物的 APX、CAT、SOD 等抗氧化酶类的活性是增加的，干旱条件下植物的 GR 和 SOD 也是增加的，而两者交互作用下抗氧化酶类反而是降低的，从而推断两种胁迫的累积作用破坏了植物的防御体系(Alonso et al.,2001)。因此，植物对 O_3 与干旱的去氧化响应取决于两种胁迫诱导产生的抗氧化分子和酶类的多少。

综上所述，O_3 和干旱的交互作用不仅依赖于植物本身和外部环境因素，而且依赖于两种胁迫的强度以及发生的先后次序。尽管干旱诱导的气孔导度降低限制了 O_3 的吸收，但 O_3 被视作一种附加的胁迫，改变了植物的生理，增加了氧化胁迫，引起抗氧化物的累积(Alonso et al.,2001)，从而植物更易受到其他环境胁迫(如干旱、病虫害、升温等)的伤害。而且，即使干旱初期可以保护植物抵御 O_3 伤害，但是这种保护作用也只限于短期内的叶片水平。长期的气孔关闭必将影响碳同化，导致生物量降低。由于干旱直接作用于植物的根部，影响到同化物的运输和分配，而 O_3 攻击的直接位点是植物的叶片，所以可能导致干旱对植物的伤害比 O_3 对植物的伤害更严重。同时，持续的土壤水分亏缺也使植物更易受到其他胁迫(如风、生物危害)的伤害，而长期的 O_3 胁迫也使树木更易受到干旱的伤害。

9.3 地表臭氧与氮沉降的交互作用

氮沉降是指大气中的氮元素以 NH_x(包括 NH_3、RNH_2 和 NH_4^+)和 NO_x 的形式沉降到陆地和水体的过程。根据氮元素沉降方式不同，可分为干沉降和湿沉降。干沉降即通过降尘的方式发生沉降，沉降物主要包括有机氮、颗粒态(气溶胶态) NH_4^+ 和 NO_3^-、氨气、NO_x、硝酸(HNO_3)等，沉降量占大气 N 沉降总量的 20% ~ 80%；湿沉降即通过降水(雨、雪、霜、雾)的方式发生沉降，沉降物主要包括 NH_4^+ 和 NO_3^-，以及可溶性有机氮(Sparks et al.,2008)。

随着工业化与城市化的快速发展,化石燃料消耗、氮肥使用、汽车尾气排放及畜牧业等人类活动加剧,导致大气中排放的含氮化合物激增,从而引起大气中的活性氮逐渐累积并向陆地及水域生态系统转移并发生沉降。持续的氮沉降成为全球性的重大环境问题(Matson et al.,1999)。据估计,人类活动产生的活性N已由1860年的15 $Tg \cdot a^{-1}$增加到20世纪90年代中期的165 $Tg \cdot a^{-1}$,增幅高达11倍,远远超过全球氮素临界负荷100 $Tg\ N \cdot a^{-1}$的水平(Galloway and Cowling,2002)。预计到2050年,全球活性N沉降总量将达到195 $Tg \cdot a^{-1}$(Galloway,2005)。高水平N沉降主要发生在北半球中低纬度的温带、亚热带地区。但自20世纪90年代以来,发达国家相继出台了严格的污染控制法规,并推广应用新型能源技术,由此产生的减排效果也非常明显。监测结果显示,1998—2003年欧洲许多地区的NO_x排放量减少了20%~50%。与之相对应,2000年亚洲地区大气氮沉降总量为22.5 $Tg \cdot a^{-1}$,预计2030年将达到37.8 $Tg \cdot a^{-1}$(Zhang et al.,2012)。中国已成为继欧洲和美国之后,全球第三大氮沉降集中区,甚至有些地区森林生态系统氮沉降已经达到50 $kg \cdot hm^{-2} \cdot a^{-1}$,远高于10~20 $kg \cdot hm^{-2} \cdot a^{-1}$的森林生态系统氮承载阈值(Fisher et al.,2007)。

N沉降中的氮氧化物(NO_x)作为地表O_3生成的最主要前体物之一,与挥发性有机化合物(VOCs)发生光化学反应即生成对植物具有强氧化毒性的二次污染物O_3。地表O_3和活性N排放的持续增加已成为中国目前和今后面临的重要大气复合污染问题(Liu et al.,2017;冯兆忠等,2018;Feng et al.,2019)。已有的结果表明,O_3抑制植物生长,降低森林生产力(Ren et al.,2011);而适量的N沉降增加了土壤中氮的有效性,有利于植物叶片内Rubisco的合成,促进光合作用和植物生长,增加生物量累积,从而增强生态系统的碳蓄积能力。但是,超过植物承载阈值的氮沉降会对生态系统产生负效应,如地表土壤酸化(Liu et al.,2011)、植物营养失衡(Wang et al.,2011)、植物抗性降低(Handley and Grulke,2008)、根系生长受阻(Van et al.,1990)以及生态系统生物多样性丧失(Maskell et al.,2010)等。

关于O_3和N沉降单因子对植物影响的研究较多并且对其机理有深入的理解。近些年,也有一些O_3和N沉降复合对植被影响的控制实验研究(李德军等,2003;Feng et al.,2011;牛俊峰,2012;辛月等,2016;Yuan et al.,2017;Xu et al.,2018;Li et al.,2020a,b),表9.3是关于我国目前O_3与氮沉降交互作用对作物和绿化树木影响的研究汇总。例如,李德军等(2003)综述将O_3和氮沉降交互作用分为协同与拮抗两种。Feng等(2011)基于OTCs臭氧熏蒸环境下对亚热带典型常绿树种一年生幼苗香樟(*Cinnamomum camphora*)的研究,未发现氮沉降对O_3暴露下香樟的生长及光合有必然联系。牛俊峰(2012)通过两年熏蒸实验,发

表 9.3　我国目前 O_3 与氮沉降交互作用对作物和绿化树木影响的研究汇总

研究内容	物种	拉丁名	实验设施	O_3 处理浓度/ppb	N 添加处理/(kg·hm^{-2}·a^{-1})	N 添加对 O_3 的影响	参考文献
叶面积,叶绿素,株高,基径,生物量分配	香樟	*Cinnamomum camphora*	OTC	NF,NF+60,NF+120	0,30,60	无影响	Niu et al.,2011
生长,光合速率,色素	香樟	*Cinnamomum camphora*	OTC	NF,NF+60	0,30,60	无影响	Feng et al.,2011
异戊二烯释放	青杨	*Populus cathayana*	OTC	CF,NF,NF+40	0,50,100	无影响	Yuan et al.,2017
光合速率,叶 NH_4^+ 浓度	杨树 546	*Populus deltoides* cv. '55/56'× *P. deltoides* cv. 'Imperial'	OTC	NF+40	0,60	缓解	Xu et al.,2018
叶片化学属性(可溶性糖、叶 N、木质素、单宁)	杨树 546	*Populus deltoides* cv. '55/56'× *P. deltoides* cv. 'Imperial'	OTC	NF+40	0,50	无影响	Li et al.,2020a
根生物量,根冠比	杨树 107	*Populus euramericana* cv. '74/76'	OTC	CF,NF,NF+40,NF+60,NF+80	0,50,100,200	无影响	Li et al.,2020b
光合指标,叶绿素荧光	青杨	*Populus cathayana*	OTC	CF,NF,NF+40	0,50,100	无影响	辛月等,2016
光合指标,叶绿素荧光	水稻	*Oryza sativa*	FACE	AA,1.5 AA	200,250	缓解	罗克菊等,2012
生物量积累与分配,产量	水稻	*Oryza sativa*	FACE	AA,1.5 AA	200,250	缓解	罗克菊等,2013
光合作用,产量	小麦	*Triticum aestivum* L.	FACE	AA,1.5 AA	210,250	缓解	陈娟等,2011a
干物质氮磷钾含量及累积量	小麦	*Triticum aestivum* L.	FACE	AA,1.5 AA	210,250	缓解	陈娟等,2011b

注：OTC,开顶式气室；FACE,开放式气体浓度增加系统；AA,环境浓度；CF,过滤空气；NF,未过滤空气；NF+,未过滤空气再加一定浓度臭氧。

现 O_3 与 N 处理的交互效应主要体现在对香樟叶片还原型抗坏血酸含量及特定观测阶段叶片色素含量上。一方面，N 添加为 O_3 胁迫下香樟叶片还原型抗坏血酸的合成提供了必要营养支持；另一方面，N 添加条件下，O_3 胁迫导致的香樟叶片光合色素含量下降幅度较对照大；而对光合气孔交换参数、植物生长、生物量积累、分配等方面，N 添加并未显著改变香樟幼苗的 O_3 胁迫效应。辛月等（2016）发现两者交互作用并未显著影响青杨（*Populus cathayana*）的光合特性。然而，在高浓度 O_3 熏蒸下杨树对土壤氮素响应存在一定阈值，N 浓度的增加在一定范围可增加杨树光合作用及生物产量，但过量施 N 对杨树生长造成明显负面影响。此外，Yuan 等（2017）发现 O_3 显著降低青杨叶片异戊二烯释放、饱和光合速率和叶绿素含量；高水平 N 添加缓解自然空气下 O_3（平均 O_3 浓度为 50 ppb）对杨树叶片光合的损伤，但 O_3 和 N 添加对植物异戊二烯释放没有交互作用。研究还发现，杨树叶片异戊二烯的释放、饱和光合速率、胞间 CO_2 浓度和叶绿素含量与 O_3 积累指标 AOT40 的相关性并没有随着施 N 水平的变化而变化，说明 O_3 和 N 的交互作用对于驱动植物生理代谢过程在不同 N 水平下是相同的。因此，氮沉降对树木 O_3 胁迫抗性的作用模式可能与树种、本身氮素利用率、生育阶段、O_3 暴露浓度、氮水平以及气候环境有关。

O_3 和 N 沉降的交互效应可能是动态的。比如随生长季和植物物候的变化，光合速率和气孔导度会随 O_3 和 N 沉降的浓度变化而显著变化（Mills et al.，2016），这也可能是某些实验中 O_3 和 N 不存在交互作用的原因（表 9.3）。O_3 和 N 沉降的短期和长期复合效应可能完全不同。短期 N 沉降能在一定程度上缓解 O_3 对生长的抑制，但随时间推移，土壤 N 含量增加，O_3 加速了高含 N 量叶片的产生与衰老（Takemoto et al.，2001），更多的 C 滞留于植物地上部分用于缓解 O_3 毒害作用；N 输入也减少植物对地下养分资源的竞争，并增加对地上光照或空间的竞争力（Xia and Wan，2008），从而 O_3（胁迫压力加大）和 N（有效资源增加）都导致较少的 C 分配到地下部分，根冠比降低，从而导致根系与整株植物功能关系的改变。从长期的复合效应来看，O_3 和 N 沉降增加将会影响生态系统的稳定和物质循环过程。

Feng 等（2019）对 1980—2019 年全球发表的 37 篇关于 O_3 和 N 沉降复合对植物影响的文献进行了整合分析，结果发现在未来可能出现的浓度情景下，臭氧浓度升高（20 ~ 40 ppb）对半自然以及自然植被的叶片光合作用、地上或地下生物量以及生长特征的负面作用不受 N 沉降（$<60\ kg \cdot hm^{-2} \cdot a^{-1}$）影响，即 N 沉降既没有加重也没有减轻臭氧对植被的负面作用，说明臭氧和 N 沉降对植物的影响可能是独立的。

9.4 地表臭氧与升温的交互作用

人类活动引起的全球变暖已成为一个不争的事实。联合国政府间气候变化专门委员会(IPCC)第五次评估报告指出,在 1880—2012 年陆地与海洋表面气温已经升高了 0.85 ℃,预计到 21 世纪末全球地表平均气温还将继续上升 1.8 ~ 4.0 ℃(IPCC,2013),中高纬度地区增温显著。全球平均温度升高主要是由于人为排放温室气体增加所致,而地表 O_3 是一种重要的温室气体,O_3 浓度升高必然会通过温室效应加剧气候变暖;另一方面,气温升高也有助于地表 O_3 的形成,两者存在密切交互作用。

国内外学者围绕着全球变暖与 O_3 浓度升高对农作物的单独影响开展了大量的研究工作(Fuhrer,2003; Biswas et al.,2008; 杨连新等,2010; Tacarindua et al.,2013),但两因素的交互作用研究甚少,国内仅见关于冬小麦的少量报道。许宏(2008)研究发现,升高 O_3 浓度(85 ppb)和增温 2 ℃处理下对灌浆期冬小麦旗叶的净同化速率、气孔导度、蒸腾速率均产生了显著的交互负效应,但二者交互影响下的穗粒数、粒重、产量、麦秆质量和收获指数等产量性状的降低值与单独 O_3 处理的效应相同,即二者对产量各性状没有显著交互效应。冬小麦-大豆轮作农田研究发现,增温 1.5 ℃和 100 ppb O_3 复合处理并未改变土壤 CO_2 和 N_2O 排放通量的季节性变化规律,但降低了 CO_2 和 N_2O 平均排放通量、累积排放量以及成熟期生物量,增加了冬小麦拔节期-孕穗期的生物量(潘莹,2014;盛露,2014)。增温在一定程度上缓解了 O_3 对冬小麦和大豆的伤害,但增温促进农田土壤 CO_2 和 N_2O 排放的正效应小于 O_3 抑制其排放的负效应。

高温效应可能造成作物减产或增产,O_3 污染造成作物减产,两因素的交互作用还有待探索。植物根、茎、叶等器官的分化和生长主要由有效积温驱动。温度升高可加快器官的分化,缩短器官生长周期。植物对气候变暖的响应主要体现在物候期的改变上。众多研究表明,气候变暖使北半球中高纬度地区植物的萌芽和开花期提前,生育期缩短,从而对产量存在潜在负面效应。未来短时期内频繁持续的高温(>33 ℃)可能对农业生产力造成严重威胁,特别是对于开花期与高温同期而至的谷类作物,如小麦(Modarresi et al.,2010)。小麦属于喜凉作物,当气温超过 32 ℃后,小麦产量显著降低且品质变劣。研究表明,当增温发生在越冬前的一定范围内,有效积温的增加不超过 25 ℃时,有利于提高穗粒数,千粒重和对照差异不显著,产量略高于对照;但增温使得有效积温超过一定幅度(超过 60 ℃),冬小麦拔节期、抽穗期、成熟期均提前,拔节期幼穗发育和分蘖进程加快,使得小麦整个发育期缩短,并导致后期旗叶光合能力下降,灌浆期缩短,穗粒数和千粒重降低,无效分蘖增加,最终造成籽粒产量降低(李向东等,2015)。因此,增温对冬小麦不同生育时期生长发育和产量构成因素产生不同的影响:冬季及早春一定幅度的增温有利于促进小麦早发壮苗,为足穗打下基础,但增幅过大会导致冬前高峰苗提早形成,成穗率下降;而春末夏初的增温对小麦产量的降低是显著的,升温越高,减产越多(谭凯炎等,2012)。但是,也有研究表明温度升高可延长全年生长期,有利于作物产量提高。以冬小麦为例,气候变暖使得冬小麦播种期向后推延,返青期提前,对冬小麦增产有利(王建恒等,2006)。

O_3 浓度具有季节变化,春季浓度较低而夏季出现浓度峰值。气候变暖能使 O_3 污染发生的时间提前,导致春季生长的植物受到 O_3 污染的时间变长,加剧对春季植物生长的危害。农作物的生长发育对气候变暖较为敏感,高温多不利于产量的形成。植物的物候期与 O_3 浓度峰值如果同步,将会对植物的生长发育产生重大不利影响。O_3 浓度对高温胁迫可能存在协同和抑制两方面的作用。一方面,O_3 浓度升高刺激气孔关闭,导致作物冠层和组织内部温度升高,增加不育比例。另一方面,O_3 刺激小麦植株的蒸散降低,有利于水分的保持,对小穗发育有利;O_3 刺激细胞内产生的活性氧自由基(ROS)作为信号分子,调控抗氧化酶和小分子抗氧化剂的合成和分解,可能增加淀粉合成酶类的活性,从而在一定程度上缓解高温胁迫下影响淀粉合成酶类和淀粉积累速率下降的灌浆不足(Li et al.,2007)。上述假设均与 O_3 浓度剂量、作用时间以及作用在哪个生育期间关系密切。未来的研究将从个体、叶片生理和细胞分子水平上系统揭示两者交互对农作物产量及品质、木本植物生态服务功能影响的生理生态机制,可望为筛选和培育适应未来条件的新作物品种以及筛选城市园林绿化植被提供科学依据和理论基础。

在自然环境条件下,植物受到 O_3 和其他环境因子交互作用的共同影响。随着全球气候变化和大气污染的加剧,这些交互作用程度大大增加且趋于复杂。O_3 单一因子对植物的影响已很难用于准确评估接近自然环境条件下的由多种环境要素变化而产生的种种生态学效应。目前模拟 O_3 和其他环境因子交互作用的控制实验更接近植物生长的自然环境。植物在复合因素影响下往往呈现复杂的作用特征。比如 O_3 浓度升高和升温对于植物的负效应往往能抵消一部分 CO_2 浓度升高的"施肥"正效应(Way et al.,2015),而抵消的程度与植被类型、物种、升温幅度、CO_2/O_3 升高浓度、实验持续时间等因素相关。Li 等(2019)研究显示 O_3 浓度升高对杨树生物量积累和分配的负面影响与水分和养分可利用性有关,在缺水和缺氮肥的条件下,O_3 的负效应受到显著抑制。

迄今为止,国内大部分研究集中于两因子交互作用对农作物和少量温带城市树木的影响,对亚热带地区乡土树种研究较少;并且较多研究针对植物地上部分,对植物地下部分、根系及其功能变化与根际过程相互影响的机制、土壤关键过程研究较少。未来的研究需要结合多种手段,加强 O_3 浓度升高与多个环境变化因子的交互作用对植物-土壤系统生态过程和功能的综合影响研究,深入揭示现象背后的环境控制机制和生物驱动机制,这些方面将是未来研究的重点和方向。

参考文献

白月明,王春乙,温民,等.2003. CO_2 和 O_3 浓度倍增及其交互作用对大豆影响的试验研究.应用气象学报,14(2):245-251.

白月明,王春乙,温民.2005.大豆对臭氧、二氧化碳及其复合效应的响应.应用生态学报,16(3):545-549.

陈娟,曾青,朱建国,等.2011a.施氮肥缓解臭氧对小麦光合作用和产量的影响.植物生态学报,35(5):523-530.

陈娟,曾青,朱建国,等.2011b.臭氧和氮肥交互对小麦干物质生产N、P、K含量及累积量的影响.生态环境学报,20(4):616-622.

冯兆忠,李品,袁相洋,等.2018.我国地表臭氧生态环境效应研究进展.生态学报,38(5):1530-1541.

高峰,李品,冯兆忠.2017.臭氧与干旱对植物复合影响的研究进展.植物生态学报,41:252-268.

郝云亭,林敏,薛立,等.2014.臭氧与干旱胁迫对海南蒲桃和盆架子幼苗光合生理的影响.安徽农业大学学报,41:193-197.

黄辉,王春乙,白月明,等.2005. O_3 与 CO_2 浓度倍增对大豆叶片及其总生物量的影响研究.中国生态农业学报,13(4):52-55.

李德军,莫江明,方运霆,等.2003.氮沉降对森林植物的影响.生态学报,23(9):1891-1900.

李秋静,卢广超,薛立,等.2015.臭氧与干旱胁迫对华南地区3种绿化树种.华南农业大学学报,36:91-95.

李向东,张德奇,王汉芳,等.2015.越冬前增温对小麦生长发育和产量的影响.应用生态学报,26(3):839-846.

罗克菊,朱建国,刘钢,等.2012.臭氧胁迫对水稻的光合损伤与施氮的缓解作用.生态环境学报,21(3):481-488.

罗克菊,朱建国,刘钢,等.2013.水稻物质生产与分配对臭氧及氮肥的响应.应用与环境生物学报,19(2):286-292.

牛俊峰.2012.臭氧浓度升高与氮沉降对香樟幼苗生长及生理特性的影响.博士学位论文.北京:中国科学院研究生院.

潘莹.2014.增温和臭氧升高对冬小麦-大豆轮作农田 CO_2 排放的影响.硕士学位论文.南京:南京信息工程大学.

邵在胜,赵轶鹏,宋琪玲,等.2014.大气 CO_2 和 O_3 浓度升高对水稻‘汕优63’叶片光合作用的影响.中国生态农业学报,22(4):422-429.

盛露.2014.增温和臭氧升高对农田 N_2O 通量及土壤硝化-反硝化速率的影响.硕士学位论文.南京:南京信息工程大学.

谭凯炎,房世波,任三学,等.2012.增温对华北冬小麦生产影响的试验研究.气象学报,70(4):902-908.

王春乙,白月明,温民,等.2004.CO_2 和 O_3 浓度倍增及复合效应对大豆生长和产量的影响.环境科学,25(6):7-10.

王兰兰,何兴元,陈玮.2010.CO_2 和 O_3 浓度升高及其复合作用对华山松生长季光合日变化的影响.环境科学,31(1):36-40.

王兰兰,何兴元,陈玮,等.2011.大气 O_3、CO_2 浓度升高对蒙古栎叶片生长的影响.中国环境科学,31(2):340-345.

王建恒,王荣英,胡秋卷,等.2006.黑龙港地区主要农作物对气候变暖的响应分析.中国气象学会2006年年会“气候变化及其机理和模拟”分会场论文集.成都.

文志,王丽,王效科,等.2014.O_3 和干旱胁迫对元宝枫叶片气孔特征的复合影响.生态学杂志,33:560-566.

辛月,尚博,陈兴玲,等.2016.氮沉降对臭氧胁迫下青杨光合特性和生物量的影响,环境科学,9(37):3642-3649.

许宏.2008.冬小麦对二氧化碳、臭氧和温度升高的生理生态响应.博士学位论文.北京:中国科学院研究生院.

徐文铎,付士磊,何兴元,等.2008.大气 CO_2 和 O_3 浓度升高对银杏构件生长的影响.生态学杂志,27(10):1669-1674.

颜坤,陈玮,张国友,等.2010.高浓度二氧化碳和臭氧对蒙古栎叶片活性氧代谢的影响.应用生态学报,21(3):557-562.

杨连新,王云霞,赵秩鹏,等.2010.自由空气中臭氧浓度升高对大豆的影响.生态学报,30(23):6635-6645.

张晓影,王朋,周斌.2013.冬小麦幼苗生长和化感物质对 CO_2 和 O_3 浓度升高的响应.应用生态学报,24(10):2843-2849.

赵天宏,史奕,黄国宏.2003a.CO_2 和 O_3 浓度倍增及其交互作用对大豆叶绿体超微结构的影响.应用生态学报,14(12):2229-2232.

赵天宏,史奕,王春乙,等.2003b.CO_2 和 O_3 浓度倍增及其复合作用对大豆叶绿素含量的影响.生态学杂志,22(6):117-120.

赵天宏,孙加伟,付宇,等.2009.CO_2 和 O_3 浓度升高对春小麦活性氧代谢及抗氧化酶活性的影响. 中国农业科学,42(1):64-71.

赵天宏,孙加伟,赵艺欣,等. 2008. CO_2 和 O_3 浓度升高及其复合作用对玉米(*Zea mays* L.)活性氧代谢及抗氧化酶活性的影响. 生态学报,28(8):3644-3653.

赵铁鹏,邵在胜,王云霞,等. 2015. 大气 CO_2 和 O_3 浓度升高对汕优 63 生长动态、物质生产和氮素吸收的影响. 生态学报,35(24):8128-8138.

庄明浩,陈双林,李迎春,等. 2012. 高浓度 CO_2 和 O_3 对四季竹叶片膜脂过氧化及抗氧化系统的影响. 生态学杂志,31(9):2184-2190.

庄明浩,李迎春,郭子武,等. 2013. 大气 CO_2 与 O_3 浓度升高对毛竹叶片膜脂过氧化和抗氧化系统的影响. 西北植物学报,33(2):0322-0328.

Alonso R, Elvira S, Castillo F J, et al. 2001. Interactive effects of ozone and drought stress on pigments and activities of antioxidative enzymes in *Pinus halepensis*. Plant Cell and Environment, 24(9): 905-916.

Biswas D K, Jiang G M. 2011. Differential drought-induced modulation of ozone tolerance in winter wheat species. Journal of Experimental Botany, 62(12): 4153-4162.

Biswas DK, Xu H, Li YG, et al. 2008. Genotypic differences in leaf biochemical, physiological and growth responses to ozone in 20 winter wheat cultivars released over the past 60 years. Global Change Biology, 14(1): 46-59.

Feng Z Z, Niu J F, Zhang W W, et al. 2011. Effects of ozone exposure on sub-tropical evergreen *Cinnamomum camphora* seedlings grown in different nitrogen loads. Trees, 25: 617-625.

Feng Z Z, Shang B, Li Z Z, et al. 2019. Ozone will remain a threat for plants independently of nitrogen load. Functional Ecology, 33: 1854-1870.

Fisher L S, Mays P A, Wylie C L. 2007. An overview of nitrogen critical loads for policy makers, stakeholders, and industries in the United States. Water Air and Soil Pollution, 179: 3-18.

Fuhrer J. 2003. Agroecosystern responses to combinations of elevated CO_2, ozone, and global climate change. Agriculture Ecosystems and Environment, 97(1-3): 1-20.

Fuhrer J, Booker F. 2003. Ecological issues related to ozone: Agricultural issues. Environment International, 29: 141-154.

Galloway J N. 2005. The global nitrogen cycle: Past, present and future. Science in China Series C Life Sciences, 48: 669-677.

Galloway J N, Cowling E B. 2002. Relative nitrogen and the world: 200 years of change. Ambio, 31: 64-71.

Gao F, Catalayud V, Paoletti E, et al. 2017. Water stress mitigates the negative effects of ozone on photosynthesis and biomass in poplar plants. Environmental Pollution, 230: 268-279.

Handley T, Grulke N E. 2008. Interactive effects of O_3 exposure on California black oak (*Quercus kelloggii* Newb.) seedlings with and without N amendment. Environmental Pollution, 156: 53-60.

Huang W, He X Y, Chen W, et al. 2008. Influence of elevated carbon dioxide and ozone on the foliar nonvolatile terpenoids in *Ginkgo biloba*. Bull Environmental Contamination and Toxicology, 81: 432-435.

IPCC. 2013. The Physical Science Basis. Contribution of Working Group I to the Fifth Assessment Report of the Intergovernmental Panel on Climate Change. Cambridge: Cambridge University Press.

Li D W, Chen Y, Shi Y, et al. 2009. Impact of elevated CO_2 and O_3 concentrations on biogenic volatile organic compounds emissions from *Ginkgo biloba*. Bull Environmental Contamination and Toxicology, 82: 473-477.

Li G M, Shi Y, Chen X. 2008. Effects of elevated CO_2 and O_3 on phenolic compounds in spring wheat and maize leaves. Bull Environmental Contamination and Toxicology, 81: 436-439.

Li L, Manning WJ, Tong L, et al. 2015. Chronic drought stress reduced but not protected Shantung maple (*Acer truncatum* Bunge) from adverse effects of ozone (O_3) on growth and physiology in the suburb of Beijing, China. Environmental Pollution, 201: 34-41.

Li P, Yin R, Shang B, et al. 2020b. Interactive effects of ozone exposure and nitrogen addition on tree root traits and biomass allocation pattern: An experimental case study and a literature meta-analysis. Science of the Total Environment, 710: 136379.

Li P, Zhou H, Xu Y, et al. 2019. The effects of elevated ozone on the accumulation and allocation of poplar biomass depend strongly on water and nitrogen availability. Science of the Total Environment, 665: 929-936.

Li X M, He X Y, Chen W, et al. 2007. Effects of elevated CO_2 and/or O_3 on hormone IAA in needles of Chinese pine. Plant Growth Regulation, 53: 25-31.

Li X M, Zhang L H, Li Y Y, et al. 2011. Effects of elevated carbon dioxide and/or ozone on endogenous plant hormones in the leaves of *Ginkgo biloba*. Acta Physiol Plant, 33: 129-136.

Li Z, Yang J, Shang B, et al. 2020a. Water stress rather than N addition mitigates impacts of elevated O_3 on foliar chemical profiles in poplar saplings. Science of the Total

Environment,707: 135935.

Lippert M,Häberle K H,Steiner K,et al. 1996. Interactive effects of elevated CO_2 and O_3 on photosynthesis and biomass production of clonal 5-year-old Norway spruce [*Picea abies* (L.) Karst.] under different nitrogen nutrition and irrigation treatments. Trees,10: 382–392.

Liu X J,Duan L,Mo J M,et al. 2011. Nitrogen deposition and its ecological impact in China: An overview. Environmental Pollution,159(10): 2251–2264.

Liu XJ,Xu W,Duan L,et al. 2017. Atmospheric nitrogen emission,deposition,and air quality impacts in China: An overview. Current Pollution Reports,3,65–77.

Lu T,He X Y,Chen W,et al. 2009. Effects of elevated O_3 and/or elevated CO_2 on lipid peroxidation and antioxidant systems in *Ginkgo biloba* leaves. Bull Environmental Contamination and Toxicology,83: 92–96.

Macklon A E,SandSin A. 1992. Modifying effects of non-toxic levels of aluminum on the uptake and transports of phosphate in ryegrass. Journal of Experimental Botany,43: 915–923.

Maskell L C, Smart S M, Bullock J M, et al. 2010. Nitrogen deposition causes widespread loss of species richness in British habitats. Global Change Biology, 16(2): 671–679.

Matson P A,McDowell W H,Townsend A R,et al. 1999. The globalization of N deposition: Ecosystem consequences in tropical environments. Biogeochemistry, 46: 67–83.

Mills G,Harmens H,Wagg S,et al. 2016. Ozone impacts on vegetation in a nitrogen enriched and changing climate. Environmental Pollution,208: 898–908.

Modarresi M,Mohammadi V,Zali A,et al. 2010. Response of wheat yield and yield related traits to high temperature. Cereal Research Communications,38: 23–31.

Nih L B. 1985. The ammonium hypothesis—An additional explanation to the forest dieback in Europe. Ambio,14: 2–8.

Niu J F, Zhang W W, Feng Z Z, et al. 2011. Impact of elevated O_3 on visible foliar symptom,growth and biomass of *Cinnamomum camphora* seedlings under different nitrogen loads. Journal of Environmental Monitoring,13: 2873–2879.

Noctor G, Foyer C H. 1998. Ascorbate and glutathione: Keeping active oxygen under control. Annual Review of Plant Physiology and Plant Molecular Biology, 49: 249–279.

Pääkkönen E, Holopainen T. 1995. Influence of nitrogen supply on the response of clones of birch(*Betula pendula* Roth.) to ozone. New Phytologist,129: 595-603.

Pang J,Kobayashi K,Zhu J. 2009. Yield and photosynthetic characteristics of flag leaves in Chinese rice(*Oryza sativa* L.) varieties subjected to free-air release of ozone. Agriculture Ecosystems and Environment,132: 203-211.

Paoletti E,Seufert G,Della Rocca G,et al. 2007. Photosynthetic responses to elevated CO_2 and O_3 in *Quercus ilex* leaves at a natural CO_2 spring. Environmental Pollution, 147: 516-524.

Rao M V,Koch J R,Davis K R. 2000. Ozone: A tool for probing programmed cell death in plants. Plant Molecular Biology,44:345-358.

Ren W,Tian H,Tao B,et al. 2011. Impacts of tropospheric ozone and climate change on net primary productivity and net carbon exchange of China's forest ecosystems. Global Ecology and Biogeography,20: 391-406.

Shang B,Feng Z Z ,Li P,et al. 2017. Ozone exposure- and flux-based response relationships with photosynthesis,leaf morphology and biomass in two poplar clones. Science of the Total Environment,603-604: 185-195.

Shang B,Yuan X,Li P,et al. 2019. Effects of elevated ozone and water deficit on poplar saplings: Changes in carbon and nitrogen stocks and their allocation to different organs. Forest Ecology and Management,441: 89-98.

Sparks J,Walker J,Turnipseed A,et al. 2008. Dry nitrogen deposition estimates over a forest experiencing free air CO_2 enrichment. Global Change Biology,14: 768-781.

Sun G E,McLaughlin S B,Porter J H,et al. 2012 Interactive influences of ozone and climate on streamflow of forested watersheds. Global Change Biology,18:3395-3409.

Tacarindua C R P,Shiraiwa T,Homma K,et al. 2013. The effects of increased temperature on crop growth and yield of soybean grown in a temperature gradient chamber. Field Crops Research,154: 74-81.

Takemoto B K,Bytnerowicz A,Fenn M E. 2001. Current and future effects of ozone and atmospheric nitrogen deposition on California's mixed conifer forests. Forest Ecology and Management,144: 159-173.

Van D H F,de Louw M H J,Roelofs J G M,et al. 1990. Impact of artificial,ammonium-enriched rainwater on soils and young coniferous trees in a greenhouse. Part II-Effects on the trees. Environmental Pollution,63(1): 41-59.

Wang C H,Li J Q,Yang Y,et al. 2011. Effects of eutrophic nitrogen nutrition on carbon balance capacity of *Liquidambar formosana* seedlings under low light. Chinese Journal of Applied Ecology,22(12): 3117-3122.

Wang Y X, Song Q L, Frei M, et al. 2014. Effects of elevated ozone, carbon dioxide, and the combination of both on the grain quality of Chinese hybrid rice. Environmental Pollution, 189: 9-17.

Way DA, Oren R, Kroner Y. 2015. The space-time continuum: The effects of elevated CO_2 and temperature on trees and the importance of scaling. Plant Cell and Environment, 38, 991-1007.

Xia J, Wan S. 2008. Global response patterns of terrestrial plant species to nitrogen addition. New Phytologist, 179: 428-439.

Xu H, Biswas DK, Li WD, et al. 2007. Photosynthesis and yield responses of ozone polluted winter wheat to drought. Photosynthetica, 45: 582-588.

Xu S, Chen W, Huang YQ, et al. 2012 Responses of growth, photosynthesis and VOC emissions of *Pinus tabulaeformis* Carr. exposure to elevated CO_2 and/or elevated O_3 in an urban area. Bulletin of Environmental Contamination and Toxicology, 88: 443-448.

Xu S, Fu W, He X Y, et al. 2017. Drought alleviated the negative effects of elevated O_3 on *Lonicera maackii* in urban area. Bull Environmental Contamination and Toxicology, 99: 648-653.

Xu S, He X, Chen W, et al. 2014. Elevated CO_2 ameliorated the adverse effect of elevated O_3 in previous-year and current-year needles of *Pinus tabulaeformis* in urban area. Bull Environmental Contamination and Toxicology, 92: 733-737.

Xu W, Shang B, Xu Y, et al. 2018. Effects of elevated ozone concentration and nitrogen addition on ammonia stomatal compensation point in a poplar clone. Environmental Pollution, 238: 760-770.

Xu Y, Feng Z, Shang B, et al. 2020. Limited water availability did not protect poplar saplings from water use efficiency reduction under elevated ozone. Forest Ecology and Management, 462: 117999.

Yan K, Chen W, Zhang GY, et al. 2010. Elevated CO_2 ameliorated oxidative stress induced by elevated O_3 in *Quercus mongolica*. Acta Physiologiae Plantarum, 32: 375-385.

Yao Y Q, Liu X P, Li Z Z, et al. 2013. Drought-induced H_2O_2 accumulation in subsidiary cells is involved in regulatory signaling of stomatal closure in maize leaves. Planta, 238: 217-227.

Ye L H, Bao H Y, Wang Z Y, et al. 2014a. Effects of ozone and drought on biomass allocation of four seedlings in South China. Advanced Materials Research, 864-867:

2478-2484.

Ye L H, Li Q J, Xue L, et al. 2014b. Effects of ozone and drought on physiological characteristics of three seedling types in South China. Applied Mechanics and Materials, 522-524: 1089-1097.

Yuan X Y, Calatayud V, Gao F, et al. 2016. Interaction of drought and ozone exposure on isoprene emission from extensively cultivated poplar. Plant Cell and Environment. 39: 2276-2287.

Yuan X Y, Shang B, Xu Y S, et al. 2017. No significant interactions between nitrogen stimulation and ozone inhibition of isoprene emission in *Cathay poplar*. Science of the Total Environment. 601:222-229.

Zhang J, Gao F, Jia H, et al. 2019. Molecular response of poplar to single and combined ozone and drought. Science of the Total Environment, 655: 1364-1375.

Zhang Y, Song L, Liu X J, et al. 2012. Atmospheric organic nitrogen deposition in China. Atmospheric Environment, 46: 195-200.

第 10 章　减缓臭氧危害的对策与建议

冯兆忠　代碌碌　袁相洋

目前国内外减缓 O_3 危害的方法主要从两方面入手：一是从 O_3 浓度着手，通过降低 O_3 前体物的浓度来降低 O_3 水平；二是从目标植被出发，通过降低目标植被对 O_3 的敏感性或提高目标植被对 O_3 的耐受性/抗性来减缓 O_3 对植被的危害。

10.1　降低臭氧浓度或污染水平

O_3 的形成机制十分复杂，控制难度大。目前包括发达国家在内，O_3 污染仍是尚未完全解决的大气污染问题。如何治理 O_3 污染成为世界性难题，当前还没有真正切实有效的办法控制大气 O_3 污染。鉴于近地面 O_3 是由其前体物在紫外辐射的作用下发生光化学反应而产生的，因此我们可以从 O_3 前体物的角度，通过采取有效措施降低 O_3 前体物的浓度来降低 O_3 污染。

我国对于 O_3 污染的控制尚处于起步阶段，治理 O_3 问题的方法可以借鉴日本、美国等发达国家在这方面的成功经验，根据我国 O_3 污染现状科学有效地建立 O_3 污染治理体系。具体方法总结如下。

（1）加深对 O_3 污染产生机制的认识

目前国内学者针对大气 O_3 污染开展了大量的研究，但对 O_3 源解析及形成机制等方面的认识仍然不够全面，无法构成系统性研究（Wang et al.，2016）。因此，需加强对 O_3 污染相关研究的方案设计，联合政府、高校和科研院所等机构，以我国 O_3 污染严重的东部和南部城市群为研究重点，开展系统性科研工作。重点加强对 O_3 时空变化规律、影响因素、主控因素、形成机制、来源解析、传输特征等方面的研究，同时关注 O_3 和 $PM_{2.5}$ 的耦合关系、NO_x 和 VOCs 的源清单、关键 VOCs 活性物种、NO_x 和 VOCs 削减比例等方向的研究，以便进一步推进精准开展控制不同来源 O_3 前体物的工作（杨昆等，2018），为相关法规、标准、政策、技术路线的出台提供科学支撑。

（2）提升监测和预报预警能力，建立重污染应急的响应机制

自 2013 年至今，我国生态环境部建立了覆盖 338 个城市，包含 1 436 个国控监测点位、16 个背景站和 96 个区域站的全国城市空气质量监测网。NO_2 和 O_3 作为常规监测指标被纳入其中。而作为 O_3 形成的主要贡献者，VOCs 却未被纳入监测网。因此，建议将 VOCs 设为常规监测指标；构建城市—农村—背景区域一体化的监测网络；实时监测机动车污染物排放；率先建立京津冀、长三角和珠三角等重

点区域 O_3 污染的预报预警能力。加强与气象部门、研究机构等合作，采取各地区各部门应急联合响应机制，提高预报准确性。

在常规和区域 O_3 污染的预测预报工作的基础上，当 O_3 联防联控区出现浓度超标情况时，应制定临时性污染物应急控制措施（杨昆等，2018），如通过公众媒体公告市民，鼓励采取自愿生活行为方式协助降低 O_3 前体物排放，鼓励乘坐公共交通工具，避免或减少使用含有 VOCs 的涂料，更改烹饪方式等。

（3）加强 NO_x 和 VOCs 的协同控制

我国“十二五”期间（2011—2015 年）制定了 NO_x 减排目标，并已取得初步成效。2010 年 5 月国务院办公厅发布了《国务院办公厅转发环境保护部等部门关于推进大气污染联防联控工作改善区域空气质量指导意见的通知》（国办发〔2010〕33 号），首次将 VOCs 列为重点控制的大气污染物。在 2012 年 10 月国家环境保护部公布的《重点区域大气污染防治“十二五”规划》中首次提出了减少 VOCs 排放目标，对 VOCs 的治理提出了开展重点行业治理，完善挥发性有机物污染防治体系的相关措施（李兴华等，2011）。但我国当前 VOCs 污染防治仍处于起步阶段，存在排放源不明确、国家层面上的标准尚不完善、相关法规标准的制定相对滞后、缺乏监测数据和管理成效不明显等问题（王铁宇等，2013）。

为了有效控制 VOCs 排放，建议加快修改《中华人民共和国大气污染防治法》或涵盖 VOCs 具体内容的单行条例，从法理上保证 VOCs 治理有法可依；借鉴发达国家的经验，分行业、分区域逐步制定我国 VOCs 排放清单，严格限制 VOCs 排放量；引进先进技术，淘汰落后的生产设备；加快构建政府、企业及公众三方共同监督管理机制；利用经济手段控制 VOCs 的排放量，实行 VOCs 污染物总量控制。此外，在某些地区自然源 VOCs 排放占比较大且活性较高，在不牺牲经济发展的前提下，探讨自然源 VOCs 成分优化及调控措施也是 O_3 前体物控制措施的新思路。

在此基础上，实现 NO_x 和 VOCs 的协同减排。但在这个过程中，二者的比例是关键。我国各地区由于产业结构、气象条件和地形等因素存在差异，NO_x 和 VOCs 协调控制的比例也不尽相同。如何科学制定 VOCs 和 NO_x 减排比例，有效实现 O_3 浓度降低，是当前我国 O_3 污染治理的难点之一。因此，各地区在加强 NO_x 和 VOCs 连续在线监测和长期预测的基础上，要逐步完善 VOCs 减排标准，逐步靠近合适的控制比例。

珠三角地区作为我国经济发展的先锋地区，率先遇到了空气污染问题，也率先开展了 O_3 污染控制工作。2015—2016 年，珠三角空气质量连续两年整体达标，O_3 污染峰值虽有所削减但仍在高位运行。张远航院士领衔的科研团队为珠三角地区设计了秋季 O_3 污染削峰专项行动科学方案。方案提出，2017 年秋，珠三角地区将对包括区域 O_3 超标站点比例，O_3 污染过程的主要天气类型，各城市各行业

VOCs 的贡献率等问题进行系统的研究，并相应地模拟出 19 种人为源 NO_x 和 VOCs 的控制情景方案，以期得出珠三角地区 O_3-NO_x-VOCs 的非线性响应关系。从而为下一步治理提供可靠实用的技术支撑。

(4) 结合 $PM_{2.5}$ 污染防治，分区分步治理 O_3 污染

近年来，珠三角、长三角和京津冀三大城市群 O_3 超标率均超过了 $PM_{2.5}$，$PM_{2.5}$ 与 O_3 的协同控制已经成为空气质量改善的焦点和打赢蓝天保卫战的关键。因此应高度重视以 O_3 为首要污染物的城市光化学污染问题。与细颗粒物 $PM_{2.5}$ 污染相比，晴空之下的 O_3 污染更具有隐蔽性。首先，政府和专家需要有针对性地对 O_3 污染的危害及其防治策略进行宣教。建议统筹考虑各个城市的污染特征和本底情况，建立多污染物协同控制的差异化环境空气质量达标管理计划。其次，O_3 污染会伴随 $PM_{2.5}$ 的治理过程产生，两者是"按下葫芦浮起瓢"的关系。因为随着 $PM_{2.5}$ 浓度降低，空间透明度转好后，紫外辐射变强，而强辐射性是生成 O_3 的必要条件。观测和模拟结果证实：气溶胶改变紫外辐射，可造成近地面 O_3 消减 15 ppb 以上。因此，在天气晴热的夏季，O_3 将成为大气首要污染物，其治理应与 $PM_{2.5}$ 的治理结合起来，双管齐下，才能实现同步改善。

由于 O_3 是一种跨国界的空气污染物，一个国家或地区的排放会对 100 km 甚至 1 000 km 以外地区的植被产生影响，所以需要在区域和全球两个层面上精准施策来减少 O_3 污染的危害。对于一些经济增长较快的发展中国家（如中国、印度等）来讲，其 O_3 浓度在未来至少二三十年内仍会持续增加，因此该地区的农作物产量和森林生产力将会受到 O_3 的持续危害。此外，在过去几十年里，由于减排控制措施的合理应用，北美和欧洲一些发达国家的 O_3 浓度虽然出现大幅度降低，但研究发现，到 2050 年，由于 CH_4 排放量的增加导致这些区域的背景 O_3 浓度仍会呈现上升的趋势（Maas and Grennfelt，2016）。因此，欧美一些国家的农作物同样也会受到 O_3 的威胁。降低全球环境 O_3 浓度仍然是一个缩小 O_3 影响产量差距（即潜在产量与 O_3 污染下实际产量的差值）的重要长期目标，而对农作物的 O_3 耐受性采取选择育种及水肥管理等措施可以提供短期且富有成效的解决方案。

10.2 降低目标植被对臭氧的敏感性或提高耐受性/抗性

提高目标植被对 O_3 的耐受性/抗性，前提是明确导致其 O_3 敏感性差异的原因。O_3 经气孔进入叶片后，便迅速在质外体内形成活性氧自由基（ROS），质外体内抗氧化物质如抗坏血酸作为抵御 O_3 的第一道生化防线对其进行初步解毒。剩余的 O_3/ROS 接着进入共质体，此时共质体内的抗氧化酶及抗氧化分子等物质对其进行进一步的解毒。由此可见，气孔防御、质外体解毒及共质体解毒在控制 O_3 进入细胞、保护细胞免受 O_3 损害的过程中发挥着重要作用。因此我们可以从 O_3

进入叶片的过程/叶片抵御 O_3 危害的机制着手,有针对性地采取措施或手段来增强目标植被对 O_3 的耐受性/抗性。

10.2.1 筛选并选育臭氧耐受性/抗性品种

目前国内外学者针对不同种农作物,如小麦、水稻、玉米和大豆等,开展了大量的 O_3 敏感性品种筛选实验,成功筛选出一些有 O_3 抗性的品种。因此可以因地制宜选择性种植一些抗性品种以减轻 O_3 的危害。一项模型研究表明,选择性种植 O_3 敏感性低于平均水平的作物品种,能够在很大程度上降低 O_3 对全球小麦、玉米和大豆减产的潜力。基于 O_3 浓度剂量的方法(如 AOT40,W126)表明,选择 O_3 耐受性品种可在 2030 年使全球作物产量提高 140 Tg 以上,相当于增产 12%(Avnery et al.,2013)。尽管一些年代比较久远的品种也许不能应对当前的全球环境变化,但可以通过开展新的敏感性筛选实验,以区域为研究重点,为农民的品种选择、科研人员的模型构建和精准育种等提供新的可靠信息(Mills et al.,2018)。

除了敏感性筛选实验外,可以使用现代育种技术和分子生物学手段对 O_3 抗性特征进行精准鉴定和诱导,最终提高植物的 O_3 抗性。传统的育种方法,如系谱选择等,需要长时间在多个地点对大量植物进行广泛性的筛选实验。方法虽然可行,但在实验上需要保持繁殖过程中所需的足够大的实验空间(如 O_3-FACE 中),在经济上似乎是不可行的,耗时耗力且成效有限。因此,分子育种方法,如分子标记辅助育种似乎是更好的育种策略。与 O_3 耐受性相关的性状表型变异可在较小规模的受控 O_3 熏蒸实验中进行评估,并使用制图方法与遗传标记相关联,包括双亲数量性状位点(QTL)作图和全基因组关联分析等。理论上,与耐受 O_3 特性相关的染色体片段可以通过标记导入受体敏感品种中,无须大规模熏蒸实验的辅助回交,进而达到精准、快速地提高植物 O_3 抗性的目的。

迄今为止,尽管还没有进行大规模的作物耐 O_3 标记辅助育种计划,但已有研究证明,携带耐 O_3 数量性状基因座(quantitative trait locus,QTL)的水稻育种系的品种在产量构成因素和粮食品质等方面优于受体品种(Chen et al.,2011; Frei et al.,2010)。因此,需要在水稻等作物品种上做进一步的育种努力,特别是针对我国 O_3 污染严重区域广泛种植的作物。作为一种替代性策略,可以将 O_3 耐受性性状通过基因工程的方法导入现有作物品种中,进而提高该品种的 O_3 抗性。相比其他非生物胁迫(如干旱和盐害等),通过现在育种技术提高作物 O_3 抗性方面的研究目前仍处于起步阶段,今后仍需加强这方面的研究工作以期减缓 O_3 对农作物的危害。

除采用现代分子生物学技术外,还需加强不同植物表型、生理生态等方面的综合研究,进而系统性地掌握植物形态、生理生长对 O_3 的响应机制,最终有针对性地采取措施来提高植物 O_3 耐受性/抗性。

10.2.2 水肥一体化管理

气孔是 O_3 进入叶片的主要通道,因此可以通过控制气孔关闭来减少植物气孔 O_3 吸收量。比如,可以通过减少灌溉引起的部分气孔开放来减少 O_3 对作物的影响,同时也可以节省灌溉用水量。在一些水稻种植国,为了应对农业以外的其他部门日益增长的用水需求,交替干湿灌溉(alternate wetting and drying,AWD)已成为一种流行的灌溉方式,旨在减少用水和甲烷排放。这种方法也有可能被用来减少 O_3 胁迫对水稻及其他作物的影响。Zhang 等(2009)研究发现,与连续淹水的作物相比,AWD 处理增加了水稻的生长和产量,同时降低了气孔导度,这主要是由于 AWD 处理增加了水稻的穗粒数。有趣的是,长期 O_3 实验发现 O_3 胁迫下水稻的减产幅度多与穗粒数减少密切相关(Shi et al. ,2009;Shao et al. ,2020)。这表明,AWD 对农作物的益处有助于减缓 O_3 引起的减产效应。关于 AWD 方法对减缓 O_3 危害的潜在作用需要进一步加强田间实验的研究,即研究 O_3 增加和 AWD 对作物生长和产量的交互作用。

此外,O_3 暴露造成的作物损失可能被肥料施用量的增加部分抵消掉。然而肥料的增加在增产的同时也会引起一些其他消极作用,比如肥料成本的增加,其他环境问题的加重等(Mills et al. ,2018)。已经证明一定氮肥处理下 O_3 浓度升高仍然降低了小麦籽粒的蛋白质和氮含量(Broberg et al. ,2017)。这表明氮肥施用并未减缓 O_3 对谷粒营养的削减。此外,氮肥增加加重了一些环境问题,如硝酸盐淋溶,肥料转化为氮气,排放温室气体 N_2O,甚至 NO,促进了 O_3 的进一步形成等。最后,加氮补偿减产也可能在不经意间增加作物叶片的气孔导度,从而增加 O_3 吸收和连锁损害。因此加氮补偿减产方法仍需谨慎实施。

减水、施肥措施一定程度上可以减缓 O_3 对粮食作物的危害,但是迄今为止关于三者对粮食作物影响的系统性研究仍然比较匮乏,尤其是在大田研究中。今后需要加强大田研究,通过水肥一体化协同管理,探明合理的用水和施肥量,既能补偿 O_3 减产的作用,也能兼顾节约用水及保护环境等目的。

10.2.3 化学防护

在提高植物自身耐受性/抗氧化性的同时,人们也逐渐使用一些外源化学保护剂来提高植物的抗氧化性(详见 3.3 节)。目前应用最广泛的化学物质是 EDU,常用作叶面喷雾剂或土壤淋水剂,用在减少 O_3 污染的实验和生物监测等研究中,包括防止 O_3 污染对叶片的伤害、植株生长及产量的降低等。研究发现,EDU 处理能够显著提高作物产量或生物量,如小麦(+20.3%),大豆(+36%)和矮菜豆

[+(46% ~55%)]等。整合分析表明,EDU 提高植物抗氧化性更有可能是一种生化过程,而不是生物物理进程(Feng et al. ,2010)。最近的研究结果表明,EDU 在低 O_3 浓度下对植物的影响有限,但在高 O_3 浓度下会增加作物产量(Ashrafuzzaman et al. ,2017)。然而,EDU 是否对植物产生潜在的毒性目前仍没有定论,因此需要更多的研究来确定这种化学物质是否可被广泛应用到实际生产中。

其他抗 O_3 的化学保护剂,如可以通过利用植物激素控制气孔功能以及胁迫感知的机理进行开发合成,并可能提供多种胁迫的协同耐受性,如对 O_3、热和干旱胁迫的综合耐受性。例如,这三种胁迫因子都会诱导作物胁迫激素乙烯和抑制乙烯感知的化学物质合成,如 1-MCP(1-甲基环丙烯)(Wagg,2012)。另外,减少气孔孔径的抗蒸腾剂也可以通过减少 O_3 吸收量来达到目的。然而,长期 O_3 暴露下会降低气孔在干旱条件下对脱落酸的反应能力,可能导致更多的 O_3 吸收。此外,实验上还探索了一种替代性的化学防护方法,即对二甲苯,一种从松树树脂中提取的天然萜类聚合物,模拟植物的异戊二烯排放,已被证明能够减少豆类的叶片可见损伤(Tilman et al. ,2011)。

迄今为止,化学防护还只是在实验范围内进行探索。鉴于越来越多的证据表明 O_3 在全球范围内对植被的负面影响,开发一种减缓 O_3 危害的化学保护剂仍有相当大的发展空间,特别是如果这种防护剂能够对其他共同发生的胁迫因子提供协同抗性。

随着人口的持续增长,人们对粮食的需求也日益增加,考虑到全球 O_3 浓度升高对粮食产量的巨大损害,如何有效减缓 O_3 污染对粮食作物的损失是关系到人类生存福祉的大事。通过筛选及选育 O_3 耐受性品种、加强水肥一体化管理以及使用化学防护剂等措施,可以有效地提高植物 O_3 耐受性。长期来讲,通过严格地控制 O_3 前体物排放,降低地表 O_3 浓度水平,进而减少植物遭受高浓度 O_3 危害的可能性。此外,O_3 污染通常与干旱、高温等环境因子同时发生,在减缓 O_3 危害的同时,还应兼顾其他胁迫因子的存在,因此,只有采取联防联控的举措,才能有效地减缓 O_3 等环境因子对粮食作物的危害。

参考文献

李兴华,王书肖,郝吉明.2011.民用生物质燃烧挥发性有机化合物排放特征.环境科学,32(12):3515-3521.

王铁宇,李奇锋,吕永龙.2013.我国 VOCs 的排放特征及控制对策研究.环境科学,34(12):4756-4763.

杨昆,黄一彦,石峰,等.2018.美日臭氧污染问题及治理经验借鉴研究.中国环境管理,2:85-90.

Ashrafuzzaman M, Lubna F A, Holtkamp F, et al. 2017. Diagnosing ozone stress and differential tolerance in rice(*Oryza sativa* L.) with ethylenediurea(EDU). Environmental Pollution, 230: 339–350.

Avnery S, Mauzerall D L, Fiore A M, 2013. Increasing global agricultural production by reducing ozone damages via methane emission controls and ozone-resistant cultivar selection. Global Change Biology, 19: 1285–1299.

Broberg M C, Uddling J, Mills G, et al. 2017. Fertilizer efficiency in wheat is reduced by ozone pollution. Science of the Total Environment, 607–608: 876–880.

Chen C P, Frei M, Wissuwa M. 2011. The OzT8 locus in rice protects leaf carbon assimilation rate and photosynthetic capacity under ozone stress. Plant Cell and Environment, 34: 1141–1149.

Feng Z Z, Wang S, Szantoi Z, et al. 2010. Protection of plants from ambient ozone by applications of ethylenediurea(EDU): A meta-analytic review. Environmental Pollution, 158: 3236–3242.

Frei M, Tanaka J P, Chen C P, et al. 2010. Mechanisms of ozone tolerance in rice: Characterization of two QTLs affecting leaf bronzing by gene expression profiling and biochemical analyses. Journal of Experimental Botany, 61: 1405–1417.

Maas R P, Grennfelt R P. 2016. Towards cleaner air. Scientific assessment report 2016. EMEP Steering Body and Working Group on Effects of the Convention on Long-Range Transboundary Air Pollution, UNECE.

Mills G, Sharps K, Simpson D, et al. 2018. Closing the global ozone yield gap: Quantification and co-benefits for multi-stress tolerance. Global Change Biology, 24: 4869–4893.

Shi G Y, Yang L X, Wang Y X, et al. 2009. Effects of elevated O_3 concentration on winter wheat and rice yields in the Yangtze River Delta, China. Agriculture, Ecosystems and Environment, 131: 178–184.

Shao Z S, Zhang Y L, Mu H R, et al. 2020. Ozone-induced reduction in rice yield is closely related to the response of spikelet density under ozone stress. Science of the Total Environment, 712: 136560.

Tilman D, Balzer C, Hill J, et al. 2011. Global food demand and the sustainable intensification of agriculture. Proceedings of the National Academy of Sciences of the United States of America, 108: 20260–20264.

Wagg S K. 2012. A mechanistic study of the implications of ozone and drought effects on vegetation for global warming. PhD Thesis. Lancaster: University of Lancaster.

Wang T, Xue L, Brimblecombe P, et al. 2016. Ozone pollution in china: A review of concentrations, meteorological influences, chemical precursors, and effects. Science of the Total Environment, 575: 1582.

Zhang H, Xue Y, Wang Z, et al. 2009. An alternate wetting and moderate soil drying regime improves root and shoot growth in rice. Crop Science, 49: 2246–2260.

索引

“全球变化与地球系统科学系列”已出版图书

山地灾害
崔鹏　邓宏艳　王成华　等著

起伏、拉伸和变涩模态——海洋中的气候变化(英文版)
黄瑞新　著

亚洲大地构造与大型矿床
万天丰　著

地球系统(第三版)
Lee R. Kump　James F. Kasting
Robert G. Crane　著
张晶　戴永久　译

地球中的流体
卢焕章　编著

磷危机概观与磷回收技术
郝晓地　王崇臣　金文标　编著

中国大地构造——数据、地图与演化(英文版)
Tianfeng Wan

土地系统变化动力学与效应模拟(英文版)
邓祥征　著

中国特有湿地甲烷排放——案例研究、整合分析与模型模拟(英文版)
陈槐　吴宁　彭长辉　王艳芬　编著

海洋随机数据分析——原理、方法与应用
徐德伦　王莉萍　编著

地球物理数值反演问题
王彦飞　I. E. 斯捷潘诺娃　V. N. 提塔连科
A. G. 亚格拉

生物地球化学循环——计算机交互式研究地球系统科学与全球变化
W. L. Chameides　E. M. Perdue 著
张晶　译

大洋环流——风生与热盐过程
黄瑞新　著
乐肯堂　史久新　译

地震学中的成像、模拟与数据同化
郦永刚　主编

气候变化挑战下的森林生态系统经营管理
Felipe Bravo　Valerie LeMay　Robert Jandl
Klaus von Gadow　编著
王小平　杨晓晖　刘晶岚　周彩贤
何桂梅　译

陆面观测、模拟与数据同化
梁顺林　李新　谢先红　等著

热带海洋-大气相互作用
刘秦玉　谢尚平　郑小童　著

图 3.3 水稻-小麦轮作 O_3-FACE 平台(江苏扬州)

图 3.4 杨树 O_3-FACE 平台(北京延庆)

“全球变化与地球系统科学系列”已出版图书

山地灾害
崔鹏　邓宏艳　王成华　等著

起伏、拉伸和变涩模态——海洋中的气候变化(英文版)
黄瑞新　著

亚洲大地构造与大型矿床
万天丰　著

地球系统(第三版)
Lee R. Kump　James F. Kasting
Robert G. Crane　著
张晶　戴永久　译

地球中的流体
卢焕章　编著

磷危机概观与磷回收技术
郝晓地　王崇臣　金文标　编著

中国大地构造——数据、地图与演化(英文版)
Tianfeng Wan

土地系统变化动力学与效应模拟(英文版)
邓祥征　著

中国特有湿地甲烷排放——案例研究、整合分析与模型模拟(英文版)
陈槐　吴宁　彭长辉　王艳芬　编著

海洋随机数据分析——原理、方法与应用
徐德伦　王莉萍　编著

地球物理数值反演问题
王彦飞　I. E. 斯捷潘诺娃　V. N. 提塔连科
A. G. 亚格拉

生物地球化学循环——计算机交互式研究地球系统科学与全球变化
W. L. Chameides　E. M. Perdue 著
张晶　译

大洋环流——风生与热盐过程
黄瑞新　著
乐肯堂　史久新　译

地震学中的成像、模拟与数据同化
郦永刚　主编

气候变化挑战下的森林生态系统经营管理
Felipe Bravo　Valerie LeMay　Robert Jandl
Klaus von Gadow　编著
王小平　杨晓晖　刘晶岚　周彩贤
何桂梅　译

陆面观测、模拟与数据同化
梁顺林　李新　谢先红　等著

热带海洋-大气相互作用
刘秦玉　谢尚平　郑小童　著

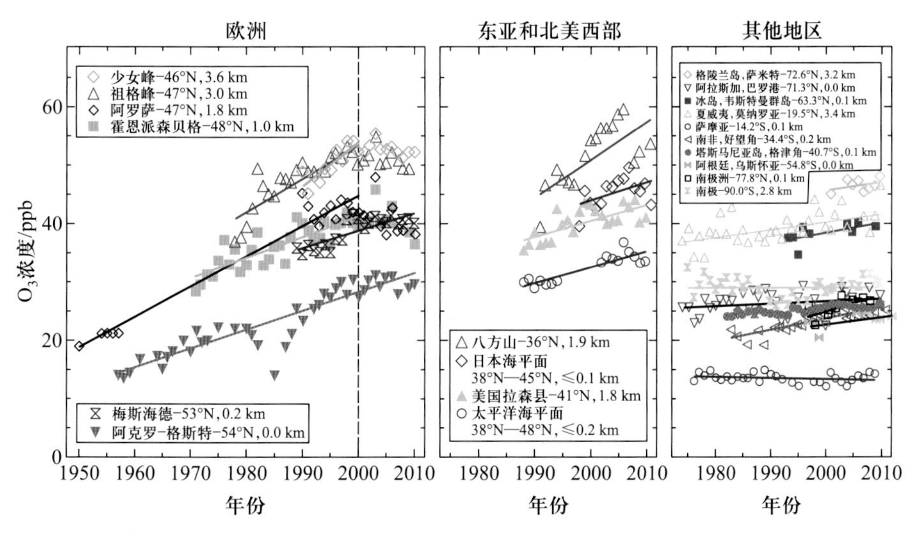

图 2.8　全球各背景监测点地表 O_3 浓度随时间变化趋势图（引自 Cooper et al.，2014）

图 3.2　O_3 开顶式气室（北京延庆，2016）

图 3.3　水稻-小麦轮作 O_3-FACE 平台(江苏扬州)

图 3.4　杨树 O_3-FACE 平台(北京延庆)

图 4.2　O_3 对植物叶片的可见伤害症状（引自 Feng et al. ,2014）

注：木本植物：① 臭椿 *Ailanthus altissima*，② 白蜡 *Fraxinus chinensis*，③ 木槿 *Hibiscus syriacus*，④ 栾树 *Koelreuteria paniculata*，⑤ 油松 *Pinus tabuliformis*，⑥ 碧桃 *Prunus persica* var. duplex，⑦ 刺槐 *Robinia pseudoacacia*，⑧ 接骨木 *Sambucus williamsii*；作物：⑨ 秋葵 *Abelmoschus esculentus*，⑩ 落花生 *Arachis hypogea*，⑪ 冬瓜 *Benincasa pruriens*，⑫ 刀豆 *Canavalia gladiata*，⑬ 西瓜 *Citrullus lanatus*，⑭ 丝瓜 *Luffa cylindrica*，⑮ 豇豆 *Vigna unguiculata* var. heterophylla，⑯ 葡萄 *Vitis vinifera*。

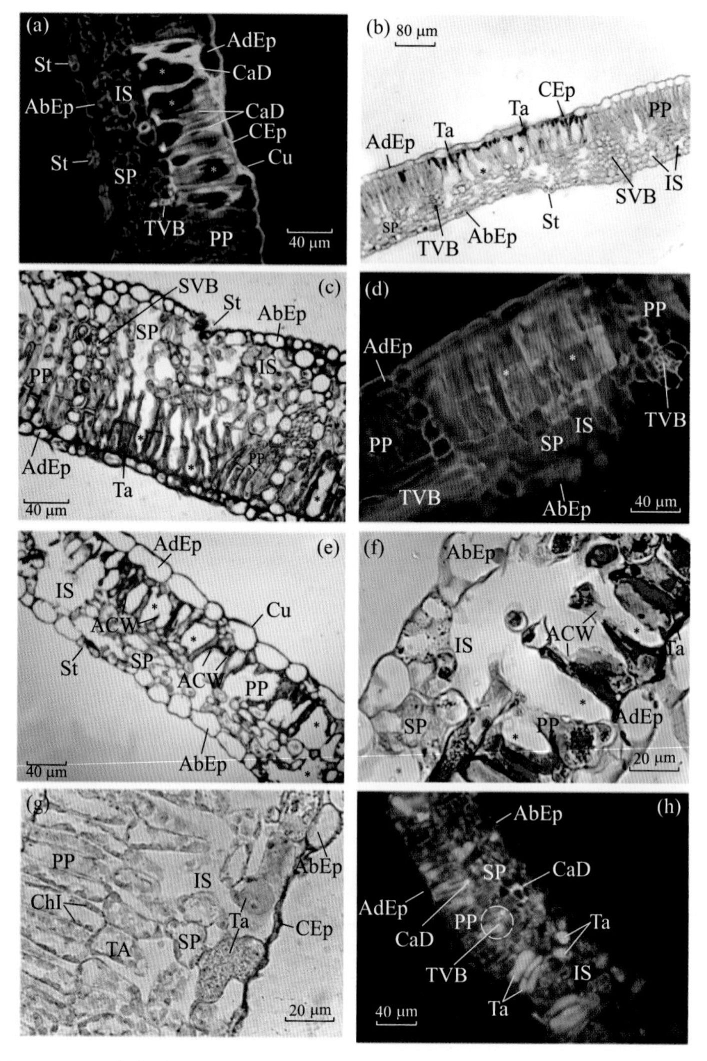

图 4.3　O_3 浓度升高下不同植物的荧光显微照片(引自 Gao et al.,2016)

注:(a)臭椿叶片荧光显微照片,苯胺蓝染色区域表示受伤害区域细胞壁内部结构发生塌陷、胼胝质沉积等;(b)臭椿叶片经番红固绿染色后的显微照片,出现大量的塌陷及单宁等物质;(c)白蜡叶片经FSA三色染色后的照片,同样出现大量的塌陷及单宁等物质;(d)白蜡叶片荧光显微照片,受伤害的区域表示栅栏薄壁组织没有叶绿素等成分;(e)三球悬铃木经苯胺蓝染色后的荧光显微照片,组织/细胞空隙内观察到许多塌陷的细胞;(f)三球悬铃木叶片经FSA三色染色后的照片,受破坏的细胞壁内出现大量的塌陷及单宁等物质;(g)刺槐叶片经苯胺蓝染色后的照片,观察到塌陷的表皮;(h)刺槐叶片自发荧光显微图像,观察到许多单宁的产生。

AbEp:上表皮;ACW:细胞壁;AdEp:下表皮;CaD:胼胝质沉积; CeP:表皮塌陷;Chl:叶绿体;Cu:角质层;IS:细胞间隙;PP:栅栏组织;SP:海绵薄壁组织;St:气孔;SVB:次生维管束;Ta:单宁;TVB:第三维管束。

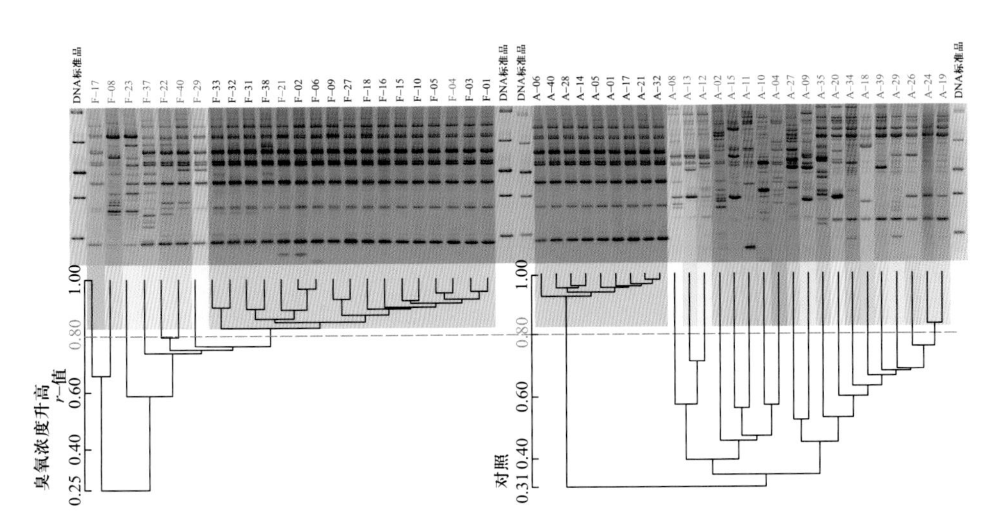

图 5.7　沼泽红假单胞菌的 rep-PCR 指纹图谱(引自 Feng et al. ,2011)